因素空间与智能科学丛书

因素空间与空间故障树

崔铁军　李莎莎　著

北京邮电大学出版社
www.buptpress.com

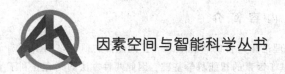

内容简介

本书是空间故障树理论与因素空间理论相结合的研究成果。空间故障树研究多因素影响情况下的系统可靠性，而因素空间则是基于因素的智能科学基础。因此两种方法的结合有利于安全科学的智能化发展，也有利于智能科学理论的实例化。本书总结了空间故障树研究中大部分与因素空间相关的研究内容，主要包括空间故障树理论基础、因素推理与故障数据、因素分析与系统可靠性、因素逻辑与系统功能结构，以及空间故障树理论框架的研究进展。

空间故障树是安全科学的理论发展，与因素空间理论的结合使其具备了智能和数据处理能力。本书适合于学习、应用安全和智能理论方法研究以及解决实际工程问题的科研人员，也可供相关专业研究生阅读参考。

图书在版编目(CIP)数据

因素空间与空间故障树 / 崔铁军，李莎莎著. -- 北京 ：北京邮电大学出版社，2021.3

ISBN 978-7-5635-6267-1

Ⅰ. ①因… Ⅱ. ①崔… ②李… Ⅲ. ①故障树形图分析 Ⅳ. ①TL364

中国版本图书馆 CIP 数据核字(2020)第 253376 号

策划编辑：刘纳新 姚 顺 **责任编辑**：孙宏颖 **封面设计**：七星博纳

出版发行：北京邮电大学出版社
社 址：北京市海淀区西土城路 10 号
邮政编码：100876
发 行 部：电话：010-62282185 传真：010-62283578
E-mail：publish@bupt.edu.cn
经 销：各地新华书店
印 刷：保定市中画美凯印刷有限公司
开 本：720 mm×1 000 mm 1/16
印 张：13.5
字 数：270 千字
版 次：2021 年 3 月第 1 版
印 次：2021 年 3 月第 1 次印刷

ISBN 978-7-5635-6267-1 定价：39.00 元

《因素空间与智能科学丛书》总序

《因素空间与智能科学丛书》是一套介绍因素空间理论及其在智能科学应用的丛书。

每一次重大的科学革命都会催生一门新的数学，工业革命催生了微积分，信息革命和智能网络新时代催生的新数学是什么？人工智能发展这么多年了，似乎还没有一个真正属于人工智能的智能数学理论。现在，《因素空间与智能科学丛书》所要介绍的因素空间理论就是人们所盼望的智能数学理论。希望它能成为人工智能的数学基础理论。

信息科学与物质科学的根本区别在哪里？信息是物质在认识主体中的反映，是被认识主体加工了的资料，它既是事物本体的客观反映，又是主体加工的产物。所有物质科学的知识都是由人类对物质客体进行智能加工转化出来的成果。信息科学不是去重复研究这些成果，而是要研究以下问题：知识是怎样被转化出来又怎样被运用和发展的？就像摄影师拍摄庐山，物质科学所研究的是摄影师所拍摄出来的照片，而信息科学所研究的则是摄影师的拍摄技巧。拍摄必需有角度，横看成岭侧成峰，角度不同，庐山的面目便不同。庐山自己不会像一个模特儿那样摆出各种姿势，它没有视角选择的需求，也没有视角选择的权能，视角选择的权能只属于摄影师。信息科学要研究的是拍摄的本领和技巧。一切信息都依赖于视角。有没有视角选择的论题是区别信息科学与物质科学的一个分水岭。

认识必有目的，目的决定关切，视角就是关切点。关切点如何选择？关切点是因，靠它结出所寻求之果。宇宙所发生的一切，用两个字来概括就是“因果”，因果贯穿理性，因果生成逻辑，因果构建知识。因素就是视角选择的要素，它是信息科学知识的基元。因素是广义的基因，孟德尔用基因来统领生物属性，打开了生命科学的大门，因素空间是引导人们提取关键因素并以因素来表达知识进行决策的数学理论和方法,它用广义的基因来打开智能科学的大门。它的出现是数学发展的一个新里程碑。

有很多数学分支都在人工智能中发挥了作用,特别有贡献的是:

① 集合论。它把概念的外延引入了数学,著名的 Stone 表现定理指出:所有布尔逻辑都与集合代数同构,或、且、非三种逻辑运算同构于并、交、余三种集合运算。基于这一定理,数学便进入逻辑而使数理逻辑蓬勃发展起来,而逻辑对人工智能的重要性是不言而喻的。

② 系统理论。系统是事物的普遍结构,它决定视角选择的层次性。

③ 概率论。人生活在不确定性之中,人脑的智能判断与预测都具有不确定性,概率论为人工智能引入了处理随机不确定性现象的工具。智能的操作始于数据,数据的处理必须用数理统计,现在,统计方法已经成为自然语言处理中的主流工具。

④ 经典信息论。尽管 Shannon 的信息论只关注信息编码的传输,不涉及信息的意义和内容,但是,Shannon 以信息量作为优化目标,相对于物质科学以能量为优化目标,他在方法论上就预先为信息革命举起了新的优化大旗,他无愧是智能科学的先驱。他所用到的信息、信道、信源和信宿构架,已为今天的智能理论定下了描述的基调。

⑤ 优化与运筹理论。因素选择就是信息的优化与运筹过程。

⑥ 离散数学。人的思维是离散的,离散数学为人工智能提供了重要的数学描述工具。

⑦ 模糊集合论。如果说上述各个分支都是自发而非自觉地为人工智能服务,那么模糊集合论则是自觉地为人工智能服务的一个数学分支。L. A. Zadeh 是一位控制论专家,他深感机器智能的障碍在于集合的分明性限制了思维的灵活性,他是为研究人脑思维的模糊性而引入模糊数学的。模糊数学的出现,使数学能够描述人类日常生活的概念和语言,Zadeh 在定性与定量描述之间搭起了一座相互转换的桥梁。模糊数学是最接近人工智能的数学分支。可惜的是,Zadeh 没有进一步地刻画概念的内涵以及内涵外延的逆向对合性。他也没有明确地提出过智能数学的框架。

以上这些分支都不能直接构成智能数学的体系。

1982 年,在国际上同时出现了 Wille 的形式概念分析、Pawlak 的粗糙集,加上因素空间理论,一共是 3 个数学分支。它们都明确地把认知和智能作为数学描述的对象，它们是智能数学的萌芽。1983 年蔡文提出了可拓学(研究起始于 1976 年)，1986 年 Atanassov 提出了直觉模糊集，1988 年姚一豫提出了粒计算，张钹提出了商空间理论，1999 年 Molodtsov 提出了犹豫模糊集，2009 年 Torra 提出了软集……这些理论是智能数学的幼苗。

智能数学当前面临的任务是要用因素来穿针引线，把这些幼苗统一起来，不仅如此，还要与所有对人工智能有贡献的数学分支建立和谐关系。希望因素空间能担当此任。因素空间的作用不是取代各路“神仙”，而是让各路“神仙”对号入座，因素空间更不能取代传统数学，而是与传统数学“缔结良缘”。

我 1957 年在北京师范大学数学系毕业留校。1958 年参加了在我国高校首轮开设概率论课程的试点任务。在严士健先生的带领下，我参加了讨论班，参与了编写讲义和开设概率论课的全过程。之后我在北师大本科四年级讲授此课。1960 年暑假，教育部在银川举办了西北地区高校教师讲习班，由我讲授概率论。这段经历使我深入思考了随机性和概率的本质，发现柯尔莫哥洛夫所提出的基本空间就是以因素为轴所生成的空间。1966 年之后，我开始研究模糊数学，当时正面临着模糊集与概率论之间的论战，为了深入探讨两种不确定性之间的区别与联系，我正式提出了因素空间的理论，用因素空间构建了两种不确定性之间的转换定理：给定论域 U(地上)的模糊集，在幂集 P(U)(天上)上存在唯一的概率分布，使其对 U 上一点的覆盖概率等于该点对模糊集的隶属度。这一定理不仅发展了超拓扑和超可测结构的艰深理论，更确定了模糊数学的客观意义，为区间统计和集值统计奠定了牢固的基础。这一定理还可囊括证据理论中 4 种主观性测度(信任、似然、反信任、反似然)的天地对应问题，在国际智能数学发展竞争中占据了一个制高点。因素空间在模糊数学领域中的成功应用，赢得了重要的实际战果。1987 年 7 月，日本学者山川烈在东京召开的国际模糊系统协会大会上展示出 Fuzzy Computer。它实际上只是一台模糊推理机，但却轰动了国际模糊学界。1988 年 5 月，我在北师大指导张洪敏等博士研究生研制出国际上第二台模糊推理机，推理速度从山川烈每秒一千万次提高到一千五百万次，机身体积不到山川烈模糊推理机的十分之一。这是在钱学森教授指导下取得的一场胜战。

这一时期的工作，是用因素空间去串连模糊数学(也包括概率论)。人工智能的视野总是锁定在不确定性上，概率论和模糊数学都做过而且将要做出更大的贡献，经过因素空间的穿针引线，有关的理论都可以更加自然地融入智能数学的体系，而且能对原有理论进行提升。这段时期的工作主要是由李洪兴教授和刘增良教授发展和开拓的。

形式概念分析和粗糙集是和因素空间同年提出的。它们都有明确的智能应用背景,开创了概念自动生成和数据决策的理论和算法,成为关系数据库的数学基础。相对而言,我在前一阶段也研究知识表示,但却是围绕着模糊计算机的研制,关键是中心处理器。我忽视了数据和软件。20世纪人工智能曾一度处于低潮,但当网络时代悄然而至,所有计算机都可以联网以后,中心处理器的作用被边缘化,数据软件成为智能革命的主战场。我1992年在辽宁工程技术大学建立"智能工程与数学研究院",之后出国。2008年我从国外回来,回头再看一下同年的伙伴,看到粗糙集的信息系统,心里不禁一惊,"我怎么就没想到往关系数据库考虑呢?这不正好就是因素空间吗?"于是我设法用因素空间去串联上面这些成果,在它们的基础上再做些改进,显然因素空间可以使叙述更简单,内容更深刻,算法更快捷。国内学者在粗糙集和粒计算方面的工作都非常优秀,突破了Pawlak的水平,有很多值得因素空间借鉴的思想和方法。尤其是张钹教授的商空间理论,既有准确的智能实践,又有严格的数学理论,可圈可点。

这套丛书是由我的学生和朋友们共同完成的,他们的思想和能力往往超过我所能及的界限。青出于蓝而胜于蓝,这是我最引以为豪的事情。

因素空间理论是否真的能起到一统智能数学理论的作用,要靠广大读者来鉴别,也要靠读者来修正、发展和开拓,企盼大家都成为因素空间的开拓者,因素空间理论属于大家。

汪培庄

前　言

空间故障树理论是作者 2012 年提出的分析多因素影响下系统可靠性的方法体系，经过多年的发展目前已初步形成体系。按照发展过程空间故障树理论可分为 4 部分：空间故障树理论基础、智能化空间故障树、空间故障网络及系统运动空间和系统映射论。空间故障树理论涉及的内容较多，主要包括安全科学、系统论、智能科学和大数据科学等，其中有一部分与汪培庄先生提出的因素空间理论相关。因此在汪培庄、钟义信和何华灿教授的倡导下，为了展示安全科学与智能科学结合的成果，也为了助力相关领域的发展，作者将与因素空间相关的研究成果整理成本专著，成为“因素空间与智能科学丛书”之一。

本书分为 6 章，主要内容如下。

第 1 章，绪论：介绍空间故障树与因素空间融合的现状、空间故障树目前的研究现状、可靠性分析与人机认知体的关系。

第 2 章，空间故障树理论概述：介绍了空间故障树理论基础，包括连续型空间故障树和离散型空间故障树。这也是空间故障树发展的第一阶段，是理论的核心基础，后期的研究均在此之上进行。本章给出了必要的思想、定义、理论和公式。

第 3 章，因素推理与故障数据：主要使用因素空间中因素推理方法研究故障数据反映的系统可靠性；根据故障数据的特点提出并改进了一些定义和方法，包括因素分析与安全状态区分、随机变量分解式与特征函数、故障与因素背景关系分析、故障与因素的因果关系、因素与故障数据压缩、故障影响因素降维等。

第 4 章，因素分析与系统可靠性：借助因素的思想，研究系统状态安全性、安全性分析等方法；提出了这些方法需要的定义、步骤和计算过程，包括宏观因素与元件重要性分析、状态迁移与系统适应性改造、系统安全性分类决策规则、系统可靠性决策规则发掘方法、属性圆定义与对象分类、属性圆对象分类改进、属性圆与云模型结合的对象分类、因素与可靠性维持方法等。

第 5 章，因素逻辑与系统功能结构：通过因素的不同状态和系统的不同状态来分析系统的功能结构，这种方法源于空间故障树的系统结构反分析，借助了因素空间的相关理论，进而得到了发展，包括系统功能结构分析基础和系统功能结构最简式分析。

第 6 章，空间故障树理论框架的研究进展：包括空间故障树理论框架的研究意义、安全科学中的智能与数据处理研究综述、空间故障树理论框架的 4 个阶段及更进一步的研究成果概要。

本书的撰写注重空间故障树和因素空间的结合和理论构建，列出了概念和方法的推导过程，并加以详细描述。由于本书是“因素空间与智能科学丛书”之一，因此并未给出因素空间体系化的论述，只是取所需部分列出；同样也未给出空间故障树的详尽内容。如有问题和需要请参见作者和汪培庄教授的论著。因此阅读本书需要读者对因素空间和空间故障树理论有所了解。作者也试图推广因素空间和空间故障树理论的思想，以便在其他领域展开研究和应用。

本书的主要内容为国家自然科学基金(51704141,52004120)、国家重点研发计划项目(2017YFC1503102)的研究成果，本书也为辽宁省教育厅项目(LJ2020QNL018)、辽宁工程技术大学学科创新团队资助项目(LNTU20TD-31)。本书全部内容由崔铁军副教授和李莎莎博士撰写，在撰写过程中得到了汪培庄教授、钟义信教授的指导，以及大连交通大学马云东教授，辽宁工程技术大学郭嗣琮教授、王来贵教授、邵良杉教授、刘剑教授、陈炜副教授等的支持，在此表示衷心的感谢。特别感谢因素空间理论的研究者辽宁工程技术大学理学院的吕金辉、刘海涛、曲国华、曾繁慧老师及汪华东博士等的研究工作，正是在他们的研究成果中作者受到启发，才完成了本书的研究工作，才能将因素空间理论与空间故障树理论有机融合，在此表示衷心的感谢！

空间故障树理论与因素空间理论在一些方面进行了结合，但两个理论都有自己的符号体系。空间故障树理论使用了因素空间理论的原有符号，但与本书中的符号系统有所区别。例如汪培庄老师书中的 D 和 I 分别与本书中的 U 和 X 同义。本书使用空间故障树中描述因素空间理论的符号体系，请读者注意(主要在第 3 章)。

本书引用了部分国内外已有专著、文章、规范等成果，在此不能一一提及，向这些作者及相关人士表示感谢。特别对辽宁工程技术大学提供的科研环境及大连交通大学的支持表示感谢。这些为作者进行探索性研究提供了条件。限于作者水平有限，书中难免存在疏漏之处，敬请读者批评指正。

崔铁军

目　录

第1章 绪 论

空间故障树是作者提出的研究系统可靠性的理论，因素空间是汪培庄先生提出的智能科学处理方法。两种理论的结合对安全科学和智能科学都有重要意义。

1.1 空间故障树与因素空间的融合

系统可靠性理论是安全科学的基础理论之一，源于系统工程，在安全科学领域系统可靠性主要关注于系统发生故障和事故的可能性。由于近代科学进步和工业化水平的逐渐提高，为了追求更大的经济和战略目标，各国加紧研究并建立大型或超大型系统以满足要求。但在系统运行过程中人们发现随着系统复杂性的增加，其可靠性下降得非常明显。在这种情况下，原始的问题出发型（即事故发生后吸取教训的方法）不能满足要求。因为问题出发型的研究方法一般适用于低价值、对系统可靠性要求不高、故障发生后果不严重的系统，其对当今大规模和巨复杂系统而言意义不大。因此，在20世纪50年代，英、美等发达国家首先提出了安全系统工程理论，当时将系统工程的一些概念引入安全领域，尤其是可靠性分析方法，并用于军事和航天领域，形成了安全科学的基础理论之一，即安全系统工程。

安全系统工程与系统可靠性分析方法发展到今天，已具备了在相对简单、系统复杂性不高、数据规模有限情况下的系统可靠性分析能力。但随着大数据技术、智能科学、系统科学和相关数学理论的发展，现有系统可靠性分析方法也暴露出一些问题，如故障大数据处理、可靠性因果关系、可靠性的稳定性、可靠性逆向工程及可靠性变化过程描述等问题。同时现有系统可靠性分析方法较多针对特定领域中使用的系统，虽然分析效果良好，但缺乏系统层面的抽象，难以满足通用性、可扩展性和适应性。因此需要一种具备上述能力和满足未来科技要求的系统可靠性分析方法。所以系统可靠性分析方法与智能科学和大数据技术的结合是必然的，也是必须的。

空间故障树理论[1]是作者于2012年提出的一种系统可靠性分析方法。经过5年的发展,作者初步完成了空间故障树理论框架的基础。空间故障树理论可满足对简单系统的可靠性分析,包括故障大数据处理、可靠性因果关系、可靠性的稳定性、可靠性逆向工程及可靠性变化过程描述等,并具有良好的通用性、可扩展性和适应性。空间故障树理论在发展过程中融合了智能科学和大数据处理技术,包括因素空间理论[2]、模糊结构元理论[3]、云模型理论[4]等。虽然还存在一些问题,但空间故障树理论还有足够的发展空间来解决它们。

本书将通过综述方式介绍空间故障树理论及系统可靠性分析方法和功能,也将介绍汪培庄先生的因素空间理论,以及两种理论相结合的可行性、功能及成果。因此本书使用描述性语言而非数学模型来说明上述内容。希望本书的介绍能开阔安全科学基础理论研究方向,使读者了解空间故障树理论和因素空间理论及其在系统可靠性分析中的作用,以面向智能科学和大数据技术寻求可靠性的理论发展。

1.1.1 当前系统可靠性研究存在的问题

近年来随着信息科学与智能科学的迅猛发展,系统运行、故障检测和设备维护数据量暴涨成为许多行业共同面对的严峻挑战和发展机遇,尤其是在安全科学领域。

美国一家公司对美国各个行业的数据量进行估计后发现,位居首位的是制造业。例如,飞机汽轮压缩器叶片一天会产生588 GB的数据,而世界上最大的微博公司Twitter每天才产生80 GB的数据,可见飞机上一个汽轮压缩器叶片的数据量是一个互联网公司的7倍之多。但企业并没有很好地利用这些数据对设备系统进行故障原因、严重程度等分析,数据利用率很低[5]。又如,法国宇航防务网站披露了F-35最致命的缺陷,如果燃油超过一定温度,战机将无法运转。该报道称,最早是美国空军网站公布的照片显示一辆外表重新喷涂过的燃料车,其说明写着"F-35战机存在燃料温度阈值,如果燃料温度太高将无法工作"[6]。飞机设计阶段似乎都没有考虑飞机使用过程的环境因素(比如温度、湿度、气压、使用时间等)对可靠性的影响,导致在实际使用中故障频出,严重影响了原设计试图实现的功能。F-35是信息化作战平台,飞行及维护过程数据是实时记录的,按照最低记录量1 Mbit/s计算,那么飞行一天的数量为84 GB。如果实时传输,F-35的带宽为4 Gbit/s,飞行一天的最大数据量为336 TB。这些系统运行时记录的数据蕴含着系统故障和可靠性特征。然而由于缺乏相应的可靠性分析方法,导致目前交付的280架F-35只有一半可以正常使用,特别是早期生产的F-35,可靠性非常低。洛克希德马丁公司对已交付的F-35的运行时数据进行了可靠性分析,计划在2020年前将飞机可靠性提高到70%。上述问题表明这些信息中蕴含的故障数据并未进行可靠性方面的分析;油温升高影响飞机各元件可靠性的变化程度也无法确定,进而无法确定油温因素与飞机可靠性之间的关系。同样的问题也影响着我国高铁在高寒高海拔地区的可靠性。高寒高海拔地区运行高铁的速度、时间和运量与一般情况下不同。不同环境对高铁运行的可靠性影响不同,因此高铁前期研制和运行测试阶段累积的大量数据为保证高铁可靠运行起到了关键作用。在深海中高压低温潜航设备可靠性也同样存在这类问题。

上述飞机、高铁、潜航器等设备系统在设计、制造及运行期间已经存储了大量工况数据,但实际并没有挖掘出这些数据的价值。该问题在系统可靠性研究方面更为突出。可靠性研究是安全科学的重要组成部分,在当今生产生活中起着重要作用,特别是在工矿、交通、医疗、军事等复杂且又关系到生命财产和具有战略意义的领域中更为重要。但目前研究存在一些误区和不足。

① 在研究中过分关注于系统内部结构和元件自身可靠性,竭力从提高元件自身可靠性和优化系统结构来保证系统可靠性。但并未考虑一个事实,各种元件终究是由物理材料组成的,在不同环境下其物理学、力学、电学等相关性质并不是一成不变的,即执行某项功能的系统元件功能性在元件制成之后主要取决于其工作环境。原因在于不同工作环境下,元件材料的基础属性可能是不同的,而在设计元件时相关参数基本固定。这就导致了元件在变化的环境中工作时随着基础属性的改变,其执行特定功能的能力也发生变化,致使元件可靠性发生变化。进一步地,即使是一个简单的、执行单一功能的系统也要由若干元件组成,如果考虑每个元件随工作环境变化的可靠性变化,那么该系统的随工作环境变化的可靠性变化就相当复杂了。上述事实是存在的,且不应该被忽略。

② 可靠性研究的主要议题是系统如何失效,如何发生故障,什么引起了故障。目前研究成果一方面较多反映故障概率与影响因素之间的关系,且这些关系多数以定量形式的函数表示;另一方面则较多反映故障原因与故障本身的因果关系。但主要问题在于故障发生受多种因素影响,显性和隐性因素并存,且难以区分因素间的关联性。另外从实际而来的现场故障数据一般数据量较大,且存在数据的冗余和缺失。现有安全系统工程方法难以解决,特别是针对大数据的计算机推理因果分析在安全系统工程领域尚未出现,更无法分析可靠性与影响因素之间的因果关系。

③ 在日常系统使用和维护过程中会形成大量的监测数据,属于大数据量级,如安全检查记录、故障或事故记录、例行维护记录等。这些数据往往反映了系统在实际情况下的功能运行特征。这些特征一般可表示为在某工作环境下,系统运行参数是多少,或在什么情况下出现了故障或事故。可见这些监测数据不但能反映工作环境因素对系统运行可靠性的影响,而且其数据量较大,可全面分析系统可靠性。所以应研究适应大数据的方法,从而将这些故障数据特征融入系统可靠性分

析过程和结果中。

④ 系统设计阶段的设计行为并不能全面考虑使用阶段可能遇到的不同环境，所以设计后系统在使用期间会遇到一些问题，特别是航天、深海和地下工程等方面所使用的系统会遇到极端工作环境，所以单纯在设计角度从系统内部研究整个系统的可靠性是不稳妥的。该问题可概括为系统可靠性结构反分析问题，即知道系统组成的基本单元可靠性特征和系统所表现出的可靠性特征，如何反推系统内部可靠性结构。当然该内部结构是一个等效结构，可能不是真正的物理结构。

⑤ 在系统中由于物理材料的不同，元件特性对不同环境的响应不同，环境变化导致材料性质变化，进而导致元件功能可靠性改变。系统由这些元件组成，在受到不同环境影响时系统可靠性也是改变的，这是普遍现象。但从另一角度看，环境因素变化是原因，系统或元件可靠性或故障率变化是结果，即故障率随着环境变化而变化。将环境影响作为系统受到的作用，而将故障率变化作为系统的一种响应，组成一种关于可靠性的运动系统，进而讨论故障率变化程度和可靠性的稳定性。稳定的可靠性或故障率是系统投入实际使用的重要条件，如果可靠性或故障率变化较大，则系统功能无法控制。研究使用运动系统稳定性理论对可靠性系统进行描述和稳定性分析是一个关键问题。

⑥ 故障发生过程结构化表示。空间故障树中元件与系统结构表示使用经典的树形拓扑结构，即系统工程中的树形图。虽然可表示一部分实际系统故障发生过程，但更为一般的故障发生过程是因素相互交织、相互作用造成的，显然不能使用树形拓扑结构表示。对于因素之间的相互作用，应使用泛化的网状拓扑结构表示。树形拓扑结构可认为是网状拓扑结构的一种特例，所以研究网状拓扑结构的故障发生过程表示方法才是完全解决元件和系统表示关系，以及因素与可靠性表示关系的关键。

上述现象和问题可归结为目前的系统可靠性分析方法对故障大数据和多因素影响分析的不适应。现有方法难以在大数据量级的故障数据中挖掘出有效信息，也难以有效携带这些数据特征进行系统可靠性分析。这些问题是传统可靠性分析方法与故障大数据涌现、多因素分析和智能科学技术适应性的矛盾。

1.1.2 因素空间概要

1981 年，汪培庄教授在一篇名为《随机微分方程》的论文中首先提出了因素空间的原始定义，用以解释随机性的根源及概率规律的数学实质。1982 年在与日本学者菅野道夫合作发表的《因素场与 fuzzy 集的背景结构》中给出了因素空间的严格定义，并转向对概念的内涵与外延的解释。因素空间理论为知识的表述提供了一个自然合理的描述框架，并被广泛应用于概念表达、语义分析、数据挖掘、知识获取、机器学习、管理决策、安全分析等领域中。

1. 基本思想

概念是思维的基本单元，概念出自划分。大千世界，差异万千，风马牛不相及的东西没有可比性，如何划分？生物学家要作对比，先看基因，它是引起差异的原因，也是进行对比的基准，应当抓住事物属性划分中的基因。因温度的变化而生冷热，因身高的变化而分高矮，温度和身高就是事物属性的基因。一般而言，因其变化而改变事物属性的东西叫因素，温度、身高、年龄、籍贯、职业、性格、稳定性、安全性、可靠性、满意性等都是因素，因素乃是属性划分的基因。

因素的提取是一个分析过程，因素是分析的角度，它把事物抽象到同一维度上进行划分，因素就是分析维度的维名。

给定因素 f，它所对应的维度形成一个集合，叫作 f 的值域，记作 $X(f)$。有两种形态：①$X(f)$是实空间 $\mathbf{R}^n$ ($n\geqslant 1$)的一个子集，此时，$X(f)$叫作定量值域；②$\hat{X}(f)=\{a_1,\cdots,a_m\}$，其中 a_i 是有语义的词或其代表符号，此时，$\hat{X}(f)$叫作定性值域。通常，一个因素兼有两种值域。例如，温度 t 可以有定量值域 $X(t)=[-273\ 100]$(℃)，也可以有定性值域 $\hat{X}(t)=\{$很冷，较冷，适中，较热，很热$\}$。$X(f)$中的值叫作点，$\hat{X}(f)$中的值叫团粒或属性，团粒是 $X(f)$的子集或模糊子集，$\hat{X}(f)$比 $X(f)$高一个层次。注意，$X(f)$中的单点集$\{x\}$是粒而不是点，不应混淆。在概念分析中，要用定性值说出内涵，但往往是先有定量值域，再由它定性化。量与质是对立的统一，采用值域的二元论，$\hat{X}(f)$与 $X(f)$兼顾，统称为性态空间。于福生和罗承忠提出的粒子因素空间[7]正体现了定量值域向定性值域的转化。

因素是一个映射，其定义域是论域 U，包含给定问题所讨论的全体对象。定量映射 $f:U\rightarrow X(f)$把对象映射到数量值，定性映射 $f:U\rightarrow\hat{X}(f)$把对象映射到属性，因素 f 是这一串属性的串名。

认识是一个分析综合的过程。因素是分析事物的要素，每一个因素都对应着一个坐标维度，要对诸因素的分析进行综合，将各个维度交叉地支撑起来，就形成了事物描述的一种普适坐标架。

设因素集为 $\Phi=\{f_1,\cdots,f_n\}$，对于 Φ 的任意一个子集$\{f_{i_1},\cdots,f_{i_k}\}$($k\leqslant n$)来说，这 k 个因素是 k 个映射，它们分别将 U 中的对象映射到 k 个不同值域上，这些值域的笛卡儿乘积是 $X(f_{i_1})\times\cdots\times X(f_{i_k})$，由之产生一个笛卡儿乘积映射$(f_{i_1}\times\cdots\times f_{i_k})$满足$(f_{i_1}\times\cdots\times f_{i_k})(u)=(f_{i_1}(u),\cdots,f_{i_k}(u))$。将这个笛卡儿乘积映射看作一个新因素，记为 $f_{i_1}\vee\cdots\vee f_{i_k}$，叫作 $f_{i_1},\cdots,f_{i_k}$ 的合因素。为了与 Φ 中子集的并运算相对应，只能记为 $f_{i_1}\vee\cdots\vee f_{i_k}$，而不能记为 $f_{i_1}\wedge\cdots\wedge f_{i_k}$，从概念的属性而不是从概念的外延来说，$f_{i_1}\vee\cdots\vee f_{i_k}$ 又只能叫合因素，而不能叫析因素。

所以，在对格运算符号 ∧ 与 ∨ 究竟谁是析取谁是合取的叫法上，本书与传统的叫法正好是相反的。

记 F 为所有 Φ 中因素及所有合成的因素集，若再数学地定义一个零因素 **0**，取值域为$\{\varnothing\}$，则 F 共有 2^n 个因素，它与 Φ 的幂集 $\mathscr{F}(\Phi)=\{A \mid A\subseteq\Phi\}$同构。在$\mathscr{F}(\Phi)$中的并运算对应于因素的合取，交运算则可取名为析取，记作 ∧，例如，<色香>∧<香味>=<香>，<色味>∧<香味>=<味>。合取运算使因素从简单到综合，析取运算使因素从综合到简单。类似定义余运算^c，全体因素按 ∨，∧，^{c} 3 种运算形成一个布尔代数 $F=(\vee,\wedge,^c,\mathbf{1},\mathbf{0})$。于是，从数学上就可定义一个系统，叫作因素空间。

2. 解决问题的方式

早在 1962 年，汪培庄先生在北京师范大学讲授概率论，在课堂上讲了因素空间的原始思想：随机性是因果律的破缺。掷一枚钱币，哪一面朝上需要考虑影响的因素有哪些，比如被投掷钱币的形状、手指动作、桌面形状、环境影响等。当所考虑的因素足够充分时，钱币落出的面向便可以确定，否则必存在某种有影响的因素没有被考虑，把它发现并添加进去，在这样一个以诸因素为轴的坐标空间里，钱币的朝向便可以被划分成正、反两个确定的子集，必然性便战胜了偶然性。尽管这样一种机械唯物论的决定论性假设在现实中是无法实现的，但却是使用数学描写客观事物而必须进行的一种逻辑思考。由于手指的动作太难刻画，我们不能掌控它，因素坐标架中就缺少了手指动作这个维度。对于不断降维的结果，我们能掌握的条件是：在无干扰的环境中向水平桌面上投掷一枚两面对称的钱币。在此低维的状态空间里，所给的条件不能确定钱币的朝向，便出现了随机性。所以，随机性是由因素的缺失而引起的。尽管因素不充分，但是这不充分的条件也会对事件结果产生内在的制约，钱币的两面对称性决定了正反两面出现的频率都必须稳定在二分之一附近。这就形成了概率的概念，概率体现了一种广义的因果律。概率的确定既可依靠对事件发生频率的实际观测，也可以依靠对因果联系而进行逻辑推断：两面对称性将总概率一分为二，若是投掷一颗六面对称的骰子，每一面出现的概率便可等分为六分之一，对每个单因素都去寻找等可能性的状态分割点，以此为基础，可以确定概率的测度分配。如果我们把基本空间看作因素空间，在因素空间上去做概率论，不是驱赶随机性，而是要转化随机性。

模糊性是由于概念划分上的因素缺失而造成的排中律的破缺。扎德提出隶属度的概念，反映了一种广义的排中律。如果因素足够充分，一个概念就能在论域中形成一个明确的集合；当因素不充分时，它就成为论域上的随机集，模糊集的隶属函数便可由随机集的覆盖频率来确定，这就是汪先生后来提出的随机集落影理论。隶属度的确定与论域有直接的关系，扎德把论域当作不定义的名词封闭起来，他希望把论域看作能反映主客观条件的因素空间，在因素空间上来搞模糊理论，走一条不是单纯驱赶，而是致力于减少和转化模糊性的道路。这一点符合钱学森先生所强调的“要从模糊走向清晰”，其也是因素空间处理问题和推理的基本方法。

3. 应用方面

因素空间最强有力的功能就是对于模糊性大数据的处理、分析和推理能力。早在1986年钱学森先生便来信询问汪先生：“山川烈的工作说明他也在研究智能机的问题，也以为模糊推理是一个途径，并且动手研制元件了，所以我们国家也要有人搞元件，您校有人吗？”1987年8月，在东京召开的国际模糊系统协会会议的大厅上摆着一台由日本山川烈研制的世界第一台模糊推理器，他们自称为“模糊计算机”。用这台机器作倒摆控制试验，十分夺目。《朝日新闻》一连三天头版报道，日本俨然已成为国际模糊工程的坛主。汪先生回国后在钱老的激励和学校的支持下，研制出了国际第二台模糊推理机，推理速度从每秒一千万次提高到一千五百万次，机身体积缩小到原来的十分之一（见《光明日报》，1988年5月7日）。

因素空间的数学理论从服务于模糊数学的研究开始，转向认知描述，人们利用因素空间建立了知识表示的数学描述理论。近年来人们又提出了因素库，为大数据分析和处理奠定了必要的数学基础。因素空间是信息描述的普适框架，能简明地表达智能问题并提供快捷的算法。因素库以认知包为单元，在网上吞吐数据，在运用数据的过程中培植数据，各自培养出以背景关系为核心的知识基，它决定知识包内的一切推理句；它对大数据吐故纳新并始终保持自己的低维度；它按因素藤进行连接，形成人机认知体，引领大数据的时代潮流。相关理论发展见本章参考文献[8-26]。目前因素空间得到了国内外广泛的研究和承认，相关研究如下。

① 背景关系的信息压缩。本章参考文献[27]为利用托架空间作了初步工作，利用逻辑化简方法，可用简短的描述刻画背景关系。这种逻辑化简的方法与布尔逻辑不完全相同，该化简方法称为因素逻辑。

② 用因素空间处理非结构化数据。按照石勇教授所提出的因素库框图[28]，因素库接纳的数据除了结构化数据以外，还有非结构化数据和异构数据，并考虑增添半结构性数据表征因素。

③ 因素藤、因素粒化空间的嵌套结构与数据认知生态系统。因素是数据的成因，数据靠因素的繁衍而繁衍。因素粒化表示的嵌套与细化形成了数据认知生态系统。因素藤是为数据认知生态系统所提供的一种知识表示构架，它是因素空间的概念树。

④ 变权评价与决策理论。综合评价及贴近度和最大隶属原则始于汪培庄教授[11]及陈永义教授[29]。李洪兴教授提出了因素空间的权重决策理论[30]，以及因素位势的3种动态微分方程[31]。这符合李德毅院士对数据空间要建立认知物理学的思想[32]。曾文艺教授、李德清教授等随后在变权综合决策评价方面做了一系列工作[33-48]。

⑤ 因素空间与公共安全。因素空间已经深入公共安全领域。在社会治安方

面,何平教授提出了非优理论,并与因素空间相结合建立了犯罪理论[49-54]。

⑥ 代数、拓扑、微分几何、范畴理论的综合研究。欧阳合博士认为,因素空间应当引入某种拓扑结构来捕捉思维的形象,他用微分几何和代数拓扑对因素空间进行了刻画[55-57]。冯嘉礼教授将物理思想引入因素空间[58],在模式识别方面提出了多种快捷算法。袁学海教授也在代数、范畴等方面进行了深入的理论研究[59-65]。

4. 因素空间理论处理大数据的优势

① 现有的关系数据库不能处理异构的海量数据,无法对大数据进行组织和存放,因素空间能按目标来组织数据,变换表格形式。

② 因素空间用背景关系来提取知识,可分布式处理,便于云计算。

③ 将背景关系化为背景基,实现大幅度的信息压缩,可以实时地在线吞吐数据,将对大数据的分析始终掌控在可操作层面。

原中国人工智能学会理事长、参与国家《新一代人工智能十年发展规划》起草工作的钟义信教授对因素空间理论的评价:因素空间理论是对信息和知识进行有效表示和复杂演绎的数学方法,是人工智能研究不可或缺的理论基础。迄今为止,承担这些任务的数学方法包括概率理论、模糊集合理论、形式概念分析、粗糙集合理论等。虽然每一种方法都可以从某些方面用来描述和处理一些信息与知识的问题,但是,这些数学方法也都有局限和弱点。这种状况造成了"现有数学方法远远跟不上人工智能研究需求"的困难局面,也在一定程度上制约了人工智能研究的发展。这种局面可望在2020—2025年期间得到改变,因为我国学者已经研究和正在建立一种称为"因素空间"的新的数学理论和方法。就像生命科学用基因表达整个生命信息一样,因素是认知与智能描述的基因,用它可统一地描述任何复杂的信息和知识,进行高速有效的演绎;可提供统一的平台,将各种数学方法统一在一个简明的框架之下,简单快捷地加以实现。因素空间的统一性就是机制主义人工智能理论的统一性在数学上的表现;因素是研究因果关系的,它可为泛逻辑学提供数学上的映射和支撑。这一国际领先的理论可望在2020年前后得到完善。综上可见,因素空间在智能科学和大数据处理方面的重要地位。

1.1.3 空间故障树概要

空间故障树理论(Space Fault Tree,SFT)前期称为多维空间故障树,重点在于解决多因素影响下的系统可靠性分析问题。主要内容包括连续型空间故障树、离散型空间故障树、空间故障树的数据挖掘方法。进一步地,在空间故障树基础理论上,加入大数据和智能科学技术,以使空间故障树理论适合未来的可靠性分析。空间故障树的智能化改造包括SFT的云模型改造、可靠性与影响因素关系、系统可靠性结构分析、可靠性变化特征研究、空间故障网络理论基础等。图1.1给出了空间故障树的基础理论及其智能化改造内容。

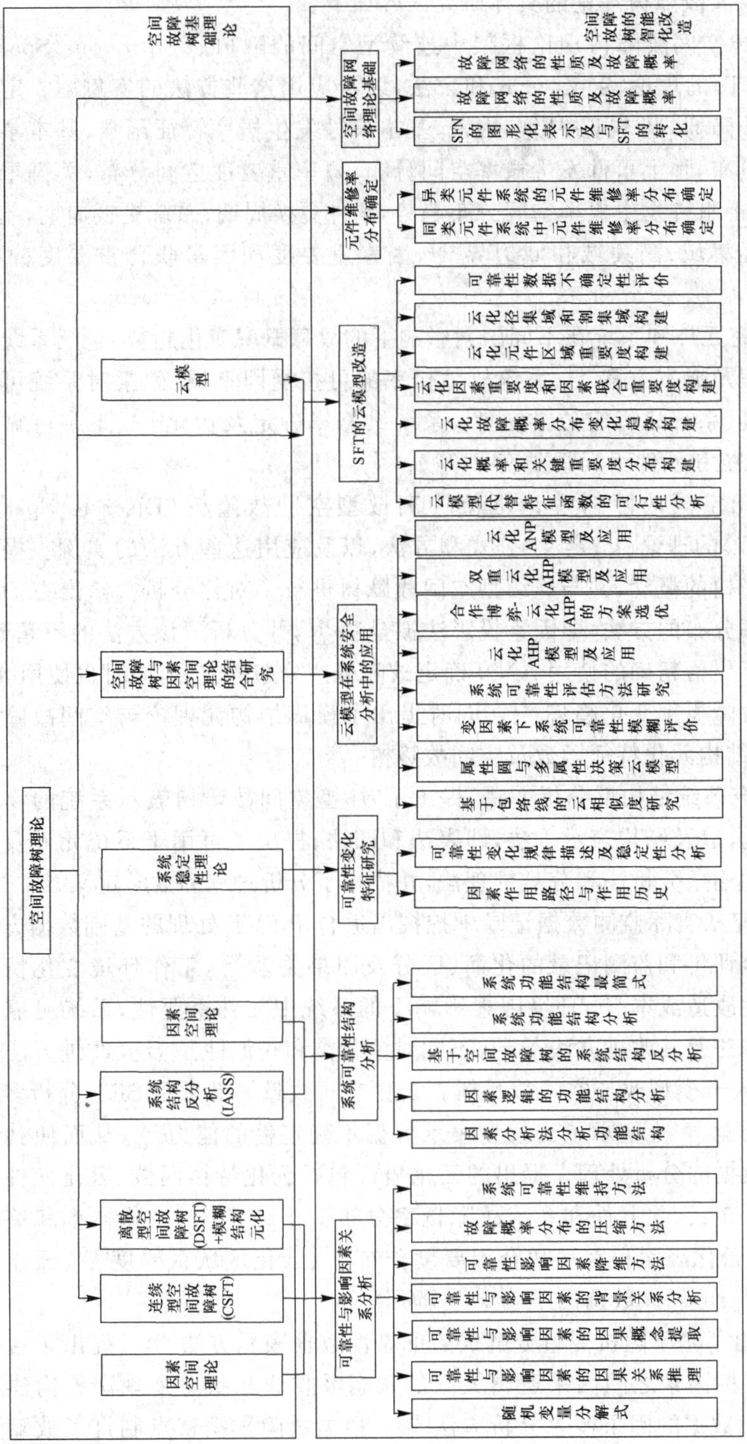

图1.1 空间故障树的基础理论及其智能化改造内容

目前空间故障树理论的具体研究内容如下。

① 给出空间故障树理论框架中连续型空间故障树(Continuous Space Fault Tree, CSFT)的理论、定义、公式和方法,以及应用这些方法的实例[6]。定义了连续型空间故障树,基本事件影响因素,基本事件发生概率特征函数,基本事件发生概率空间分布,顶上事件发生概率空间分布,概率重要度空间分布,关键重要度空间分布,顶上事件发生概率空间分布趋势,事件更换周期,系统更换周期,基本事件及系统的径集域、割集域和域边界[66],因素重要度和因素联合重要度分布[67]等概念[68]。

② 研究元件和系统在不同因素影响下的故障概率变化趋势,包括系统最优更换周期方案及成本方案[69]、系统故障概率的可接受因素域、因素对系统可靠性影响的重要度、系统故障定位方法[70]、系统维修率确定及优化[71]、系统可靠性评估方法[72]、系统和元件因素重要度[73]等。

③ 给出空间故障树理论框架中离散型空间故障树(Discrete Space Fault Tree,DSFT)的理论[74]、定义、公式和方法,以及应用这些方法的实例。提出离散型空间故障树的概念,并与连续型空间故障树进行了对比分析。给出在 DSFT 下求故障概率分布的方法,即因素投影法拟合法[75],并分析了该方法的不精确原因。进而提出了更为精确的使用 ANN 确定故障概率分布的方法,同时也使用 ANN 求导得到了故障概率变化趋势[76]。同时提出了模糊结构元理论与空间故障树的结合,即模糊结构元化特征函数及空间故障树[77-80]。

④ 研究系统结构反分析方法,提出了 01 型空间故障树表示系统的物理结构和因素结构,以及结构表示方法,即表法和图法;提出了可用于系统元件及因素结构反分析的逐条分析法和分类推理法,并描述了分析过程和数学定义[81]。

⑤ 研究从实际监测数据记录中挖掘出适合于 SFT 处理的基础数据方法。研究定性安全评价和监测记录的化简、区分及因果关系[82],工作环境变化情况下的系统适应性改造成本[83],环境因素影响下的系统中元件重要性,系统可靠性决策规则发掘方法及其改进方法[84,85],不同对象分类和相似性[86]及其改进方法[87]。

⑥ 引入云模型改造空间故障树。云化空间故障树继承了 SFT 分析多因素影响可靠性的能力,也继承了云模型表示数据不确定性的能力[88],从而使其适合于实际故障数据的分析处理。提出的云化概念包括云化特征函数、云化元件和系统故障概率分布、云化元件和系统故障概率分布变化趋势[89]、云化概率和关键重要度分布[90]、云化因素和因素联合重要度分布[91]、云化区域重要度[92]、云化径集域和割集域[93]、可靠性数据的不确定性分析[94]。

⑦ 给出了基于随机变量分解式的可靠性数据表示方法[95]。提出了可分析影响因素和目标因素之间因果逻辑关系的状态吸收法和状态复现法。构建了针对 SFT 中故障数据的因果概念分析方法[96]。根据故障数据特点制订了故障及影响

因素的背景关系分析法[97]。根据因素空间中的信息增益法,制订了 SFT 的影响因素降维方法。提出了基于内点定理的故障数据压缩方法,其适合 SFT 的故障概率分布表示,特别是对离散故障数据的处理。提出了可控因素和不可控因素的概念及其分析方法。

⑧ 提出基于因素分析法的系统功能结构分析方法[98],指出因素空间能描述智能科学中的定性认知过程。基于因素逻辑具体建立了系统功能结构分析公理体系,给出了定义、逻辑命题和证明过程。提出系统功能结构的极小化方法[99]。简述了空间故障树理论中的系统结构反分析方法,论述了其中分类推理法与因素空间的功能结构分析方法的关系。使用系统功能结构分析方法分别对信息完备和不完备情况的系统功能结构进行了分析[100]。

⑨ 提出作用路径和作用历史的概念。前者描述系统或元件在不同工作状态变化过程中所经历状态的集合,是因素的函数。后者描述经历作用路径过程中的可积累状态量,是累积的结果。尝试使用运动系统稳定性理论描述可靠性系统的稳定性问题,将系统划分为功能子系统、容错子系统、阻碍子系统。对这 3 个子系统在可靠性系统中的作用进行了论述。根据微分方程解的 8 种稳定性,解释了其中 5 种对应的系统可靠性含义。

⑩ 提出基于包络线的云模型相似度计算方法[101]。适用于安全评价中表示不确定性数据特点的评价信息,对信息进行分析、合并,进而达到化简的目的。为使云模型能方便有效地进行多属性决策,对已有属性圆进行改造,使其适应上述数据特点,并能计算云模型特征参数[102]。提出可考虑不同因素值变化对系统可靠性影响的模糊综合评价方法[103]。利用云模型对专家评价数据的不确定性处理能力,将云模型嵌入 AHP 中,对 AHP 分析过程进行云模型改造[104]。构建合作博弈-云化 AHP 算法[105],根据专家对施工方式选择的自然思维过程的两个层面,在算法中使用了两次云化 AHP 模型。提出了云化 ANP 模型及其步骤[106]。

⑪ 提出 SFT 中元件维修率确定方法,分析系统工作环境因素对元件维修率分布的影响[107]。使用 Markov 状态转移链和 SFT 特征函数,推导了串联系统和并联系统的元件维修率分布。针对不同类型元件组成的并联、串联和混联系统,实现了元件维修率分布计算并增加了限制条件。对利用 Markov 状态转移矩阵计算得到的状态转移概率取极限,得到最小值;利用维修率公式计算状态转移概率的最大值。通过限定不同元件故障率与维修率的比值,将比值归结为同一参数,然后利用转移状态概率求解相关参数的方程,从而得到维修率表达式[108]。

⑫ 提出空间故障网络。空间故障网络可描述更为复杂的故障发生过程,通过网络拓扑而不是树形拓扑描述事件之间的因果关系,较树形结构更为一般化。在空间故障树的基础上,给出空间故障网络的定义、性质及其与空间故障树的转化方法,并考虑故障传递概率。目的是将空间故障网络转化为空间故障树,以利用空间

故障树现有研究成果对故障网络进行分析。给出一般网络结构、多向环网络结构和含有单向环的多向环网络结构的故障网络。分析它们表征的不同故障发生过程特点，以及其对应的空间故障树转化方法。最后给出了转化后故障网络的最终事件概率计算方法，为使用空间故障树理论研究一般网络结构故障发生过程提供了方法。

1.1.4 空间故障树与因素空间的融合

空间故障树理论最初认为系统工作于环境之中，由于组成系统的物理材料性质受因素影响而变化，因此由这些材料组成的元件在因素变化过程中实现功能的能力也发生变化，即可靠性变化。因此在元件制成后，可靠性是随环境因素变化而变化的变量。系统由多个子系统、多个元件通过一定的连接方式组成。那么分析系统可靠性的关键问题就集中在两方面：一是元件组成系统的结构；二是元件可靠性的确定。

对于第一个问题可从两方面分析。一是从系统功能出发，在系统内部研究系统组成结构，构建可完成系统功能的物理元件结构。这种方法根据系统功能进行分解，得到元件所需功能，进而选择适当元件组成系统。优点是直观简便，缺点是难以避免系统冗余和重复。二是从系统功能出发，在系统外部研究系统的等效结构。由于某些原因导致系统内部结构不可见，或需要逆向工程仿制系统。在这种情况下只能按照系统功能和可能组成系统元件的功能来反向推导系统的结构。优点是通过系统和元件功能反演可得到系统的逻辑结构，避免系统冗余和重复；缺点是只能得到等效的逻辑结构，而不是物理结构。前者在空间故障树中可使用连续型空间故障树和离散型空间故障树完成；后者可使用系统结构反分析和系统功能结构极小化理论完成。

第二个问题涉及方面较多。元件的可靠性是确定系统可靠性的基础。最基本的方法是通过实验室对元件故障进行测试得到，并且保证实验室内各种因素变化保持一定规律。但在实际使用过程中，元件的可靠性受到很多因素的影响，这些因素对元件可靠性或故障发生影响程度不同。因此多因素影响下的系统可靠性分析问题必须得到解决。具体解决方案即连续型空间故障树和离散型空间故障树。更基本的问题是，如何得到元件对于某一因素的故障变化情况，在空间故障树中使用特征函数表示这种变化。对于实验室内规整的数据，使用连续型空间故障树的一般特征函数表示。对于实际数据，具有离散性、随机性和模糊性，根据理论的发展顺序本书提出了拟合方法的特征函数、因素投影拟合法特征函数、模糊结构元法特征函数及云化特征函数等。

进一步地，随着研究的深入，作者发现一些系统的可靠性变化难以表示成特征函数，而只能表示为可靠性与影响因素之间的因果关系和关联程度。因此必须寻找一种能完成因果关系分析和大数据处理的智能理论方法，即因素空间理论，那么空间故障树理论与因素空间理论相结合的基础就是因素。

空间故障树的空间指系统可靠性影响因素作为维度构成的空间，那么元件和系统的可靠性和故障情况就可表示为此空间中的连续曲面或者离散点。因此，空间故障树表示系统或元件可靠性的最基本条件是有明确的因素。在系统结构不变时，因素的变化是导致元件和系统可靠性变化的基本动力。从另一个角度看，如果影响系统可靠性或故障的因素都可确定，则系统可靠性或故障的发生是非概率的。

因素空间理论也具有类似的观点，“当所考虑的因素足够充分时，钱币落出的面向便可以确定，否则必存在某种有影响的因素没有被考虑。把它发现并添加进去，在这样一个以诸因素为轴的坐标空间里，钱币的朝向便可以被划分成正、反两个确定的子集，必然性便战胜了偶然性”。因此因素空间认为因素是区分事物的基本方式、基本尺度和事物变化的源泉。

可见空间故障树理论与因素空间理论具有相同的出发点——因素。因素空间的数学内涵是围绕因素展开的。因素是映射，它有定量和定性两种不同的相空间；定量因素组成因素空间，它是经典笛卡儿空间，但维数是可变的；围绕因素对因素空间进行公理化；因素空间的核心是背景关系，背景关系是因素间的联合相的分布，它既是原子内涵所成之集，又是原子外延在相空间中的代表，由它可直接写出全体概念布尔代数；它不仅是概念生成的基础，同时又决定了因素之间的全部推理句；背景关系的概念随机化和模糊化，得到背景分布和模糊背景关系。可见因素空间的所有理论、概念和方法都是围绕因素展开的。因此将因素空间与空间故障树结合具有天然的适应性和优势。

目前两种理论已经进行结合，用于系统可靠性研究，如第 4 章的 4.4、4.5、4.7、4.8 节都是因素空间思想在空间故障树中的具体实现。随着空间故障树和因素空间理论研究的深入，两种理论的继续发展和结合必将进一步为系统可靠性研究做出贡献。

1.1.5 空间故障树与系统演化过程表示

因素空间理论是事物及认知描述的普适性框架，可用于事物的表示和区分等工作。空间故障树理论目前只用于系统可靠性分析，是否能作为了解系统演化过程特征的一种普适框架？答案是肯定的。实际上目前的空间故障树理论是一种多输入单输出的系统结构表示方法。多输入指影响因素，单输出指系统可靠性或故障概率。经进一步研究，作者给出了空间故障网络的基本概念，是多输入多输出的系统结构表示方法，以适用于更为复杂的系统演化过程。整个空间故障树理论的发展目标并不限定于安全系统工程和系统可靠性分析领域，而是向着表示更为广泛的系统演化过程方向努力。系统演化过程实质上是在众多因素影响下的一连串因果事件的链式反应，可从两方面进行描述，一是影响因素，二是因果关系。因素是系统演化的动力，因果关系变迁则是系统演化的过程，所以抓住这两点便可描述任何系统的演化过程。空间故障树理论可描述影响因素作用下的系统演化过程，不限于系统可靠性，而是更为广泛的目标。同时借助因素空间理论描述因素间因果关系，并融入空间故障树，使后者具备智能分析和大数据处理能力。这一融合过程已得到论证，是可行的。

举例来说，使用空间故障树可描述安全系统工程的主要研究对象，即人、机、环境和管理四部分。对于人而言，可描述人的心情，将心情作为系统，由好到不好的演化过程可能受到多因素影响，比如当天的天气、路上的交通等因素。当然该系统演化过程因人而异，因为不同的人考虑的因素和权重不同。因此空间故障树理论提供了基于 ANN 的方法确定因素权重，也提供了系统功能结构反分析方法解决该问题。对于机而言，则相对简单，主要保证机器正常运转，即保证系统可靠性。可考虑机器的使用时间、温度和电压等因素，研究该机器系统可靠性演化过程，可采用连续型和离散型空间故障树。对于环境而言，可描述空气中粉尘的浓度，将粉尘散发量、空气流通速度、温度和湿度等作为因素，将空气中粉尘浓度作为系统研究其演化过程。对于管理而言，可将人员绩效作为系统进行研究，将出勤时间、工作效率、奖金数额等作为因素研究系统演化过程。所以空间故障树理论虽然源于安全系统工程的系统可靠性分析，但并不妨碍使用该理论框架对更为广泛的系统演化过程进行分析。因为系统演化过程可抽象为因素的推动和因果关系的发展。空间故障树理论可完成多因素与系统变化关系的定性定量分析。与因素空间、云模型、系统稳定性理论和拓扑理论的融合，更使其具备了逻辑分析和大数据处理能力。因此空间故障树理论可作为系统演化过程分析的普适性框架，并具有良好的适应性和扩展性。

1.2 空间故障树与空间故障网络

为了研究多因素变化对系统可靠性的影响，作者在 2012 年提出了空间故障树理论。随着研究的深入，作者在 2015 年逐渐将智能科学和大数据技术引入空间故障树，作为分析故障大数据和因素间因果逻辑关系的处理方法。进一步地，由于实际故障发生过程中事件和影响因素多是相互联系的网状结构，因此在空间故障树的基础上提出空间故障网络理论，主要用于描述自然灾害和人工系统故障发生过程，是研究系统故障演化过程的理论。上述理论发展可归纳为 3 个阶段：空间故障树基础、空间故障树改进、空间故障网络基础。本书通过综述形式总结并论述了以往空间故障树及空间故障网络的提出、发展过程和作用，以便使读者对空间故障树和空间故障网络有一个较为全面的认识，并以此为基础使读者在安全科学，特别是系统可靠性领域做出更大贡献。

1.2.1 空间故障树

空间故障树理论基础源于系统运行过程中的实际问题。在不同因素的影响下系统和元件的可靠性是变化的，因此因素变化和可靠性变化关系成为研究的出发点。

1. 多因素影响与系统可靠性

系统可靠性是安全科学的基础理论之一。目前研究系统可靠性的方法有很多，但系统可靠性研究的实质问题是什么，不同方法和理论都有着不同的见解和研究方法。按照定义系统可靠性是系统实现自身功能的能力，那么影响该能力的事项有很多，把影响系统实现自身功能的事项称为因素。系统在不同生命周期中受到的作用不同，即影响系统可靠性的因素不同，这些因素在不同角度下分类不同。每个系统都有自身的特征，该特征表现为系统内在的区别，这些区别即影响系统可靠性的内在因素。内在因素反映系统可靠性的内在特征，是系统可靠性的本质，比如系统的结构、系统使用的元件、元件物理材料的特性都属于内在因素。内在因素是固有的，从系统设计阶段即固定下来。在设计系统时，根据系统功能分解，按照特定的结构并挑选特定功能的元件组成系统。因此系统从设计到完成阶段，其内在因素不变。当系统制造完成后，其可靠性主要由系统自身受到外界作用后产生的响应来决定。系统在运行过程中受到的影响更为多样，最一般的自然因素包括温度、湿度、海拔、电场、磁场等。当然也有人为因素，但人为因素属于管理范畴，这里主要讨论自然因素。自然因素是系统外部对系统的作用，这些作用在系统运行过程中不可避免。关键在于系统在生命周期的运行阶段，系统的运行环境必然会变化，那么这种变化即外因的变化，外因导致内因变化，进而影响系统可靠性。具体地，系统自身受外界因素影响最大的是材料的物理性质，因为系统结构一般不会受外界因素的影响，而组成系统的元件的物理属性则随着环境外因的改变而改变。如导线的导电性，不同材料的导电性不同，但几乎所有材料的导电性在不同温度下都是不同的，因此才有了常温超导体和低温超导体等材料。那么制成后的系统可靠性应由两方面决定，即系统的内部因素和外部因素。又由于系统的内部因素在系统设计阶段已固定，因此影响系统可靠性的是系统的外因。综上所述，研究系统工作环境变化对系统可靠性的影响至关重要，但相关研究不多[6,109]，且没有形成完整的理论体系。

2. 空间故障树理论基础

由于考虑上述现象和问题，作者在2012年提出了空间故障树理论，该理论认为系统工作于环境之中，由于组成系统元件的材料的物理性质可能随环境因素的改变而改变，因此环境因素的改变将直接导致系统实现功能的能力改变，即系统可靠性改变。这一过程可称为空间故障树理论发展的第一阶段，从2012年至2015年。其间作者建立了空间故障树基础理论(Space Fault Tree,SFT)[1,85]，包括连续型空间故障树(Continuous Space Fault Tree,CSFT)、离散型空间故障树(Discrete Space Fault Tree,DSFT)和系统结构反分析(Inward Analysis of Structural Systems,IASS)。

首先研究最简单的问题，为处理实验室有规则的故障数据提出了CSFT[1]。在实验数据的基础上进行统计，得到单因素变化时系统中所有元件故障概率的变化，从而得到单因素影响下元件故障概率的变化情况，并将其定义为特征函数。特征函数表示单因素与元件故障概率的变化关系，是SFT分析的基础。当多个因素同时影响元件时应综合它们独自变化对元件故障概率的影响，因此要将该元件对不同因素的特征函数进行综合。该综合算法有很多，这里使用逻辑关系“或”，即只要有一个因素导致元件故障率超过标准，则认为元件发生故障，进而得到元件故障概率分布。由于元件组成系统的结构不变，可通过元件与系统的组成关系进行化简。基于化简得到的树形结构逻辑表达式，将元件故障概率分布组合形成系统故障概率分布[85]。这也是空间故障树理论的基础。

元件和系统故障概率空间分析是因素作为维度的连续曲面，那么可对单个因素求导或对多个因素求导，得到单个因素或多个因素的变化情况，称为因素重要度和因素联合重要度[86]。继承经典故障树概念，提出概率重要度分布和关键重要度分布概念，与概率重要度和关键重要度的不同之处在于所得为概率分布连续曲面[1]。基于故障概率分布，研究不同因素条件下故障概率情况，将故障概率超过设定值的因素变化范围组成的故障概率分布区域定义为割集域；将故障概率小于设定值的区域定义为径集域[66]。可得因素变化范围对元件或系统故障概率的影响，可进一步确定元件或系统适合工作的环境变化范围和不适合的范围。应使系统在适合的范围内工作或在不适合的范围内采取措施降低故障概率。使用这些概念实现了一些系统可靠性分析方法。提出维持系统可靠性的元件更换周期概念，通过适当的元件更换周期来改变因素变化范围过程中的故障分布变化，使系统故障概率分布在因素连续变化期间小于指定值；也考虑更换成本时确定更换周期的方法[69]。提出系统故障定位方法，使用故障元件相关性排序与对应的割集验证系统故障分析过程的正确性[70]。构建保持系统可用性条件下的元件维修率分布确定方法[71]。提出系统可靠性评估方法的故障概率计算规则[84]。

考虑实际系统运行过程累计故障数据缺乏必要的规律性，通常是杂乱无章且伴有冗余及错误信息的情况，提出对这些(如安全检查、设备维护记录、事故调查)数据进行可靠性分析的方法，即离散型空间故障树[74]。DSFT 处理的数据可以是长时间积累的，间隔跨度任意，但发生故障时的系统运行环境要记录充分，以满足 DSFT 的要求。DSFT 基本继承了 CSFT 的概念和方法，但由于数据是离散的，不能形成空间连续曲面，因此 CSFT 方法只具有借鉴意义，不能直接使用。

为此作者提出了因素投影拟合法[110]，首先将离散信息点沿着参考因素坐标轴进行投影，形成二维平面点图，然后拟合这些点，最终得到该因素的特征函数。这样便可将离散数据转化为连续函数，并将其作为特征函数，将 DSFT 转化为 CSFT。同时作者也研究了因素投影拟合法不精确的原因[75]。为了得到更为合理的、能表示离散数据的特征函数，引入模糊数学中的模糊结构元理论。使用模糊结构元将离散数据特征表示为带有模糊结构元的模糊值函数，并将其作为特征函数。基于模糊结构元化特征函数构建模糊结构元化 DSFT[80]。具体地，形成了模糊结构元化元件和系统故障概率分布[78]、模糊结构元化概率和关键重要度分布、模糊结构元化元件和系统故障概率变化趋势、元件区域重要度及其模糊结构元化[111]、模糊结构元化因素重要度和因素联合重要度。针对离散数据特征，提出使用人工神经网络(ANN)得到元件和系统故障概率分布的方法，并对所得结果的合理性进行了对比。使用三层 BP 神经网络研究了元件和系统的故障概率分布变化趋势[76]。进一步地，可通过训练后的人工神经网络对不同因素条件下的元件和系统故障概率及其变化趋势进行预测，也可通过训练后人工神经网络的权重得到因素的权重，因此使用 ANN 推导了因素重要度的分析方法。一些更为复杂系统的故障概率与因素难以通过直观的特征函数表示，甚至难以得到这些特征函数。为了分析元件和系统的可靠性与因素之间的因果联系，提出了系统结构反分析框架[112]。从组成系统元件与因素关系角度提出了系统元件结构反分析方法，得到系统物理结构。从影响元件可靠性的因素角度提出了系统因素结构反分析方法，得到系统因素结构。建立 01 型空间故障树表示系统的物理结构和因素结构，这些结构可用表法和图法进行表示。提出逐条分析法和分类推理法，用于这些结构的反分析，并给出了过程和数学定义。

进一步地，为了研究系统可靠性与因素的关系，将因素空间引入空间故障树，对可靠性与影响因素的因果关系进行推理研究。借助因素空间的因素库理论研究了定性安全数据的化简和区分方法，分析了安全评价中的语义。借助因素分类及因素分析法研究了安全评价中的因果关系。构造了系统在不同环境迁移过程中保持可靠性措施的成本分析方法。研究各元件可靠性对因素变化的敏感程度，确定考虑因素的元件重要性。建立了从决策经验中提取决策准则的方法。最后根据因素空间对象属性表示方法的不足提出了对象的属性圆表示方法，表示对象属性之间的相互关系，进而判断对象的相似性[86]。进一步研究了通过图形区域叠加程度判断对象相似性的属性圆改进方法[87]。

上述研究完成了空间故障树理论的基本框架构建，即第一阶段研究，初步尝试了与智能科学方法的因素空间理论相结合的研究，初步实现了系统可靠性与多因素影响关系的研究。

1.2.2 空间故障树的改造

随着研究的深入，空间故障树理论难以完成对定性数据和大数据的分析任务。因此在空间故障树理论的基础之上引入了智能科学和大数据技术，以改进空间故障树理论。

1. 大数据与智能技术

据法国宇航防务网站披露，F-35 最致命的缺陷是如果燃油超过一定温度，战机将无法运转。该报道称"F-35 战机存在燃料温度阈值，如果燃料温度太高将无法工作"[6]。F-35 是信息化作战平台，飞行及维护过程数据如果实时传输，F-35 的带宽为 4 Gbit/s，飞行一天的最大数据量为 336 TB。这些运行时数据蕴含着系统故障及其变化特征。然而由于缺乏相应的故障大数据分析及智能科学手段，导致目前交付的 280 架 F-35 只有一半可正常使用，特别是早期生产的 F-35，故障率非常高。这些表明系统运行得到的故障数据即使在高科技尖端行业也未进行有效分析。难以得到油温升高影响飞机各元件故障变化程度，难以得到油温因素与飞机故障过程之间的关系，更难以分析系统故障过程。类似问题也出现在我国高铁的研制和运行过程中。我国幅员辽阔，并计划在广大国土上建设高铁网络。由于高铁在运行时会穿越不同环境并积累大量运行数据，因此也需要可分析故障大数据和故障因素关系的方法，特别是在高寒高海拔地区运行的高铁。在深海中，高压低温潜航设备故障过程也同样存在这类问题。

因此在空间故障树的发展过程中，深刻体会到只关注于安全科学领域方法，而不借鉴相关领域知识，融会贯通地处理系统可靠性问题，将难以进一步展开研究。

2. 空间故障树理论扩展

空间故障树第二阶段的发展主要关注于安全科学与数据科学及智能科学相关方法的结合，包括云模型理论、因素空间理论、系统稳定性理论、AHP 与 ANP、Markov 过程等。这一过程称为空间故障树理论发展的第二阶段，从 2015 年到 2018 年。

在空间故障树的基础上，研究对更为一般的故障数据进行分析的方法，以便得到更为准确的特征函数。考虑故障数据具有模糊性、随机性和离散型，并总体有一定规律，使用云模型理论表示故障数据，将云模型正向发生器解析式作为特征函数，用以构建云化空间故障树[95]。云模型的 3 个特征参数可表示数据的模糊性、随机性和离散性,而且隶属函数值域范围为[0,1],数据点均匀分布在正向解析式周围。这些特征与故障数据分布特征类似,因此该方法具有可行性。同时改造后的云化空间故障树继承了分析多因素影响的能力,也继承了云模型表示数据不确定性和大数据分析的能力,具体包括云化特征函数、云化元件和系统故障概率分布、云化概率和关键重要度分布[90]、云化故障概率分布变化趋势[89]、云化因素重要度和云化因素联合重要度[91]、云化元件区域重要度[92]、云化径集域和割集域[93]、可靠性数据的不确定性[113]等。

将空间故障树理论与因素空间理论进一步结合,研究适合故障大数据和多因素影响情况系统可靠性的分析方法。将因素空间引入空间故障树,研究可靠性与影响因素之间的逻辑关系,在已有研究的基础上发展空间故障树理论,使其具有推断故障因果关系、因素降维和故障数据压缩能力。具体地,使用因素空间的随机变量分解式表示故障数据,并将其作为特征函数[109]。随机变量分解式第一项表示故障数据整体特征,第二项表示残差波动,第三项表示局部数据的不确定性。研究因素之间的因果逻辑关系推理方法,从广度优先和深度优先角度,分别提出状态吸收法和状态复现法。前者尽量使最终推理结果包含所有状态信息;后者尽量使出现频率大的状态信息起主导作用。建立故障数据因果关系分析方法,将原子概念和基本概念配对,并提出真概念、中间基本概念和不包含故障概率相的概念,用于概念分析[96]。研究故障及影响因素的背景关系分析法,通过故障统计次数定量反映各因素对故障概率的影响[97]。根据因素空间的信息增益法制定影响因素降维的方法,通过比较因素间信息增益量删除或合并因素,以达到降维的目的[109]。基于内点定理研究故障数据压缩方法,在故障分布中借助内点定理判断新数据点是否是背景集的内点,是则删除,否则添加[109]。提出可控因素和不可控因素概念,构造不可控因素表示可控因素的函数,并研究限定条件[114]。

结合智能科学理论发展空间故障树的系统结构反分析方法。提出基于因素分析法的系统功能结构分析方法,构建了功能结构分析空间[98]。建立系统功能结构分析公理体系,给出了定义、逻辑命题和证明过程。基于该公理体系,提出了系统功能结构的极小化方法[99]。简述了空间故障树理论及其系统结构反分析方法,论述了其中分类推理法与因素空间的功能结构分析方法的关系。使用系统功能结构分析方法分别对信息不完备和完备情况的系统功能结构进行了分析[100]。

研究系统可靠性结构变化和稳定性描述方法。在空间故障树框架下,提出作用路径和作用历史的概念[115]。前者描述系统或元件在不同工作状态变化过程中所经历状态的集合,是因素的函数。作用路径可表示可靠性起始状态和终止状态的可达性及该过程的合理性。后者描述经历作用路径过程中的可积累状态量,是累积的结果。给出了作用路径和作用历史计算方法的步骤。对系统可靠性的运动系统稳定性进行描述[109]。将系统划分为功能子系统、容错子系统、阻碍子系统。

其影响参数为外界因素，响应参数为故障率。对系统可靠性的运动系统稳定性进行了 8 种情况的分析。解释了 5 种解对应的系统可靠性变化状态。

同时也研究了一些系统可靠性分析方法，包括基于包络线的云相似度研究[101]、属性圆与多属性决策云模型[102]、变因素下系统可靠性模糊评价[103]、系统可靠性评估方法研究、云化 AHP 模型及应用[104]、合作博弈-云化 AHP 的方案选优[105]、云化 ANP 模型及应用[106]、同类元件系统中元件维修率分布确定[116]、异类元件系统的元件维修率分布确定[108]等。

这部分是空间故障树理论发展的第二阶段，将空间故障树进行故障大数据和智能逻辑分析的能力改造，为适应未来的数据及技术环境要求做出尝试。

1.2.3 空间故障网络

进一步研究发现，一般的系统故障都是复杂事件之间的相互作用，这些事件按照一定的因果关系组成网状结构，这种结构使用空间故障树理论难以分析，因此提出了空间故障网络理论。

1. 故障的发展过程

无论是自然灾害，还是人工系统故障，都不是一蹴而就的，而是一种演化过程。这种演化过程宏观上表现为众多事件遵从一定发生顺序的组合，微观上则是事件之间的相互作用，一般呈现为众多事件的网络连接形式。灾害或故障过程在系统层面上可抽象为系统状态的变化过程，即系统故障演化过程。各类故障的因素、演化结构及过程数据的不同导致系统故障演化过程分析困难。

作者在实际研究冲击地压发生过程和露天矿区灾害风险过程时发现，故障过程是一个极其复杂的过程。冲击地压发生过程与影响因素、多因素作用下的力学系统变化情况等有关。从系统角度分析，冲击地压发生过程可认为是系统故障演化过程的一种。因此对冲击地压过程中影响因素与演化过程的内在联系、影响程度、变化趋势和因果关系等的研究都有重要作用。在研究矿区灾害风险时，对重点灾害与影响因素辨识、化简及定性定量关系的研究是非常重要的。应得到地表沉降、地下水污染及空气污染与多个主要因素的定性定量关系。但这些影响因素与最终的系统故障之间的关系并非使用简单的树形结构可以表示，而应该使用网络结构进行描述，因此在空间故障树的基础上提出空间故障网络。

2. 空间故障网络理论

空间故障网络主要研究系统故障演化过程，是在空间故障树的基础上发展而来的，也是空间故障树理论发展的第三阶段，从 2018 年开始。空间故障网络继承了空间故障树对多因素分析、故障大数据处理及因素间因果逻辑关系分析的能力。目前重点关注于系统故障演化过程的网络化描述、多因素影响与系统故障演化的关系、空间故障网络与空间故障树的转化机制、故障演化干预措施等。这些问题是未来一段时间理论发展与研究的重点，相关方法及内容目前正在立项研究，这里不做详细说明。当然空间故障树理论本身还有许多问题需要进一步研究和发展，如可靠性与影响因素关系的智能分析方法、系统可靠性结构的研究、系统可靠性变化及稳定性研究等。

空间故障树三阶段发展的主要内容及相互关系如图 1.2 所示。

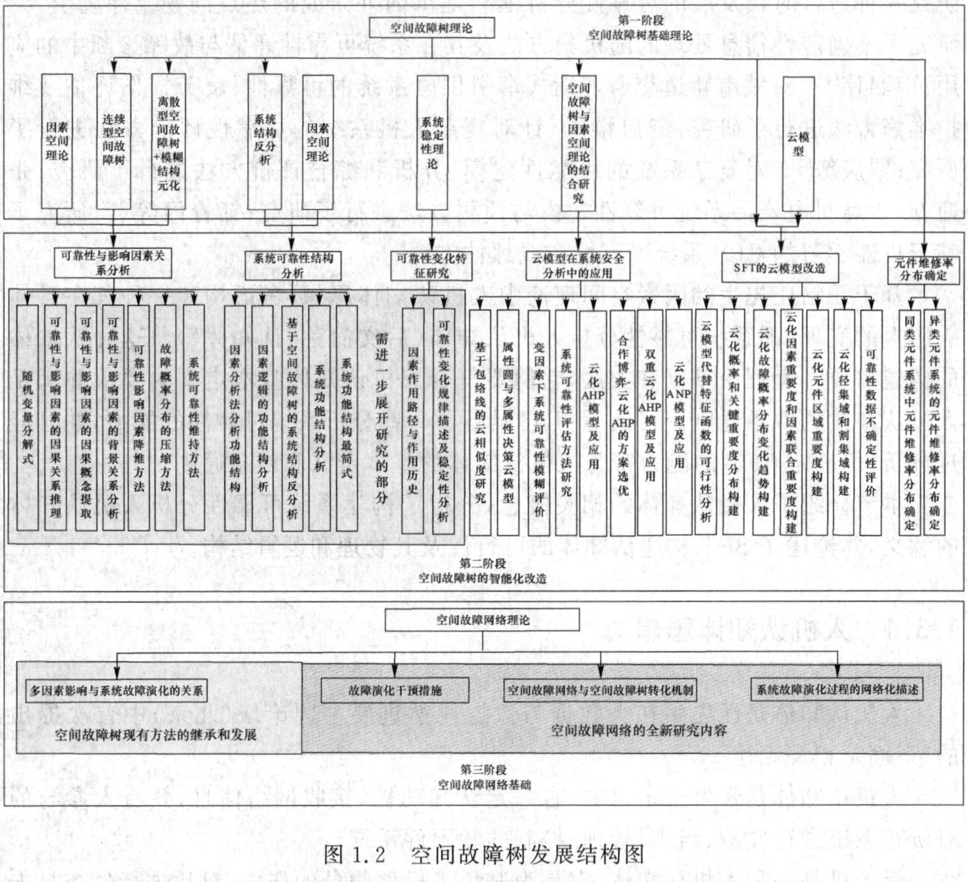

图 1.2　空间故障树发展结构图

空间故障树理论经过 7 年的发展，从最初考虑多因素对系统可靠性的影响，到接纳智能科学和大数据科学，再到提出空间故障网络理论用于研究系统故障演化过程，空间故障树基础理论已完成，其与智能科学大数据技术的结合取得了一定进展，但需要进一步研究的内容也随着研究的推进逐渐显现出来。而空间故障网络理论作为研究系统故障演化过程的最新方法虽然继承了很多优点，但具体研究及实现面临的问题也很多。空间故障树和空间故障网络源于实际问题的抽象，目的也是解决实际问题。因此虽然面对众多问题，却也是努力的方向和动力，以此对安全科学,特别是系统可靠性的发展做出贡献。

1.3 可靠性分析与人机认知体

系统可靠性问题无论是对于实际生产,还是对于科学研究均意义重大。如何研究一种适合时代发展的可靠性分析框架是国内外研究的热点问题。徐晓滨[117]研究了不确定性信息处理的随机集方法及其在系统可靠性评估与故障诊断中的应用;卢西伟[118]对城市轨道交通能馈式牵引供电系统的可靠性、疲劳损伤评估及维护维修方法进行了研究;舒启翀[119]针对复杂人机系统的可靠性评价方法进行了研究;覃庆努[120]对复杂系统的可靠性建模、分析和综合评价方法进行了研究;张迎春[121]就机电产品系统可靠性建模与预测方法进行了研究;邹青丙等[122]研究了基于机器学习的 CPS 系统可靠性在线评估方法。

基于汪陪庄先生的因素空间理论中人机认知体思想,考虑构建一种其在具体应用上的实现,即系统可靠性分析人机认知体(后文简称"认知体")。这种认知体的构建需要一套理论基础和方法,它们要符合人机认知体基本定义的要求并满足人机认知体的四条通则。目前 SFT 已具备了一些分析系统可靠性的能力,并且经过分析,可确定 SFT 的能力符合人机认知体的基本定义和四条通则。

本节介绍了人机认知体的相关概念,分析了构建系统可靠性分析人机认知体的意义,并论述了 SFT 构建认知体的可行性及其物理和逻辑结构。

1.3.1 人机认知体思想

人机认知体是汪先生在大数据与数据科学进展主题论坛(北京)中首次提出的,下面是相关论述。

人机认知体是带着一定目的,有一定认知功能,接收网络信息,并有人参与的对所在系统进行监测、组织、管理、控制的软硬件系统。

无人机是一种人机认知体,它是为避免飞机驾驶员的伤亡,对敌进行侦查打击的由软件驾驶的飞行器。它有识别地面目标和人物特征的认知功能,它的飞行计划要接受网络信息的调整,它的作战过程需要人的配合,它是硬体,但驾驶软件却是灵魂。

超市的收银机不是一个人机认知体,因为它只会收钱和记录交易,没有认知功能。但若把收银机的功能扩大,增加打印的信息,再把因素空间的几个基本算法放进去,自动提取与紧俏商品和顾客时尚有关的概念及因果推理规则,再由销售经理或专家及时来读取并掌控这些知识,对市场因素进行人为的分析,结合网络信息,知己知彼，改善经营，服务百姓，它就变成一个人机认知体了。

无人机是一个比较极端的例子，它的自动化程度太高了，现成的识别和控制技术已经差不多够用了。多数人机认知体的自动化程度没这么高，需要智能描述和应用因素空间的地方就更多。例如社区管理，很多社区还没有什么硬件设备，这可是最需要建立康乐社区人机服务体系的地方。当前最需要做的是硬件设施，就像超市先要有收银机那样，先把社区医疗、住房、水电气、幼儿园、学校、养老院、环境卫生、文化娱乐、邻里关系、治安消防等方面的信息网络分门别类地建立并联系起来。即使没有智能也不要小看这个系统，有了这个系统，就可以用因素空间的理论和方法将其扩充为各个认知单元，再由认知单元耦合成人机认知体。社区干部和居民是人机认知体的建设者和参与者，因素空间不单是一门数学，也是一种方法论，通俗地介绍给大家，遇到问题，就往因素上找原因、找出路，抓主要因素和因素间的转化。

人机认知体有千千万万，按行业分，有各行业的人机认知体；按功能形态分，有目标优化型的人机认知体（如发展系统）和因素平衡型的人机认知体（如安全系统）。无论怎样划分，有以下4条通则。

① 每一种专门的系统结构必定带有相应的概念结构。人机认知系统的认知单元若掌握了相关的概念结构，便达到了专家的水平。反之，就像专家系统必须有专家的特殊经验才能建立一样，只有掌握实际系统的概念结构，认知单元的概念描述才能建立起来。

② 每一个人机认知体都是在一定的环境中建立的，人机认知体的功能是要在环境因素和内在的结构因素之间寻机优化或维持平衡。结构是为适应功能的需求而产生的，人机认知体的主动性表现在它力求调整自己的结构（内因），以适应环境（外因）。

③ 每一个人机认知体都吐纳着网络的信息流，它必须有吐故纳新的机制，否则便不能生存。因素空间背景基的基本算法，对于数据流中每一个新来的样本点，都要随时调整背景基，就是一种吐故纳新的机制。

④ 在构建人机认知体的过程中，最难绕开的是数据的所有权问题。由于这个问题，导致人家有数据你却不能用。因素空间理论的一个重要特点就是，我们所用的数据不涉及别人的隐私。我们只要因素空间上的属性分布，不需要问这些是谁身上的属性。无隐私的数据是不应该当作私有财产或商品的，只有解决无隐私数据的使用权问题，才能快速实施人机认知体的构建。当然，这还需要从法律层面上进行论证。

最后需要强调一点，人机认知体是自组织的生态系统。且看未来，成千上万的人机认知体即将迅速出现，渗透和影响到人类生活的方方面面。世界各大国之间将为人机认知体的发展而拼搏。这是一个不以人们意志为转移的客观现实。无法逃避，只有积极营造。我们要想实现自己的强国梦，就必须集中优势兵力，在国家有关部门自上而下的组织和领导下，各行各业同心协力，从一个个小的认知单元做起，自下而上地开展一个构建人机认知体系的伟大工程。

1.3.2 可靠性分析人机认知体的研究意义

目前对于安全系统工程，特别是对系统可靠性的研究存在着一些问题。在研究中过分地关注于系统内部结构和元件自身可靠性，竭力从提高元件自身可靠性和优化系统结构来保证系统可靠性。但是并没有考虑一个事实情况，各种元件终究是由物理材料组成的，在不同环境下其物理学、力学、电学等相关性质并不是一成不变的，即执行某项功能的系统元件的功能性在元件制成之后主要取决于其工作环境。其原因在于不同工作环境下，元件材料的基础属性可能是不同的，而在设计元件时相关参数基本固定。这样导致了元件在变化的环境中工作时随着基础属性的改变，其执行特定功能的能力也发生变化，致使元件可靠性发生变化。进一步地，即使是一个简单的、执行单一功能的系统也要由若干元件组成，如果考虑每个元件随工作环境变化的可靠性变化，那么这个系统的随工作环境变化的可靠性变化就相当复杂了。但上述事实是存在的，而且不应该被忽略。

据报道，随着越来越多的 F-35 隐形战机服役，它的问题也暴露得越来越多。法国宇航防务网站披露了 F-35 最新被发现、同时也是最致命的缺陷：如果燃油超过一定温度，战机将无法运转。该报道称，最早是美国空军网站公布的照片显示一辆外表重新喷涂过的燃料车，其说明写着“F-35 战机存在燃料温度阈值，如果燃料温度太高将无法工作”。据称，将燃料车涂为白色或绿色以反射阳光照射的热量，是美国空军应对 F-35 燃料温度问题的临时办法之一。另一种措施是重新规划停车场，保证机场的燃料车能停放在阴凉的地方。尽管美国空军并没有透露会导致战机失灵的“燃料高温阈值”具体是多少，但曾提及发现该问题时，机库温度时常达 43 ℃。而这一数值对于长期暴露在烈日下的室外机场混凝土跑道而言，并不算高温。

苏 27 家族作战能力的瓶颈在相当长的时间内都来源于苏联落后的电子工业水平，体积大，重量高，性能指标低下，抗干扰能力差，恶劣环境(比如高温度、高湿度、高盐度)下可靠性差。同样的环境适应问题也出现在苏 27 的国产版 J11 的设计和使用过程中。

又如哈大高铁，列车从冰冻环境瞬时进入湿热环境，暖湿气流与低温车体相遇，除了车体下部的细小冰块会融化外，车体设备以及管路之间还会产生冷凝水，可能导致电气原件发生短路或损坏。所以 CRH380B 型高寒动车组在电气系统上，进行了冷凝水防护结构优化，在车体、设备舱上采取排冷凝水措施，在车体外采用防护高标准等级电器零部件;在制动系统上,对管路系统采用了冷凝水处理技术,使得冷凝水能及时排掉。兰新客运专线时速250 km的耐高寒抗风沙动车组能适应-40 ℃的低温和45 ℃的高温,还能抵抗10级狂风,适合在高寒、风沙、高温、高海拔等恶劣环境中运行。

从上述例子看,在飞机的设计阶段似乎都没有考虑飞机在使用过程中的环境因素(比如温度、湿度、气压、使用时间等)对其可靠性的影响,便导致了飞机在实际使用过程中故障频出,严重地影响了原设计试图实现的功能。所以如何能在充分考虑使用环境因素下研究系统的可靠性,研究不同环境因素对系统中子系统或元件功能可靠性的影响程度,进而研究整个系统在环境因素变化中的功能适应性就成了亟待解决的问题。

从另一方面考虑,基于系统设计阶段的设计行为并不能全面地考虑使用阶段可能遇到的不同环境,所以设计出的系统在使用期间会遇到一些问题,特别是在航天、深海和地下等方面所使用的系统会遇到极端的工作环境。所以,单纯地在设计角度从系统内部研究整个系统的可靠性并不像看上去那样完美。同时在日常的系统使用和维护过程中会形成大量的监测数据,如安全检查记录、故障或事故记录、例行维护记录等。这些记录往往反映了系统在实际情况下的功能运行特征。这样的特征一般可表示为在某工作环境下,系统运行参数是多少,或在什么情况下出现了故障或事故。可见这样的监测数据不但能反映工作环境因素对系统运行可靠性的影响,而且其数据量较大,可全面分析系统可靠性。所以应通过一些方法从这些数据中提取系统可靠性与运行环境因素的关系,从而达到从系统外部了解系统可靠性的目的,并与在设计角度从系统内部研究整个系统可靠性的方法对应,形成双向分析系统可靠性的方法。

综上,从系统工作环境因素对系统可靠性进行研究是现实的、必要的,特别是对于一些尖端的、执行特殊功能的、有战略意义的系统尤为重要。因为无法保证可靠性的系统,其存在本身就是一个不安定的因素。

1.3.3 系统可靠性分析人机认知体

人机认知体是一种以某一目标为核心的知识和硬件组织结构。那么在研究空间故障树时,将系统可靠性作为目标,空间故障树满足人机认知体的要求,成为研究系统可靠性的人机认知体。

1. 基于SFT实现人机认知体的可性能

根据汪培庄先生的思想,人机认知体的概念至少应分为两层。第一层是基础的,可认为是一个人机认知体单元。每个人机认知体单元都是一个针对某一方面、某一问题的具体实现。比如说针对交通事故分析问题可以建立一个人机认知体,或对于商业竞争问题也可以建立一个人机认知体,所以可称为某问题人机认知体单元。人机认知体单元的主要任务应该是收集关于该问题的基础数据,数据可能来源于设备检测和记录、人对于该问题的一些经验和看法等,形成基础信息数据库。在数据库的基础上构建对该问题的特定处理分析方法,从而进一步得到一些准则。这些准则可高效且准确地判断该问题的相关事宜,这些准则造成知识库。当然新的数据进入数据库后可更新数据库和知识库。

第二层就是建立在人机认知体单元上的人机认知体网络,在该网络中,所有的人机认知体可以相互交流,这种交流包括基础数据、处理问题的规则、人机认知体单元所分析的结果和采取的行动。在一定意义上,每个单元都可以被认为是一个Agent。每个单元在人机认知体网络上相互联系、资源共享、相互协作,进而解决更为复杂的问题。

系统可靠性人机认知体是第一个层面的概念,即针对系统可靠性分析的人机认知体。SFT 是系统可靠性的一种分析工具,对基于 SFT 构建系统可靠性分析人机认知体的可行性要从 1.3.1 节提到的人机认知体具备的四项通则来分析,它们可概括为:①概念结构学习;②对环境的适应性调整;③吐故纳新的机制;④数据的可访问性。

对于概念结构的学习,就是对于某一事物的理解。而这种理解对于系统可靠性分析而言,就是了解系统对外界环境变化的响应,或是依托内部结构而反映出的系统总体可靠性。在 SFT 中,CSFT 完成了从系统内部结构开始的对系统可靠性变化的学习,而 DSFT 则基于实际系统运行记录对系统可靠性进行学习。而且在 DSFT 下甚至可以通过实际故障数据来了解系统的物理组成结构和因素影响结构,实现系统结构反分析(Inward Analysis of Structural System, IASS)。这也是对系统结构的一种概念了解,并基于这个概念实现了对系统的反分析,所以 SFT 可实现对系统故障和结构特征的学习,即可以完成该条通则。

对于环境的适应性调整,正是 SFT 的主要思想。实际上汪培庄先生正是参考了 SFT 的相关理论,才将该条加入了人机认知体通则,所以 SFT 完全可以实现该条通则。

对于吐故纳新的机制,CSFT 可针对固定结构和动态变化结构系统进行实时可靠性分析,所以 CSFT 对于系统结构变化是适应的。DSFT 更可以根据新采集的系统可靠性数据条目和已有条目对系统可靠性进行分析,进而调整知识库中的准则来实现对新知识的学习,所以 SFT 也可以实现该条通则。

对于数据的可访问性并不是技术层面的问题,而是授权方面的问题,所以并不在 SFT 基于技术层面构建系统可靠性分析人机认知体的范畴内。

综上,SFT 理论框架可实现人机认知体的 3 条技术通则。尽管目前 SFT 理论框架还未进行充分发展,但基于 SFT 的系统可靠性分析人机认知体已可完成相应的基本任务。随着研究的深入,基于 SFT 实现认知体是完全可行的。

就人机认知体的定义而言,基于 SFT 实现上述人机认知体的目的是分析系统可靠性。认知功能是了解系统对于外部环境的响应及系统结构,可处理基于设备监测的系统日常维护数据和人的经验及看法。所以从定义上讲,SFT 也符合构建条件。

此外人机认知体来源于因素空间,而因素空间和 SFT 的研究问题出发点是相同的——因素,所以 SFT 从根本上也可以完成这个人机认知体构建的职能。

2. 系统可靠性分析人机认知体逻辑框架

系统可靠性分析人机认知体逻辑框架如图 1.3 所示。

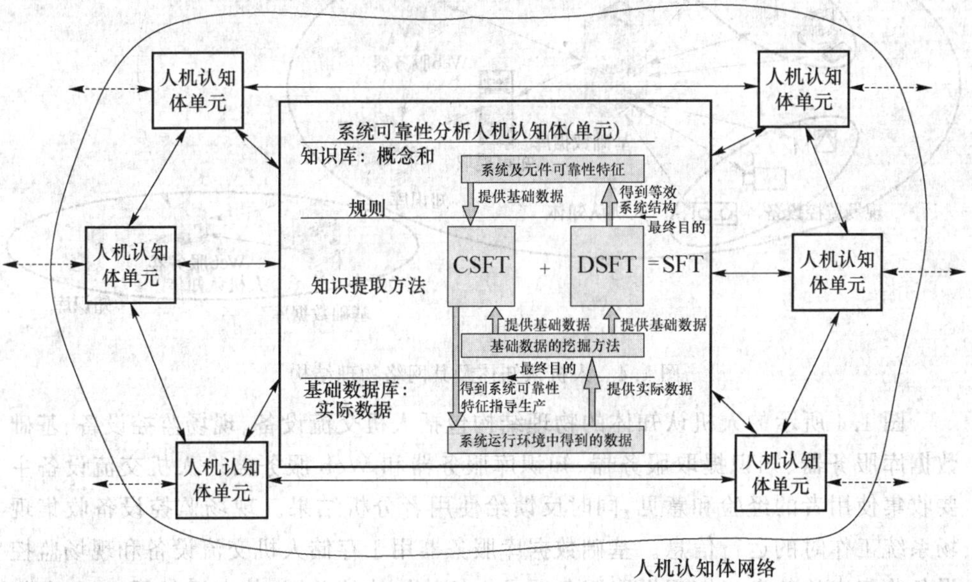

图 1.3 系统可靠性分析人机认知体逻辑框架

如图 1.3 所示,图中心位置的方框为系统可靠性分析人机认知体的框架。从图中可见基于 SFT 的认知体可将来源于实际厂矿企业等的监测数据和使用者经验作为基础数据,将 SFT 和因素空间等理论(基础数据挖掘方法)作为认知体的知识提取方法,而提取到的概念和规则作为知识放入知识库。由于实际系统的不断运行,产生的监测数据不断进入基础数据库,从而可通过知识提取更新知识库。

系统可靠性分析人机认知体在人机认知体网络层面上只是一个实例化的认知体单元。单元之间应存在有效的信息传递通路,这些通路至少可以传递基础数据、概念和规则。通路是双向的,且各个单元之间的通路是否开启也是自适应调整的,即通路的连通状态是由单元开启和关闭的,从而将单元连接形成认知体空间。

3. 系统可靠性分析人机认知体物理框架

人机认知体单元应基于网络构建。对于系统可靠性分析人机认知体，更应针对一个具体的系统进行构建，因为不同行业或不同类型的系统，甚至是同类系统在不同企业或环境中得到的可靠性分析人机认知体可能都是不同的。但对于人机认知体单元的物理结构应基本相同。人机认知体及其网络物理结构如图 1.4 所示。

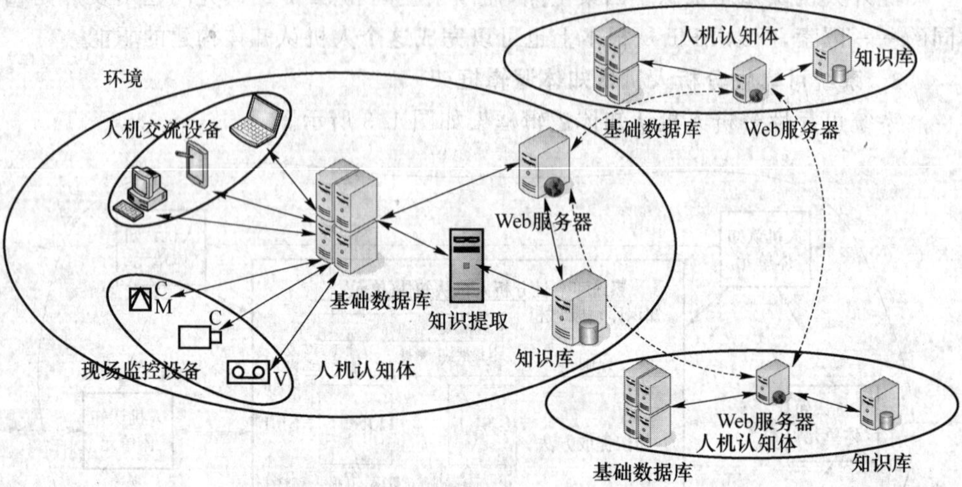

图 1.4　人机认知体及其网络物理结构

图 1.4 所示的人机认知体的物理结构包括人机交流设备、现场监控设备、基础数据库服务器、知识提取服务器、知识库服务器和 Web 服务器。人机交流设备主要收集使用者的经验和意见，同时反馈给使用者分析结果。现场监控设备收集现场系统工作时的运行信息。基础数据库服务器用于存储人机交流设备和现场监控设备收集来的信息。知识提取服务器是人机认知体的关键，其中运行了 SFT 和相关方法，用于分析基础数据库中的信息，提取概念和规则，并将这些存入知识数据库。Web 服务器是人机认知体之间交流的接口，在内部其与数据库服务器和知识库服务器相连；外部不同认知体的 Web 服务器相连，进而实现基础数据、规则和概念的共享，实现知识交流。

具体的人机交流设备包括个人计算机、移动设备及 PDA 等可提供人机交互界面的设备。现场监控设备包括探测器、视频设备、音频设备和相关传感器等可记录系统运行状态的设备。基础数据库服务器和知识库服务器皆为数据库服务器。知识提取服务器是大型机，主要用于数据处理。Web 服务器主要用于数据交换，是具有联网、数据缓存及交换能力的硬件设备。

1.4 本章小结

作为安全科学基础理论之一的系统可靠性理论虽然发展时间不长，但已成为各行业维持正常生产功能的重要保障。当前正是大数据和智能技术快速发展阶段，安全科学理论和技术也应适应这些发展。作为保障系统正常运行的系统可靠性分析方法更应满足和适应智能科学、信息科学和大数据技术。空间故障树理论的提出本身可满足系统可靠性的多因素分析，且与因素空间等智能理论结合后，也具备了逻辑推理分析和故障大数据处理能力。这表明空间故障树理论是一种开放性理论，具有良好的扩展性和适应能力，已形成了连续型空间故障树、离散型空间故障树、空间故障树的数据挖掘方法等基础理论，以及云化空间故障树、可靠性与影响因素关系、系统可靠性结构分析、可靠性变化特征研究、空间故障网络理论基础等智能化可靠性分析方法。相信随着空间故障树理论及相关智能科学的发展，空间故障树理论必将形成独具特色且自成体系的先进系统可靠性分析方法，最终成为系统演化过程分析的普适性框架。

本章分析了系统可靠性分析人机认知体构建的意义。可靠性问题存在于各种系统之中，对于系统可靠性的认知可了解其变化特征，避免可靠性突变导致系统失效。本章论述了使用SFT具体实现系统可靠性分析人机认知体的可行性，将人机认知体的4条通则作为可行性分析的基础，论述了SFT可满足其中3条技术层面通则的能力，且满足人机认知体基本定义所涉及的相关问题，从而证明了实现的可行性，给出了基于SFT的系统可靠性分析人机认知体的逻辑框架和物理框架，论述了框架中各部分的特征及作用。本章部分内容参考于本章参考文献[6,112,123-125]。

本章参考文献

[1] 崔铁军，马云东. 多维空间故障树构建及应用研究[J]. 中国安全科学学报，2013,23(4):32-37.

[2] 袁学海，汪培庄. 因素空间中的一些数学结构[J]. 模糊系统与数学，1993(1):44-54.

[3] 郭嗣琮. 模糊分析中的结构元方法（Ⅰ）、（Ⅱ）[J]. 辽宁工程技术大学学报，2002,21(5):670-677.

[4] 李德毅，杜鹢. 不确定性人工智能[M]. 北京：国防工业出版社，2005.

[5] 张学欣. 基于大数据的设备故障全矢预测模型研究[D]. 郑州：郑州大学，2017.
[6] 崔铁军. 空间故障树理论研究[D]. 阜新：辽宁工程技术大学，2015.
[7] 于福生,罗承忠.粒子因素空间与智能诊断专家系统[C]//第七届全国电工数学学术年会论文集.北京:科学技术出版社,1999：24-27.
[8] 汪培庄. 统计物理学进展[M]. 北京:科学出版社，1981.
[9] Wang P Z. Fuzzy contactibility and fuzzy variables[J]. Fuzzy Sets and Systems，1982(8)：81-92.
[10] 汪培庄，Sugeno M. 因素场与模糊集的背景结构[J]. 模糊数学，1982(2)：45-54.
[11] 汪培庄. 模糊集合论及其应用[M]. 上海：上海科技出版社，1983.
[12] Wang P Z，Li H X. Fuzzy Computing Systems and Fuzzy Computer[M]. Beijing：Science Press，1985.
[13] 汪培庄. 模糊集与随机集落影[M]. 北京：北京师范大学出版社，1985.
[14] 汪培庄，张大志. 思维的数学形式初探[J]. 高等应用数学学报，1986，1(1)：85-95.
[15] Wang P Z. A factor space approach to knowledge representation[J]. Fuzzy Sets and Systems，1990(36)：113-124.
[16] Wang P Z. Fuzziness vs randomness，falling shadow theory[J]. Bulletinsurles Sous Ensembles Flousetleurs Applications，1991(48):123-141.
[17] 汪培庄. 因素空间与概念描述[J]. 软件学报，1992,3(1)：30-40.
[18] Wang P Z，Loe K F. Between mind and computer：fuzzy science and engineering[M]. Singapore：World Scientific Publishing，1994.
[19] 汪培庄，李洪兴. 知识表示的数学理论[M]. 天津：天津科技出版社，1994.
[20] 汪培庄，李洪兴. 模糊系统理论与模糊计算机[M]. 北京：科学出版社，1995.
[21] Wang P Z，Zhang X H，Lu H Z，et al. Mathematical theorem of truth value flow inference[J]. Fuzzy Sets and Systems，1995，32(5):221-238.
[22] Wang P Z. Rules detecting and rules-data mutual enhancement based on factors space theory[J]. International Journal of Information Technology & Decision Making，2002，1(1)：73-90.
[23] 汪培庄. 因素空间与因素库[J]. 辽宁工程技术大学学报(自然科学版)，2013，32(10)：1-8.
[24] Wang P Z，Liu Z L，Shi Y，et al. Factor space，the theoretical base of

data science[J]. Ann. Data Science，2014，1(2)：233-251.
[25] 汪培庄，郭嗣琮，包研科，等. 因素空间中的因素分析[J]. 辽宁工程技术大学学报(自然科学版)，2015，34(2)：273-280.
[26] 汪培庄. 因素空间与数据科学[J]. 辽宁工程技术大学学报(自然科学版)，2015，34(2)：273-280.
[27] 汪培庄. 因素空间与因素库简介(特约报告)[R]. 葫芦岛：智能科学与数学论坛，2014.
[28] 石勇. 大数据与科技新挑战[J]. 科技促进发展，2014(1)：25-30.
[29] 陈永义，刘云峰，汪培庄. 综合评判的数学模型[J]. 模糊数学，1983，3(1)：60-70.
[30] Li H X，Li L，Wang J. Fuzzy decision making based on variable weights [J]. Mathematical and Computer Modelling，2004，39(4)：163-179.
[31] 李洪兴. 因素空间理论及其应用[R]. 葫芦岛：智能科学与数学论坛，2014.
[32] 李德毅. 认知物理学(特约报告)[R]. 大连：东方思维与模糊逻辑——纪念模糊集诞生五十周年国际会议，2015.
[33] Zeng W Y，Feng S. Approximate reasoning algorithm of interval-valued fuzzy sets based on least square method[J]. Information Sciences，2014 (272)：73-83.
[34] Zeng W Y，Feng S. An improved comprehensive evaluation model and its application [J]. International Journal of Computational Intelligence Systems，2014，7(4)：706-714.
[35] 李德清，冯艳宾，王加银，等. 两类均衡函数的结构分析与一类状态变权向量的构造[J]. 北京师范大学学报(自然科学版)，2003，39(5)：595-600.
[36] 李德清，谷云东，李洪兴. 关于状态变权向量公理化定义的若干结果[J]. 系统工程理论与实践，2004，24(5)：97-102.
[37] 李德清，李洪兴. 变权状态分析与状态变权向量的确定[J]. 控制与决策，2004，19(11)：1241-1245.
[38] 李德清，崔红梅，李洪兴. 基于层次变权的多因素决策[J]. 系统工程学报，2004，19(3)：258-263.
[39] 李德清，赵彩霞，谷云东. 等效均衡函数的性质及均衡函数的构造[J]. 模糊系统与数学，2005，19(1)：87-92.
[40] 李德清. 语言值加权综合决策[J]. 系统工程理论与实践，2006，26(1)：141-143.
[41] 李德清，郝飞龙. 状态变权向量的变权效果[J]. 系统工程理论与实践，

2009,29(6): 127-131.
[42] 李德清，王加银. 基于语言量词的变权综合决策方法[J]. 系统工程理论与实践，2010，30(11)：1998-2002.
[43] Li D Q，Zeng W Y，Li J. Note on uncertain linguistic Bonferroni mean operators and their application to multiple attribute decision making[J]. Applied Mathematical Modelling，2015，39(2)：894-900.
[44] Li D Q，Zeng W Y，Zhao Y. Note on distance measure of hesitant fuzzy sets[J]. Information Sciences，2015，32(1)：103-115.
[45] Li D Q，Zeng W Y，Li J. New distance and similarity measures on hesitant fuzzy sets and their applications in multiple criteria decision making[J]. Engineering Applications of Artificial Intelligence，2015，40(2)：11-16.
[46] 李德清，李洪兴. 状态变权向量的性质和构造[J]. 北京师范大学学报(自然科学版)，2002，38(4)：41-46.
[47] 余高锋，刘文奇，李登峰. 基于折衷型变权向量的直觉语言决策方法[J]. 控制与决策，2015，30(12)：2233-2240.
[48] 余高锋，刘文奇，石梦婷. 基于局部变权模型的企业质量信用评价[J]. 管理科学学报，2015,17(2)：85-94.
[49] 何平. 基于因素空间的直觉推理系统研究[C]. 北京:模糊集与智能系统国际会议论文集，2014:6-48.
[50] 何平. 犯罪空间分析理论及防控技术研究[M]. 北京：现代教育出版社，2008.
[51] 何平. 犯罪空间分析与优化[M]. 北京：中国书籍出版社，2013.
[52] He Ping. Design of interactive learning system based on intuition concept space[J]. Journal of Computer，2010，21(5)：478-487.
[53] He Ping. Crime pattern discovery and fuzzy information analysis based on optimal intuition decision making[J]. Advances in Soft Computing of Springer，2008，5(4)：426-439.
[54] He Ping. Crime knowledge management based on intuition learning system[J]. Fuzzy System and Management Discovery, Proc. of the Int'l conf. IEEE Computer Society，2008：555-559.
[55] 欧阳合. 代数拓扑与大数据(特约报告)[R]. 北京:中国科学院大数据高端论坛，2014.
[56] 欧阳合. 持续同调在大数据分析中的应用(特约报告)[R]. 广州：中山大学国家自然科学基金双清论坛，2015.
[57] 欧阳合. 不确定性理论的统一理论：因素空间的数学基础(特约报告)[R].

大连：东方思维与模糊逻辑——纪念模糊集诞生五十周年国际会议，2015.
[58] 冯嘉礼. 思维与智能科学中的性质论[M]. 北京：原子能出版社，1990.
[59] Yuan X H，Wang P Z，Lee F S. Factor space and its algebraic representation theory[J]. J. of Mathematical Analysis and Applications，1992，17(1)：256-276.
[60] Yuan X H，Lee E S，Wang P Z. Factor Rattans，Category FR (Y)，and Factor Space[J]. Journal of Mathematical Analysis and Applications，1994，186(1)：254-264.
[61] 袁学海，汪培庄. 因素空间和范畴[J]. 模糊系统与数学，1995(2)：25-33.
[62] Yuan X H. A fuzzy algebraic system based on the theory of falling shadows[J]. Journal of Mathematical Analysis and Applications，1997(208)：243-251.
[63] Yuan X H，Li H X，Lee F S. Categories of fuzzy sets and weak topos[J]. Fuzzy Sets and Systems，2002 (127)：291-297.
[64] Yuan X H，Li H X，Zhang C. The set-valued mapping based on ample fields[J]. Computers and Mathematies with Applications，2008(56)：1954-1965.
[65] 袁学海，李洪兴，孙凯彪. 基于超群的粒计算理论[J]. 2011，25(3)：134-142.
[66] 崔铁军，马云东. 空间故障树的径集域与割集域的定义与认识[J]. 中国安全科学学报，2014，24(4)：27-32.
[67] 崔铁军，马云东. 连续型空间故障树中因素重要度分布的定义与认知[J]. 中国安全科学学报，2015，25(3)：24-28.
[68] Cui Tiejun，Li Shasha. Deep learning of system reliability under multi-factor influence based on space fault tree[J]. Neural Computing and Applications，2019(31)：4761-4776.
[69] 崔铁军，马云东. 基于多维空间事故树的维持系统可靠性方法研究[J]. 系统科学与数学，2014，34(6)：682-692.
[70] 崔铁军，马云东. 基于空间故障树理论的系统故障定位方法研究[J]. 数学的实践与认识，2015，45(21)：135-142.
[71] 崔铁军，马云东. 基于 SFT 和 DFT 的系统维修率确定及优化[J]. 数学的实践与认识，2015，45(22)：140-150.
[72] 崔铁军，马云东. 基于 SFT 理论的系统可靠性评估方法改造研究[J]. 模糊系统与数学，2015，29(5)：173-182.
[73] 崔铁军，马云东. 宏观因素影响下的系统中元件重要性研究[J]. 数学的实践与认识，2014，44(18)：124-131.

[74] 崔铁军，马云东. DSFT 的建立及故障概率空间分布的确定[J]. 系统工程理论与实践，2016，36(4)：1081-1088.

[75] 崔铁军，马云东. DSFT 中因素投影拟合法的不精确原因分析[J]. 系统工程理论与实践，2016，36(5)：1340-1345.

[76] 崔铁军，李莎莎，马云东，等. 基于 ANN 求导的 DSFT 中故障概率变化趋势研究[J]. 计算机应用研究，2017，34(2)：449-452.

[77] 崔铁军，马云东. 基于模糊结构元的 SFT 概念重构及其意义[J]. 计算机应用研究，2016，33(7)：1957-1960.

[78] 崔铁军，马云东. DSFT 下模糊结构元特征函数构建及结构元化的意义[J]. 模糊系统与数学，2016，30(2)：144-152.

[79] 崔铁军，马云东. SFT 下元件区域重要度定义与认知及其模糊结构元表示[J]. 应用泛函分析学报，2016，18(4)：413-421.

[80] Cui Tiejun，Li Shasha. Study on the construction and application of discrete space fault tree modified by fuzzy structured element[J]. Cluster Computing，2019(22)：6563-6577.

[81] 崔铁军，李莎莎，王来贵. 基于因素逻辑的分类推理法重构[J]. 计算机应用研究，2016(12)：3671-3675.

[82] 崔铁军，马云东. 基于因素空间的煤矿安全情况区分方法的研究[J]. 系统工程理论与实践，2015，35(11)：2891-2897.

[83] 崔铁军，马云东. 状态迁移下系统适应性改造成本研究[J]. 数学的实践与认识，2015，45(24)：136-142.

[84] 崔铁军，马云东. 考虑范围属性的系统安全分类决策规则研究[J]. 中国安全生产科学技术，2014，10(11)：6-9.

[85] 崔铁军，马云东. 系统可靠性决策规则发掘方法研究[J]. 系统工程理论与实践，2015，35(12)：3210-3216.

[86] 崔铁军，马云东. 因素空间的属性圆定义及其在对象分类中的应用[J]. 计算机工程与科学，2015，37(11)：2170-2174.

[87] 崔铁军，马云东. 基于因素空间中属性圆对象分类的相似度研究及应用[J]. 模糊系统与数学，2015，29(6)：56-64.

[88] 崔铁军，李莎莎，马云东，等. SFT 中云模型代替特征函数的可行性分析与应用[J]. 计算机应用，2016，36(增 2)：37-40.

[89] 李莎莎，崔铁军，马云东，等. SFT 下的云化故障概率分布变化趋势研究[J]. 中国安全生产科学技术，2016，12(3)：60-65.

[90] 崔铁军，李莎莎，马云东，等. SFT 下的云化概率和关键重要度分布的实现与研究[J]. 计算机应用研究，2017，34(7)：1971-1974.

[91] 崔铁军，李莎莎，马云东. SFT下云化因素重要度和因素联合重要度的实现与认识[J]. 安全与环境学报，2017，17(6)：2109-2113.
[92] 崔铁军，李莎莎，马云东，等. 云化元件区域重要度的构建与认识[J]. 计算机应用研究，2016,33(12):3570-3572.
[93] 崔铁军，李莎莎，马云东，等. 云化SFT下的径集域与割集域的重构与研究[J]. 计算机应用研究，2016,33(12):3582-3585.
[94] 李莎莎，崔铁军，马云东. 基于云模型和SFT的可靠性数据不确定性评价[J]. 计算机应用研究，2017,34(12):3656-3659.
[95] Li Shasha，Cui Tiejun，Liu Jian. Study on the construction and application of cloudization space fault tree[J]. Cluster Computing，2019(22):5613-5633.
[96] 李莎莎，崔铁军，马云东，等. SFT中因素间因果概念提取方法研究[J]. 计算机应用研究，2017,34(10)：2997-3000.
[97] 李莎莎，崔铁军，马云东，等. SFT中故障及其影响因素的背景关系分析[J]. 计算机应用研究，2017，34(11):3277-3280.
[98] Cui Tiejun，Wang Peizhuang，Li Shasha. The function structure analysis theory based on the factor space and space fault tree[J]. Cluster Computing，2017,20(2):1387-1398.
[99] 崔铁军,李莎莎,王来贵. 系统功能结构最简式分析方法[J/OL]. 计算机应用研究,2019(1):1-5[2018-03-28]. http://kns.cnki.net/kcms/detail/51.1196.TP.20180208.1713.008.html.
[100] 崔铁军，李莎莎，王来贵. 完备与不完备背景关系中蕴含的系统功能结构分析[J]. 计算机科学，2017,44(3):268-273.
[101] 李莎莎，崔铁军，马云东，等. 基于包络线的云相似度及其在安全评价中的应用[J]. 安全与环境学报,2017,17(4):1267-1271.
[102] 崔铁军，李莎莎，王来贵. 基于属性圆的多属性决策云模型构建与可靠性分析应用[J]. 计算机科学，2017,44(5):111-115.
[103] 李莎莎，崔铁军，马云东. 基于云模型的变因素影响下系统可靠性模糊评价方法[J]. 中国安全科学学报，2016,26(2):132-138.
[104] 崔铁军，马云东. 基于AHP-云模型的巷道冒顶风险评价[J]. 计算机应用研究，2016,33(10):2973-2976.
[105] 李莎莎，崔铁军，马云东. 基于合作博弈-云化AHP的地铁隧道施工方案选优[J]. 中国安全生产科学技术，2015,11(10):156-161.
[106] 崔铁军，马云东. 基于云化ANP的巷道冒顶影响因素重要性研究[J]. 计算机应用研究，2016,33(11):3307-3310.

[107] 崔铁军，李莎莎，马云东，等. 有限制条件的异类元件构成系统的元件维修率分布确定[J]. 计算机应用研究，2017,34(11):3251-3254.
[108] 崔铁军，李莎莎，马云东，等. 不同元件构成系统中元件维修率分布确定[J]. 系统科学与数学,2017,37(5):1309-1318.
[109] 李莎莎. 空间故障树理论改进研究[D]. 阜新:辽宁工程技术大学,2018.
[110] 崔铁军，马云东. 离散型空间故障树构建及其性质研究[J]. 系统科学与数学，2016,36(10):1753-1761.
[111] 崔铁军，马云东. SFT下元件区域重要度定义与认知及其模糊结构元表示[J]. 应用泛函分析学报，2016,18(4):413-421.
[112] 崔铁军，汪培庄，马云东. 01SFT中的系统因素结构反分析方法研究[J]. 系统工程理论与实践,2016,36(8):2152-2160.
[113] Li Shasha, Cui Tiejun, Li Xingsen, et al. Construction of cloud space fault tree and its application of fault data uncertainty analysis[C]//The 2017 International Conference on Machine Learning and Cybernetics. Ningbo:IEEE, 2017:195-201.
[114] 崔铁军,李莎莎,马云东,等.具有可控与不可控因素系统的可靠性维持方法[J].计算机应用研究,2018,35(11):3217-3219.
[115] 李莎莎,崔铁军,韩光,等.SFT中的因素作用路径与作用历史[J/OL].计算机应用研究,2018(8):1-5[2018-07-17]. http://kns.cnki.net/kcms/detail/51.1196.TP.20180507.1706.038.html.
[116] 崔铁军，李莎莎，马云东，等. 基于Markov和SFT的同类元件系统中元件维修率分布确定[J]. 计算机应用研究，2017,34(11):3255-3258.
[117] 徐晓滨. 不确定性信息处理的随机集方法及在系统可靠性评估与故障诊断中的应用[D]. 上海:上海交通大学,2009.
[118] 卢西伟. 城市轨道交通能馈式牵引供电系统可靠性、疲劳损伤评估及维护维修方法研究[D]. 北京:北京交通大学,2011.
[119] 舒启翀. 复杂人机系统可靠性评价方法研究[D]. 成都:西南交通大学,2014.
[120] 覃庆努. 复杂系统可靠性建模、分析和综合评价方法研究[D]. 北京:北京交通大学,2012.
[121] 张迎春. 机电产品系统可靠性建模与预测方法研究[D]. 淄博：山东理工大学,2010.
[122] 邹青丙,刘羽,何明,等. 基于机器学习的CPS系统可靠性在线评估方法[J]. 计算机工程与应用，2014,50(10):128-130.
[123] 崔铁军,汪培庄.空间故障树与因素空间融合的智能可靠性分析方法[J].

智能系统学报,2019,14(5),853-864.
[124] 崔铁军,李莎莎.空间故障树与空间故障网络理论综述[J].安全与环境学报,2019,19(2):399-405.
[125] 崔铁军,马云东.空间故障树理论与应用[M].沈阳:东北大学出版社,2020.

第 2 章　空间故障树理论概述

本章内容为整个空间故障树理论的基础,也是本书的理论和思想基础。本章着重论述了连续型空间故障树和离散型空间故障树,以作为后继研究的先导。由于篇幅有限,本章只给出基本定义、概念、推导和公式,详尽内容参见作者的相关文献和专著。

2.1　连续型空间故障树

经典故障树对系统所在环境条件因素变化的影响不敏感,即无论在何种环境下,系统可靠性均相同,这明显不符合实际。一个电气系统中的元件,如二极管,其故障概率与工作时间长短、工作温度高低、通过电流及电压等因素有直接关系。对系统进行故障分析时,可发现各元件的工作时间和适宜的工作温度等都不相同。所以随系统整体运行环境的改变,系统故障概率也是不同的。处理类似现象,经典故障树的适用性显然存在问题。

作者提出空间故障树(Space Fault Tree,SFT)正是为了解决上述问题。本章首先介绍连续型空间故障树(CSFT)的相关概念及应用。

2.1.1　连续型空间故障树的定义

为了方便说明,给出空间故障树理论一贯使用的实例。某电气系统由二极管组成,二极管的额定工作状态受很多因素的影响,其中主要因素是工作时间 t 和工作温度 c。将这两个因素影响的电气系统可靠性作为研究对象,如图 2.1 所示。

给出连续型空间故障树的相关定义和概念[1]。

定义 2.1　连续型空间故障树:基本事件的发生概率不是固定的,而是由 n 个因素决定的,这样的故障树称为连续型空间故障树,用 T 表示。此例故障树化简

得 $T=X_1X_2X_3+X_1X_4+X_3X_5$。

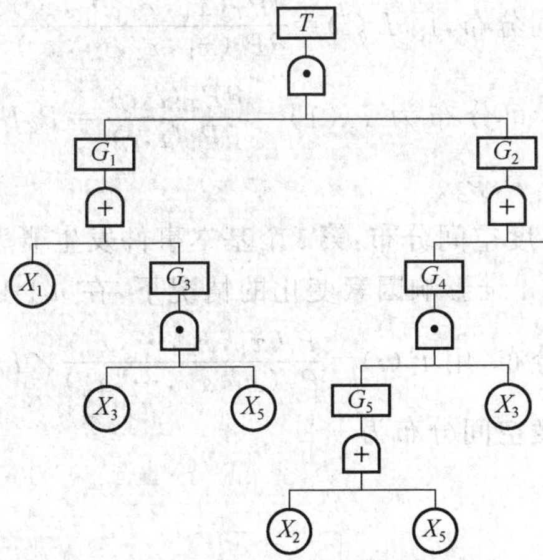

图 2.1　电气系统故障树

定义 2.2　基本事件影响因素：使基本事件发生概率产生变化的因素。在此例中，因素包括：t 表示时间因素，c 表示温度因素。

定义 2.3　基本事件发生概率的特征函数（简称“特征函数”）：基本事件在单一因素的影响下，随影响因素的变化表现出来的发生概率变化特征的表示函数。可以是初等函数，也可以是分段函数等，用 $P_i^d(x)$ 表示，i 表示第 i 个元件，$d\in\{x_1,x_2,\cdots,x_n\}$ 表示影响因素，n 为影响因素个数。如此例中第 i 个元件的时间特征函数为 $P_i^t(t)=1-\mathrm{e}^{-\lambda t}$，温度特征函数为 $P_i^c(c)=\dfrac{\cos(2\pi c/A)+1}{2}$，式中，$\lambda$ 为单元故障率，A 为温度变化范围。

定义 2.4　基本事件发生概率空间分布：基本事件在 n 个影响因素的影响下，随它们的变化在多维空间内表现出来的发生概率变化空间分布。n 个影响因素作为相互独立的自变量，基本事件发生概率作为函数值，用 $P_i(x_1,x_2,\cdots,x_n)=1-\prod\limits_{k=1}^{n}(1-P_i^d(x_k))$ 表示，式中，n 为影响因素个数。此例中 $P_i(t,c)=1-(1-P_i^t(t))(1-P_i^c(c))$。

定义 2.5　顶上事件发生概率空间分布：经过故障树结构化简后得到的顶上事件发生概率的表达式，在 n 维影响因素变化的情况下，在 $n+1$ 维空间中表现出来的故障概率变化空间分布，用 $P_T(x_1,x_2,\cdots,x_n)=\coprod\limits_{j=1}^{r}\prod\limits_{\text{基本事件}i\in K_j}P_i(x_1,x_2,\cdots,x_n)$ 表示。此例为 $P_T(t,c)=P_1P_2P_3+P_1P_4+P_3P_5-P_1P_2P_3P_4-P_1P_3P_4P_5-P_1P_2P_3P_5+P_1P_2P_3P_4P_5$，$P_{1\sim5}$ 是 $P_{1\sim5}(t,c)$ 的缩写。

定义 2.6　概率重要度空间分布：第 i 个基本事件发生概率的变化引起顶上事

件发生概率变化的程度，在 n 维影响因素变化的情况下，在 $n+1$ 维空间中表现出来的概率重要度变化空间分布，用 $I_g(i)=\dfrac{\partial P_T(x_1,x_2,\cdots,x_n)}{\partial P_i(x_1,x_2,\cdots,x_n)}$表示。如此例中第 1 个元件的概率重要度空间分布为 $I_g(1)=\dfrac{\partial P_T(t,c)}{\partial P_1(t,c)}=P_2P_3+P_4-P_2P_3P_4-P_3P_4P_5-P_2P_3P_5+P_2P_3P_4P_5$。

定义 2.7 关键重要度空间分布：第 i 个基本事件发生概率的变化引起顶上事件发生概率的变化率，在 n 维影响因素变化的情况下，在 $n+1$ 维空间中表现出来的关键重要度变化空间分布，用 $I_g^c(i)=\dfrac{P_i(x_1,x_2,\cdots,x_n)}{P_T(x_1,x_2,\cdots,x_n)}\times I_g(i)$表示。如此例中第 1 个元件的关键重要度空间分布为

$$\begin{aligned}I_g^c(1)&=\frac{P_1(t,c)}{P_T(t,c)}\times I_g(1)\\&=\frac{1-(1-P_1{}^t(t))(1-P_1{}^c(c))}{P_1P_2P_3+P_1P_4+P_3P_5-P_1P_2P_3P_4-P_1P_3P_4P_5-P_1P_2P_3P_5+P_1P_2P_3P_4P_5}\times\\&\quad(P_2P_3+P_4-P_2P_3P_4-P_3P_4P_5-P_2P_3P_5+P_2P_3P_4P_5)\end{aligned}$$

定义 2.8 顶上事件发生概率空间分布趋势：就顶上事件发生概率空间分布 $P_T(x_1,x_2,\cdots,x_n)$对某一影响因素 d 求导后得到的针对 d 的 $n+1$ 维的故障概率变化空间分布趋势，用 $P_T^d=\dfrac{\partial P_T(x_1,x_2,\cdots,x_n)}{\partial d}$表示。如此例中顶上事件发生概率空间分布的时间趋势为 $P_T^t=\dfrac{\partial P_T(t,c)}{\partial t}$。

2.1.2 故障概率分布

1. 基本事件发生概率空间分布

系统中 5 个基本事件($X_{1\sim5}$)的发生概率(由于在电气系统中的基本事件发生概率即元件的故障概率，所以下文使用元件故障概率表述)都受到 t 和 c 的影响，即元件的故障概率 $P_i(t,c)$是 t 和 c 作为自变量的函数。当 t 和 c 两者之一达到故障状态时元件发生故障，根据逻辑“或”的概念 $P_i(t,c)$如式(2.1)所示。

$$P_i(t,c)=1-(1-P_i^t(t))(1-P_i^c(c)) \tag{2.1}$$

要确定 $P_i(t,c)$，首先要确定 $P_i^t(t)$和 $P_i^c(c)$。设系统中单个元件故障后不可修，系统故障的可修性是通过更换元件来实现的。那么 $P_i^t(t)$可认为是不可修系统的单元故障概率[2]，并设故障概率达到 0.999 9 时更换元件，如式(2.2)所示。

$$P_i^t(t)=0.9999=1-e^{-\lambda t},\quad \lambda t=9.2103 \tag{2.2}$$

对于 $P_i^c(c)$，电气元件正常工作一般都有适合的工作温度，高于和低于该温度范围元件都可能发生故障，将该规律近似为变形的余弦曲线，如式(2.3)所示。

$$P_i^c(c)=\frac{\cos(2\pi c/A)+1}{2} \tag{2.3}$$

按照实际情况，不同类型的元件有不同的额定使用时间 t 和使用温度 c。给定它们的使用范围，并根据式(2.2)和式(2.3)计算得到 $P_i^t(t)$ 和 $P_i^c(c)$，则在该范围内的具体函数关系见表 2.1。

表 2.1　$X_{1\sim5}$ 的使用范围及 $P_i^t(t)$ 和 $P_i^c(c)$ 的具体表达式

元　件	时间范围/d	温度范围/℃	λ	$P_i^t(t)$	$P_i^c(c)$
X_1	0～50	0～40	0.184 2	$1-e^{-0.1842t}$	$\frac{\cos(2\pi c/40)+1}{2}$
X_2	0～70	10～50	0.131 6	$1-e^{0.1316t}$	$\frac{\cos(2\pi(c-10)/40)+1}{2}$
X_3	0～35	0～50	0.263 2	$1-e^{-0.2632t}$	$\frac{\cos(2\pi c/50)+1}{2}$
X_4	0～60	5～45	0.153 5	$1-e^{-0.1535t}$	$\frac{\cos(2\pi(c-5)/40)+1}{2}$
X_5	0～45	0～45	0.204 7	$1-e^{-0.20478t}$	$\frac{\cos(2\pi c/45)+1}{2}$
研究范围/说明	0～100	0～50		达到使用时间后更换新零件，再继续使用	区域前后都为失效，$P_i^c(c)=1$

从表 2.1 可知，$P_i^t(t)$ 和 $P_i^c(c)$ 在它们各自的研究(适用)范围内不是连续的，是分段函数。在研究范围内的分段函数如表 2.2 所示。

表 2.2　$P_i^t(t)$ 和 $P_i^c(c)$ 在研究区域内的表达式

元　件	$P_i^t(t)$	$P_i^c(c)$
X_1	$P_1^t(t)=\begin{cases}1-e^{-0.1842t}, t\in[0,50]\\1-e^{-0.1842(t-50)}, t\in(50,100]\end{cases}$	$P_1^c(c)=\begin{cases}\frac{\cos(2\pi c/40)+1}{2}, c\in[0,40]\\1, c\in(40,50]\end{cases}$
X_2	$P_2^t(t)=\begin{cases}1-e^{-0.1316t}, t\in[0,70]\\1-e^{-0.1316(t-70)}, t\in(70,100]\end{cases}$	$P_2^c(c)=\begin{cases}1, c\in[0,10]\\\frac{\cos(2\pi(c-10)/40)+1}{2}, c\in(10,50]\end{cases}$
X_3	$P_3^t(t)=\begin{cases}1-e^{-0.2632t}, t\in[0,35]\\1-e^{-0.2632(t-35)}, t\in(35,70]\\1-e^{-0.2632(t-70)}, t\in(70,100]\end{cases}$	$P_3^c(c)=\frac{\cos(2\pi c/50)+1}{2}, c\in[0,50]$
X_4	$P_4^t(t)=\begin{cases}1-e^{-0.1535t}, t\in[0,60]\\1-e^{-0.1535(t-60)}, t\in(60,100]\end{cases}$	$P_4^c(c)=\begin{cases}1, c\in[0,5]\\\frac{\cos(2\pi(c-5)/40)+1}{2}, c\in(5,45]\\1, c\in(45,50]\end{cases}$
X_5	$P_5^t(t)=\begin{cases}1-e^{-0.2047t}, t\in[0,45]\\1-e^{-0.2047(t-45)}, t\in(45,90]\\1-e^{-0.2047(t-90)}, t\in(90,100]\end{cases}$	$P_5^c(c)=\begin{cases}\frac{\cos(2\pi c/45)+1}{2}, c\in[0,45]\\1, c\in(45,50]\end{cases}$

由表 2.2 和公式(2.1)可构造出系统元件 $X_{1\sim5}$ 的故障概率空间分布(基本事件发生概率空间分布)及其等值曲线,如图 2.2 所示。

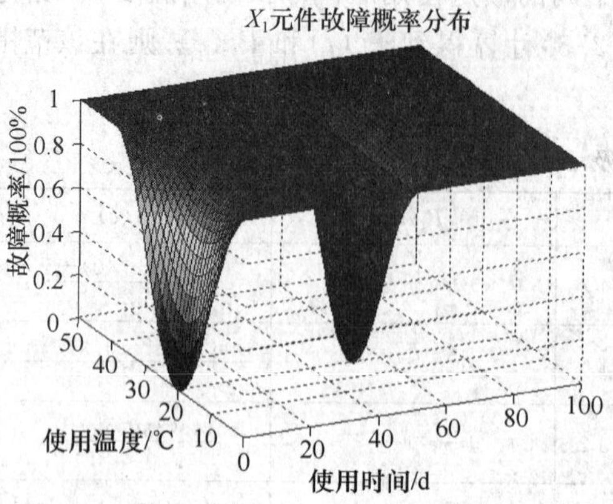

(a) 立体图

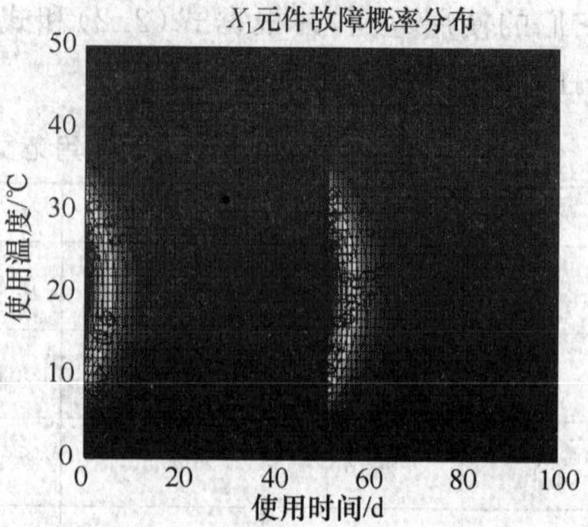

(b) 平面图

图 2.2 X_1 的故障概率分布

2. 顶上事件发生概率空间分布

由图 2.1 所示的系统故障树化简得式(2.4)。

$$T=X_1X_2X_3+X_1X_4+X_3X_5 \tag{2.4}$$

由经典故障树理论得到系统故障(顶上事件)发生概率,如式(2.5)所示。

$$P_T(t,c)=P_1P_2P_3+P_1P_4+P_3P_5-P_1P_2P_3P_4-P_1P_3P_4P_5-P_1P_2P_3P_5+P_1P_2P_3P_4P_5 \tag{2.5}$$

由式(2.5)可知,$P_T(t,c)$是反映系统故障概率的函数,该函数由 $P_{1\sim5}(t,c)$决定。又由式(2.1)可知 $P_{1\sim5}(t,c)$是由 $P^t_{1\sim5}(t)$和 $P^c_{1\sim5}(c)$决定的,即 $P_T(t,c)$是 t 和 c 的函数。由 $P_T(t,c)$、t 和 c 构成了概率空间分布。

2.1.3 概率重要度空间分布和关键重要度空间分布

1. 概率重要度空间分布

概率重要度空间分布是第 i 个元件故障概率变化引起的系统故障概率变化的程度。在 t 和 c 因素的影响下构成概率重要度空间分布,它是分析元件与系统故障概率变化关系的重要参考之一。根据定义,元件的概率重要度空间分布如式(2.6)所示。

$$I_g(i)=\frac{\partial P_T(t,c)}{\partial P_i(t,c)} \tag{2.6}$$

$X_{1\sim5}$ 的概率重要度空间分布如下:

$$I_g(1)=\frac{\partial P_T(t,c)}{\partial P_1(t,c)}=P_2P_3+P_4-P_2P_3P_4-P_3P_4P_5-P_2P_3P_5+P_2P_3P_4P_5$$

$$I_g(2)=\frac{\partial P_T(t,c)}{\partial P_2(t,c)}=P_1P_3-P_1P_3P_4-P_1P_3P_5+P_1P_3P_4P_5$$

$$I_g(3)=\frac{\partial P_T(t,c)}{\partial P_3(t,c)}=P_1P_2+P_5-P_1P_2P_4-P_1P_4P_5-P_1P_2P_5+P_1P_2P_4P_5$$

$$I_g(4)=\frac{\partial P_T(t,c)}{\partial P_4(t,c)}=P_1-P_1P_2P_3-P_1P_3P_5+P_1P_2P_3P_5$$

$$I_g(5)=\frac{\partial P_T(t,c)}{\partial P_5(t,c)}=P_3-P_1P_3P_4-P_1P_2P_3+P_1P_2P_3P_4$$

分别将 $I_g(1)$ 到 $I_g(5)$ 和 t、c 构成三维空间，形成元件 $X_{1\sim5}$ 的概率重要度空间分布。

2. 关键重要度空间分布

根据定义，元件的关键重要度空间分布如式(2.7)所示。

$$I_g^c(i)=\frac{P_i(t,c)}{P_T(t,c)}\times I_g(i) \tag{2.7}$$

$X_{1\sim5}$ 的关键重要度空间分布如下：

$$I_g^c(1)=\frac{P_1(t,c)}{P_T(t,c)}\times I_g(1)$$

$$=\frac{1-(1-P_1^t(t))(1-P_1^c(c))}{P_1P_2P_3+P_1P_4+P_3P_5-P_1P_2P_3P_4-P_1P_3P_4P_5-P_1P_2P_3P_5+P_1P_2P_3P_4P_5}\times$$
$$(P_2P_3+P_4-P_2P_3P_4-P_3P_4P_5-P_2P_3P_5+P_2P_3P_4P_5)$$

$$I_g^c(2)=\frac{P_2(t,c)}{P_T(t,c)}\times I_g(2)$$

$$=\frac{1-(1-P_2^t(t))(1-P_2^c(c))}{P_1P_2P_3+P_1P_4+P_3P_5-P_1P_2P_3P_4-P_1P_3P_4P_5-P_1P_2P_3P_5+P_1P_2P_3P_4P_5}\times$$
$$(P_1P_3-P_1P_3P_4-P_1P_3P_5+P_1P_3P_4P_5)$$

$$I_g^c(3)=\frac{P_3(t,c)}{P_T(t,c)}\times I_g(3)$$

$$=\frac{1-(1-P_3{}^t(t))(1-P_3{}^c(c))}{P_1P_2P_3+P_1P_4+P_3P_5-P_1P_2P_3P_4-P_1P_3P_4P_5-P_1P_2P_3P_5+P_1P_2P_3P_4P_5}\times$$
$$(P_1P_2+P_5-P_1P_2P_4-P_1P_4P_5-P_1P_2P_5+P_1P_2P_4P_5)$$

$$I_g^c(4)=\frac{P_4(t,c)}{P_T(t,c)}\times I_g(4)$$

$$=\frac{1-(1-P_4^t(t))(1-P_4^c(c))}{P_1P_2P_3+P_1P_4+P_3P_5-P_1P_2P_3P_4-P_1P_3P_4P_5-P_1P_2P_3P_5+P_1P_2P_3P_4P_5}\times$$
$$(P_1-P_1P_2P_3-P_1P_3P_5+P_1P_2P_3P_5)$$

$$I_g^c(5)=\frac{P_5(t,c)}{P_T(t,c)}\times I_g(5)$$

$$=\frac{1-(1-P_5^t(t))(1-P_5^c(c))}{P_1P_2P_3+P_1P_4+P_3P_5-P_1P_2P_3P_4-P_1P_3P_4P_5-P_1P_2P_3P_5+P_1P_2P_3P_4P_5}\times (P_3-P_1P_3P_4-P_1P_2P_3+P_1P_2P_3P_4)$$

分别将 $I_g^c(1)$ 到 $I_g^c(5)$ 和 t、c 构成三维空间，形成元件 $X_{1\sim5}$ 的关键重要度空间分布。

2.1.4 顶上事件发生概率空间分布趋势

元件故障概率是 t 和 c 的函数，所以整个电气系统的故障发生概率也是 t 和 c 的函数。系统故障概率的三维空间曲面在整个研究域内是非连续的，但局部可导。在整个研究区域内，$X_{1\sim5}$ 对时间 t 和温度 c 的表达式是非连续的、分段的，对于时间 t 的分段点为 0 d、35 d、45 d、50 d、60 d、70 d、90 d、100 d；对于温度 c 的分段点为 0 ℃、5 ℃、10 ℃、40 ℃、45 ℃、50 ℃。所以整个曲面的研究采取先分割后组合的方式进行，将整个区域划分为 35 个子区域，如图 2.3 所示。不同区域的特征函数解析式参见表 2.2。

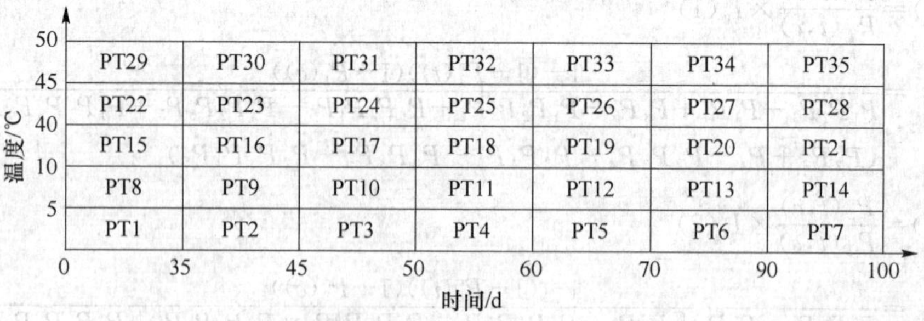

图 2.3 研究区域的划分

子区域内曲面对 c 和 t 变量都可导，子区域之间的链接“缝”连续但不可导。该“缝”可通过前后 2 个节点的自变量值和函数值用导数定义求导。这样将三维空间曲面对时间 t 和温度 c 求导，可以直观地看出系统故障发生概率随时间和温度变化的程度，从而防止温度或时间变化较小，却造成较大故障概率变化的情况。

2.1.5 更换周期和维持系统可靠性方法

基于 CSFT 的基本概念，使用更换系统基本组成事件(元件)作为方法，提出事件更换周期和系统更换周期的概念，从而确定最优更换方案 MTL^{α} 和考虑元件成

本的 MTL^{α}。

定义 2.9　事件更换周期：保证某基本事件在指定影响因素范围内，发生概率在其他因素上连续小于既定发生概率值，按固定周期更换该基本事件，这个周期即基本事件更换周期，用 TL_i^{α} 表示，α 为既定发生概率值。

定义 2.10　系统更换周期：α_T 为系统要求的运行时顶上事件发生概率，系统更换周期是一套更换方案，该方案保证系统在指定影响因素范围内，其顶上事件发生概率在所有因素上连续小于既定发生概率值 α_T，按照一定周期更换基本事件的方案。用 $TL^{\alpha}=\{TL_i^{\alpha}\}$ 表示。当 $\sum TL_i^{\alpha}$ 值最大时，TL^{α} 即最优更换方案 MTL^{α}。

给出给定条件下的故障概率空间分布确定方法。

1. 基本事件发生概率空间分布

保证某一元件的故障概率不大于给定值 α，那么可在确定工作温度条件下，连续以某一周期更换该元件，达到在连续时间内保证该元件的故障概率小于 α 的目的。该周期就是元件(事件)更换周期。以元件 X_1 为例描述元件更换周期确定过程。元件更换周期的确定首先要根据给定温度区域分为 3 种情况讨论：

① 给定温度区域内不存在满足要求的元件故障概率($\alpha=70\%$)，如在图 2.2 中，如果 X_1 的使用温度要求在 35～45 ℃，那么就不存在 $\alpha<70\%$ 的区域，这时 $TL_1^{70\%}=0$；

② 使用温度区域对称于温度域中值，如图 2.2 中 X_1 和表 2.1，中值为 20 ℃，使用区域为 16～24 ℃，那么 $TL_1^{70\%}=6$ d；

③ 使用温度区不对称，如图 2.2 中 X_1，使用温度为 13～24 ℃，两个边界温度对应的时间分别为 5 d 和 6 d，那么 $TL_1^{70\%}=\mathrm{Min}\{6,5\}=5$ d。

2. 顶上事件发生概率空间分布

对于本例，设 $\alpha_T=70\%$，工作温度在 20 ～ 30 ℃，找到 $TL^{70\%}=\{TL_{1\sim5}^{70\%}\}$，将 $X_{1\sim5}$ 元件在持续时间范围(0 ～ 100 d)内连续更换，使 $\alpha_T<70\%$。直观上如果每个元件的 $\alpha<70\%$，那么一般情况下叠加后的系统 $\alpha_T>70\%$；如果通过减小 $TL_{1\sim5}$，使 $X_{1\sim5}$ 的 $\alpha<70\%$，那么能保证 $\alpha_T<70\%$，但是频繁更换元件的成本较高。如能找到一组更换元件周期方案 $TL^{\alpha}=\{TL_i^{\alpha}\}$，使运行时系统故障概率 $\alpha_T<70\%$，而且更换成本最低，即 $\sum TL_i^{\alpha}$ 最大，那么该方案 TL^{α} 就是 MTL^{α}。

首先根据表 2.1 进行分析，确定 $X_{1\sim5}$ 在 20～30 ℃时的元件更换周期，如表 2.3 所示。

表 2.3　X_1 在 20～30 ℃时的元件更换周期

参　数	X_1	X_2	X_3	X_4	X_5
$TL_i^{0.7}$ 上限 30 ℃	3	9	4	7	4

续表

参　数	X_1	X_2	X_3	X_4	X_5
$TL_i^{0.7}$ 下限 20 ℃	6	4	4	7	5
$TL_i^{0.7}$	3	4	4	7	4

表 2.3 所示为各元件的最大理想更换周期。将符合上述 $TL_i^{0.7}$ 的更换周期带入 $X_{1\sim5}$ 的特征函数中,计算得到 $P_T(t,c)$。依次更换各元件后的系统故障概率分布变化过程,最终更换元件次数为 124 次。表 2.3 中 $TL^{70\%}=\{3,4,4,7,4\}$ 只是 $TL^{70\%}$ 的一个解决方案。

从上文的论述可知,在给定条件且元件成本相同的情况下,系统层面选优要比元件层面选优得到的方案在最小更换次数和总成本上小得多。

2.1.6　径集域与割集域的定义与认识

根据 CSFT 对传统故障树概念的改造来定义径集域与割集域。它们不再像传统的径集与割集只关注基本事件的组合,而是更关注于系统的工作环境条件因素组合。

对于单一基本事件,即电气系统中的一个元件发生故障,它的故障概率是随着温度 c 和工作时间 t 的变化而变化的(本节下文简称"温变"和"时变")。所以可根据元件的温变和时变规律来绘制该元件的故障概率分布。当时间 t 和温度 c 两方之一引起故障时,元件即故障,根据逻辑或的概念 $P_i(t,c)$ 如式(2.1)所示。

根据径集与割集的基本定义,在 CSFT 中定义单一基本事件的径集域与割集域,如定义 2.11 所示。

定义 2.11.1　割集域:单一基本事件发生(元件故障)的可能性大于预定的或必要的概率的空间区域(在研究区域中)。该区域为故障概率不能接受区域,其故障率过高,应使该元件避免在该区域工作,或采取措施降低故障率。

定义 2.11.2　径集域:单一基本事件发生(元件故障)的可能性小于预定的或必要的概率的空间区域(在研究区域中)。该区域为故障概率可接受区域,其故障率不高,应使该元件尽量在该区域工作,不需采取措施降低故障率。

定义 2.11.3　域边界 P_b:上述定义中所述的预定的或必要的概率等值线或面或更高维形式。

参照单一基本事件的径集域、割集域和域边界定义系统的径集域、割集域和域边界,如定义 2.12 所示。

定义 2.12.1　割集域:顶上事件(系统)发生(故障)的可能性大于预定的或必要的概率的空间区域(在研究区域中)。该区域为故障概率不能接受区域,故障率过高,应使系统避免在该区域工作,或采取措施降低故障率。

定义 2.12.2　径集域:顶上事件(系统)发生(故障)的可能性小于预定的或必要的概率的空间区域(在研究区域中)。该区域为故障概率可接受区域,故障率不高,应使系统尽量在该区域工作,不需采取措施降低故障率。

定义 2.12.3　域边界 P_b:上述定义中所述的预定的或必要的概率等值线或面或更高维形式。

系统的径集域、割集域和域边界性质及其相互关系与单一基本事件的对应概念相同,只是它们的形态更加复杂。

2.1.7　因素重要度分布

本小节基于经典故障树的概率重要度定义,提出工作环境条件因素重要度分布的定义,给出计算公式及推导过程;同时分析因素重要度分布的性质和特点。

为扩展重要度的概念并结合 CSFT 的优势,本小节提出 CSFT 下因素重要度分布的概念。严格地说,因素重要度分布源于经典故障树中的概率重要度,但其分析角度是系统所处环境因素变化导致系统可靠性变化的程度。因素重要度分布的定义见定义 2.13。

定义 2.13　因素重要度分布:元件的因素重要度分布为环境因素 d 变化引起元件 X_i 故障发生概率变化的程度,在 n 维影响因素变化的情况下,在 $n+1$ 维空间中表现出来的空间分布。用 $\mathrm{FI}_i(d)=\dfrac{\partial P_i(D)}{\partial d}$ 表示,式中,$d\in D=\{t,c\}$,D 为所有环境因素(维度)的集合,集合 D 中因素的数量为 n,d 为影响因素,下同。

将因素重要度分布的概念应用于所给系统。首先分析元件 $X_{1\sim5}$ 的因素重要度分布。$X_{1\sim5}$ 的基本事件发生概率空间分布如式(2.1)所示。根据元件的因素重要度分布定义,可得元件对使用时间 t 的因素重要度分布和对使用温度 c 的因素重要度分布,分别如式(2.8)和式(2.9)所示。

$$\mathrm{FI}_i(t)=\frac{\partial P_i(t,c)}{\partial t}=(1-P_i^c(c))\left(-\frac{\mathrm{d}P_i^t(t)}{\mathrm{d}t}\right) \tag{2.8}$$

$$\mathrm{FI}_i(c)=\frac{\partial P_i(t,c)}{\partial c}=(1-P_i^t(t))\left(-\frac{\mathrm{d}P_i^c(c)}{\mathrm{d}c}\right) \tag{2.9}$$

将表 2.2 中的 $P_i^t(t)$ 和 $P_i^c(c)$ $(i=1\sim5)$ 带入式(2.8)和式(2.9),可分别得到各元件的因素重要度分布。对式(2.8)和式(2.9)求导,分别可得元件 X_1 的关于因素 t 和因素 c 的重要度分布。

根据定义 2.6,系统故障概率空间分布如式(2.5)所示。同时根据系统因素重要度分布的定义,该系统的因素 t 重要度分布如式(2.10)所示。

$$\begin{aligned}\mathrm{FI}_T(t)&=\frac{\partial P_T(t,c)}{\partial t}\\&=\frac{\partial(P_1P_2P_3)}{\partial t}+\frac{\partial(P_1P_4)}{\partial t}+\frac{\partial(P_3P_5)}{\partial t}-\frac{\partial(P_1P_2P_3P_4)}{\partial t}-\\&\quad\frac{\partial(P_1P_3P_4P_5)}{\partial t}-\frac{\partial(P_1P_2P_3P_5)}{\partial t}+\frac{\partial(P_1P_2P_3P_4P_5)}{\partial t}\end{aligned}\tag{2.10}$$

将式(2.10)展开，得式(2.11)。

$$\begin{aligned}\mathrm{FI}_T(t)=&P_2P_3\frac{\partial P_1}{\partial t}+P_1P_3\frac{\partial P_2}{\partial t}+P_1P_2\frac{\partial P_3}{\partial t}+P_4\frac{\partial P_1}{\partial t}+P_1\frac{\partial P_4}{\partial t}+P_5\frac{\partial P_3}{\partial t}+\\&P_3\frac{\partial P_5}{\partial t}-P_2P_3P_4\frac{\partial P_1}{\partial t}-P_1P_3P_4\frac{\partial P_2}{\partial t}-P_1P_2P_4\frac{\partial P_3}{\partial t}-P_1P_2P_3\frac{\partial P_4}{\partial t}-\\&P_3P_4P_5\frac{\partial P_1}{\partial t}-P_1P_4P_5\frac{\partial P_3}{\partial t}-P_1P_3P_5\frac{\partial P_4}{\partial t}-P_1P_3P_4\frac{\partial P_5}{\partial t}-\\&P_2P_3P_5\frac{\partial P_1}{\partial t}-P_1P_3P_5\frac{\partial P_2}{\partial t}-P_1P_2P_5\frac{\partial P_3}{\partial t}-P_1P_2P_3\frac{\partial P_5}{\partial t}+\\&P_2P_3P_4P_5\frac{\partial P_1}{\partial t}+P_1P_3P_4P_5\frac{\partial P_2}{\partial t}+P_1P_2P_4P_5\frac{\partial P_3}{\partial t}+\\&P_1P_2P_3P_5\frac{\partial P_4}{\partial t}+P_1P_2P_3P_4\frac{\partial P_5}{\partial t}\end{aligned}\tag{2.11}$$

式中，$\frac{\partial P_{i=1\sim5}}{\partial t}$为$\frac{\partial P_{i=1\sim5}(t,c)}{\partial t}$的缩写。

同理，该系统的因素 c 重要度分布如式(2.12)所示。

$$\begin{aligned}\mathrm{FI}_T(c)=&P_2P_3\frac{\partial P_1}{\partial c}+P_1P_3\frac{\partial P_2}{\partial c}+P_1P_2\frac{\partial P_3}{\partial c}+P_4\frac{\partial P_1}{\partial c}+P_1\frac{\partial P_4}{\partial c}+P_5\frac{\partial P_3}{\partial c}+\\&P_3\frac{\partial P_5}{\partial c}-P_2P_3P_4\frac{\partial P_1}{\partial c}-P_1P_3P_4\frac{\partial P_2}{\partial c}-P_1P_2P_4\frac{\partial P_3}{\partial c}-P_1P_2P_3\frac{\partial P_4}{\partial c}-\\&P_3P_4P_5\frac{\partial P_1}{\partial c}-P_1P_4P_5\frac{\partial P_3}{\partial c}-P_1P_3P_5\frac{\partial P_4}{\partial c}-P_1P_3P_4\frac{\partial P_5}{\partial c}-\\&P_2P_3P_5\frac{\partial P_1}{\partial c}-P_1P_3P_5\frac{\partial P_2}{\partial c}-P_1P_2P_5\frac{\partial P_3}{\partial c}-P_1P_2P_3\frac{\partial P_5}{\partial c}+\\&P_2P_3P_4P_5\frac{\partial P_1}{\partial c}+P_1P_3P_4P_5\frac{\partial P_2}{\partial c}+P_1P_2P_4P_5\frac{\partial P_3}{\partial c}+P_1P_2P_3P_5\frac{\partial P_4}{\partial c}+\\&P_1P_2P_3P_4\frac{\partial P_5}{\partial c}\end{aligned}\tag{2.12}$$

式中，$\frac{\partial P_{i=1\sim5}}{\partial c}$为$\frac{\partial P_{i=1\sim5}(t,c)}{\partial c}$的缩写。

2.1.8 因素联合重要度分布的定义与认知

本小节研究在 CSFT 下因素联合重要度所表现出的系统可靠性特征，从而得到因素联合重要度分布的特点和规律。

定义 2.14　因素联合重要度分布：元件的因素联合重要度分布为多个环境因素变化引起元件 X_i 故障发生概率变化的程度，在 n 维影响因素变化的情况下，在 $n+1$ 维空间中表现出来的重要度空间分布，用 $\mathrm{FI}_i(d_1,d_2,\cdots,d_\mu)=\dfrac{\partial P_i^\mu(D)}{\partial d_1\cdot\partial d_2,\cdots,\partial d_\mu}$ 表示，其中 $\mu=1\sim n$；$d_\mu\in D$，D 为所有环境因素（维度）的集合，集合 D 中因素的数量为 n；d_μ 为第 μ 个影响因素。例中 $D=\{t,c\}$，$\mu=2$，下同。系统的因素联合重要度分布为多个环境因素变化引起系统 T 故障发生概率变化的程度，在 n 维影响因素变化的情况下，在 $n+1$ 维空间中表现出来的重要度空间分布，用 $\mathrm{FI}_T(d_1,d_2,\cdots,d_\mu)=\dfrac{\partial P_T^\mu(D)}{\partial d_1\cdot\partial d_2\cdot\cdots\cdot\partial d_\mu}$ 表示。

首先分析元件 $X_{1\sim5}$ 的因素联合重要度分布，因素联合指 t 和 c 共同作用。根据元件因素联合重要度分布的定义，可得元件对使用时间 $t\rightarrow$使用温度 c 的因素联合重要度分布，其中"$\rightarrow$"表示求导顺序，如式(2.13)所示。使用温度 $c\rightarrow$使用时间 t 的因素联合重要度分布如式(2.14)所示。

$$\mathrm{FI}_i(t,c)=\frac{\partial P_i^2(t,c)}{\partial t\partial c}=\left(-\frac{\mathrm{d}P_i^c(c)}{\mathrm{d}c}\right)\left(-\frac{\mathrm{d}P_i^t(t)}{\mathrm{d}t}\right)\tag{2.13}$$

$$\mathrm{FI}_i(c,t)=\frac{\partial P_i^2(c,t)}{\partial c\partial t}=\left(-\frac{\mathrm{d}P_i^t(t)}{\mathrm{d}t}\right)\left(-\frac{\mathrm{d}P_i^c(c)}{\mathrm{d}c}\right)\tag{2.14}$$

将表 2.2 中的 $P_i^t(t)$ 和 $P_i^c(c)$ $(i=1\sim5)$ 带入式(2.13)和式(2.14)，可分别得到各元件的因素联合重要度分布。对于式(2.13)和式(2.14)中的求二阶混合偏导而言，由于 $P_i^t(t)$ 和 $P_i^c(c)$ 是分段函数，在整个研究区域内不连续，这种不连续导致二阶混合偏导数在函数分段处不相等。为解决该问题并简化计算，将整个研究区域按照表 2.2 的特征函数适应范围进行划分。划分得到的区域内使用式(2.13)和式(2.14)确定因素联合重要度；区域连接位置函数不连续处使用导数定义求二次偏导。经上述处理后，$\mathrm{FI}_i(t,c)$ 和 $\mathrm{FI}_i(c,t)$ 得到的因素联合重要度分布相同。这里以使用时间 $t\rightarrow$使用温度 c 的因素联合重要度分布对元件和系统进行分析。

系统故障概率空间分布如式(2.5)所示，同时根据系统因素联合重要度分布的定义，该系统的因素 t 和 c 的联合重要度分布如式(2.15)所示。

$$\mathrm{FI}_i(t,c)=\frac{\partial P_i{}^2(t,c)}{\partial t\partial c}=\left(-\frac{\mathrm{d}P_i{}^c(c)}{\mathrm{d}c}\right)\left(-\frac{\mathrm{d}P_i{}^t(t)}{\mathrm{d}t}\right)$$

$$\begin{aligned}\mathrm{FI}_T(t,c)&=\mathrm{FI}_T(c,t)\\&=\frac{\partial P_T^2(t,c)}{\partial t\partial c}\end{aligned}$$

$$=\frac{\partial^2(P_1P_2P_3)}{\partial t\partial c}+\frac{\partial^2(P_1P_4)}{\partial t\partial c}+\frac{\partial^2(P_3P_5)}{\partial t\partial c}-\frac{\partial^2(P_1P_2P_3P_4)}{\partial t\partial c}-\frac{\partial^2(P_1P_3P_4P_5)}{\partial t\partial c}-\frac{\partial^2(P_1P_2P_3P_5)}{\partial t\partial c}+\frac{\partial^2(P_1P_2P_3P_4P_5)}{\partial t\partial c} \tag{2.15}$$

将式(2.15)展开,得式(2.16)。

$$\begin{cases}\frac{\partial^2(P_1P_2P_3)}{\partial t\partial c}=P_3\frac{\partial P_2}{\partial c}\frac{\partial P_1}{\partial t}+P_2\frac{\partial P_3}{\partial c}\frac{\partial P_1}{\partial t}+P_2P_3\frac{\partial^2 P_1}{\partial t\partial c}+P_3\frac{\partial P_1}{\partial c}\frac{\partial P_2}{\partial t}+ \\ \qquad P_1\frac{\partial P_3}{\partial c}\frac{\partial P_2}{\partial t}+P_1P_3\frac{\partial^2 P_2}{\partial t\partial c}+\frac{\partial P_1}{\partial c}P_2\frac{\partial P_3}{\partial t}+P_1\frac{\partial P_2}{\partial c}\frac{\partial P_3}{\partial t}+P_1P_2\frac{\partial^2 P_3}{\partial t\partial c} \\ \frac{\partial^2(P_1P_4)}{\partial t\partial c}=\frac{\partial P_4}{\partial c}\frac{\partial P_1}{\partial t}+P_4\frac{\partial^2 P_1}{\partial t\partial c}+\frac{\partial P_1}{\partial c}\frac{\partial P_4}{\partial t}+P_1\frac{\partial^2 P_4}{\partial t\partial c} \\ \frac{\partial^2(P_3P_5)}{\partial t\partial c}=\frac{\partial P_5}{\partial c}\frac{\partial P_3}{\partial t}+P_5\frac{\partial^2 P_3}{\partial t\partial c}+\frac{\partial P_3}{\partial c}\frac{\partial P_5}{\partial t}+P_3\frac{\partial^2 P_5}{\partial t\partial c} \\ -\frac{\partial^2(P_1P_2P_3P_4)}{\partial t\partial c}=-P_3P_4\frac{\partial P_2}{\partial c}\frac{\partial P_1}{\partial t}-P_2P_4\frac{\partial P_3}{\partial c}\frac{\partial P_1}{\partial t}-P_2P_3\frac{\partial P_4}{\partial c}\frac{\partial P_1}{\partial t}- \\ \qquad P_2P_3P_4\frac{\partial^2 P_1}{\partial t\partial c}-P_3P_4\frac{\partial P_1}{\partial c}\frac{\partial P_2}{\partial t}-P_1P_4\frac{\partial P_3}{\partial c}\frac{\partial P_2}{\partial t}-P_1P_3\frac{\partial P_4}{\partial c}\frac{\partial P_2}{\partial t}- \\ \qquad P_1P_3P_4\frac{\partial^2 P_2}{\partial t\partial c}-P_2P_4\frac{\partial P_1}{\partial c}\frac{\partial P_3}{\partial t}-P_1P_4\frac{\partial P_2}{\partial c}\frac{\partial P_3}{\partial t}-P_1P_2\frac{\partial P_4}{\partial c}\frac{\partial P_3}{\partial t}- \\ \qquad P_1P_2P_4\frac{\partial^2 P_3}{\partial t\partial c}-P_2P_3\frac{\partial P_1}{\partial c}\frac{\partial P_4}{\partial t}-P_1P_3\frac{\partial P_2}{\partial c}\frac{\partial P_4}{\partial t}-P_1P_2\frac{\partial P_3}{\partial c}\frac{\partial P_4}{\partial t}- \\ \qquad P_1P_2P_3\frac{\partial^2 P_4}{\partial t\partial c}-P_4P_5\frac{\partial P_3}{\partial c}\frac{\partial P_1}{\partial t}-P_3P_5\frac{\partial P_4}{\partial c}\frac{\partial P_1}{\partial t}-P_3P_4\frac{\partial P_5}{\partial c}\frac{\partial P_1}{\partial t}- \\ \qquad P_3P_4P_5\frac{\partial^2 P_1}{\partial t\partial c}-P_4P_5\frac{\partial P_1}{\partial c}\frac{\partial P_3}{\partial t}-P_1P_5\frac{\partial P_4}{\partial c}\frac{\partial P_3}{\partial t}-P_1P_4\frac{\partial P_5}{\partial c}\frac{\partial P_3}{\partial t}- \\ \qquad P_1P_4P_5\frac{\partial^2 P_3}{\partial t\partial c}\end{cases} \tag{2.16}$$

式中, $\frac{\partial P_{i=1\sim 5}}{\partial t}$ 为 $\frac{\partial P_{i=1\sim 5}(t,c)}{\partial t}$ 的缩写, $\frac{\partial^2(P_1P_3P_4P_5)}{\partial t\partial c}$, $\frac{\partial^2(P_1P_2P_3P_5)}{\partial t\partial c}$, $\frac{\partial^2(P_1P_2P_3P_4P_5)}{\partial t\partial c}$同理可得,由于篇幅所限,这里不给出展开式。

所以无论是元件还是系统,为保持可靠性稳定且易于运行,其运行环境区域要满足两个条件:①在因素联合重要度分布的绝对值较小的区域;②在故障概率分布值较小的区域。当然这个较小值需根据具体问题进行确定。如果两个区域矛盾,没有重叠部分,那么应先满足条件②的要求。可靠性满足要求后才能进一步满足可靠性的稳定性。

2.2　离散型空间故障树

2.2.1　离散型空间故障树的概念

实际上，观测数据(如安全检查、设备维护记录、事故调查)一般都是非连续的，特别是系统故障这样被控制的事件，其信息量较小。借助本章 CSFT 的研究成果和性质，可采用一些方法将这些非连续的离散数据进行转化，以便使用 CSFT 进行处理。本节提出离散型空间故障树(DSFT)的概念来处理这些离散数据。

定义 2.15　离散型空间故障树：处理数据可以是长时间积累的，间隔任意跨度，但发生故障时的系统运行环境要充分记录，以满足 DSFT 的使用要求。

DSFT 范畴内处理离散数据的方法分为两类：一是将离散数据通过某些方式确定其变化规律，得到相应的特征函数，进而转化为 CSFT 进行处理；二是直接寻找新的方法进行处理。例如 CSFT 可分析系统在一定工作环境范围内的故障发生趋势。为使 DSFT 具有相同功能，可使用神经网络求导原理加以实现。

按照由简入深的原则，这里暂不考虑系统整体和结构，而研究系统中某个元件在离散累计故障数据下是否能使用 DSFT。首先研究在离散累计故障数据下，元件故障与工作条件因素变化之间的关系，确定是否能在 DSFT 框架下得到元件故障概率特征函数和故障概率空间分布。这两个定义与 2.1 节定义相同，但具体实现方法不同。

2.2.2　DSFT 下的故障概率空间分布

为了在离散故障数据条件下得到故障特征函数和故障概率空间分布，首先确定特征函数，然后确定故障概率空间分布。

定义 2.16　因素投影拟合法：主要处理 DSFT 下的离散数据，分为两步：①根据参考因素，将离散信息点沿着参考因素坐标轴进行投影，形成二维平面点图(降低影响因素维度)；②在点图的基础上，通过适合的方法和函数对这些点进行拟合，最终得到该因素的特征函数。

当分析因素维度较高时，方法的第一步是进行持续降维，直至降低到一维影响因素与故障概率能形成二维平面点图。第二步是采取适当方法表示该因素与故障概率变化的关系，得到特征函数。第三步是将各因素得到的特征函数根据逻辑或关系叠加形成故障概率空间分布。

先给出离散故障数据。为体现研究的连续性和与 CSFT 结果进行对比，对图 2.1 中元件 X_1（如下文未特殊说明，元件均指 X_1）在 500 d 内的故障进行统计，如图 2.4 所示。

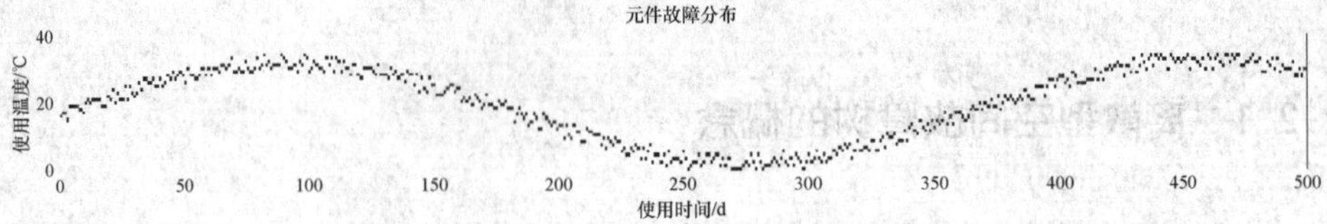

图 2.4　故障情况统计

图 2.4 中黑色点代表发生故障，灰色点代表未发生故障，无点区域代表使用期间元件未经历的状态。假设影响元件 X_1 的因素只有工作时间 t 和工作温度 c。那么根据式(2.1)，图 2.4 中故障分布是元件 X_1 对温度 c 和时间 t 响应结果的综合体现。为确定特征函数，首先分析图 2.4 中数据特征。$P_i^t(t)$和 $P_i^c(c)$分别是元件关于 t 和 c 的特征函数，$P_i^t(t)$反映使用时间 t 对元件故障率的影响，而 $P_i^c(c)$反映使用温度 c 对元件故障率的影响。即 $P_i^t(t)$对 t 敏感，而忽略使用温度 c 的影响；$P_i^c(c)$对 c 敏感，而忽略使用时间 t 的影响。基于该思路，在图 2.4 中分别沿着 t 轴和 c 轴进行投影，得到元件故障对使用时间 t 的分布和对使用温度 c 的分布，分别如图 2.5 和图 2.6 所示。

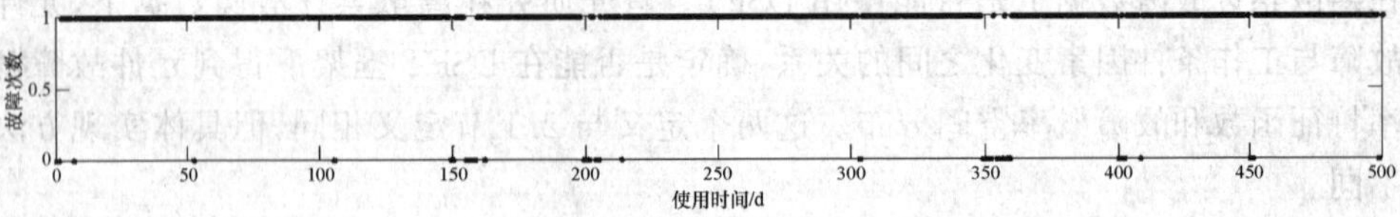

图 2.5　元件故障对于使用时间 t 的分布

图 2.5 和图 2.6 分别考虑了使用时间 t 和使用温度 c。图 2.5 中“1”代表发生故障，“0”代表未发生故障。从图 2.5 中可知元件对时间 t 的故障分布。时间上每隔 50 d，出现若干时间点的故障为 0 的状态，然后故障一直维持在状态 1。这说明对于使用时间 t 而言，在图 2.5 中该元件故障概率变化周期为 50 d。将监测数据根据 50 d 的周期进行合并。合并方法是按 50 d 划分图 2.5 中数据为 10 部分，即 1～50 d 为第一部分，51～100 d 为第二部分，…，451～500 d 为第十部分。第二部分 51 d 的数据向前平移 50 d，…，第十部分 451 d 的数据向前平移 450 d。此后根据 0～50 d 最大故障数将故障次数归一化，得图 2.6。图 2.6 中周期性变化不明显，作为一个周期进行处理，已进行了归一化。

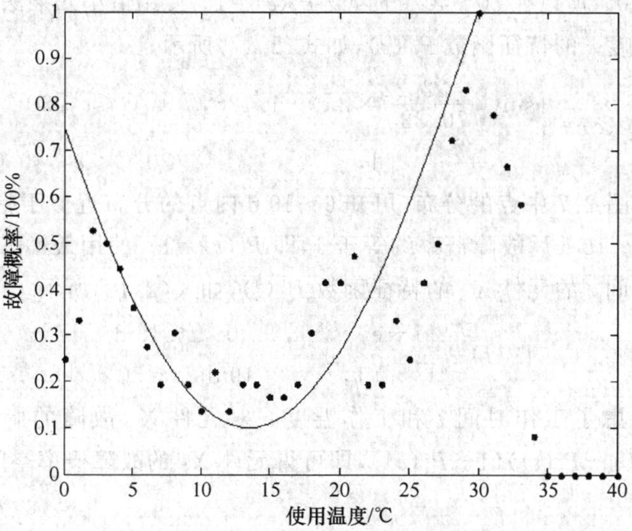

图 2.6　归一化后的元件故障概率对使用温度 c 的分布

根据图 2.6 和图 2.7 中点的分布，进行曲线拟合。图 2.6 中点的分布类似于正弦曲线的一部分，设 $P_i^c(c)=\sin(\frac{c-c_0}{C}\times 2\pi)+A$，式中，$C$ 为正弦曲线周期；c_0 为正弦曲线的平移量；A 为正弦曲线的垂直位移量。同时从图 2.6 中 30～40 ℃区间内点的分布可以了解到，30～35 ℃区间内点表示的故障概率逐渐减小，35～40 ℃

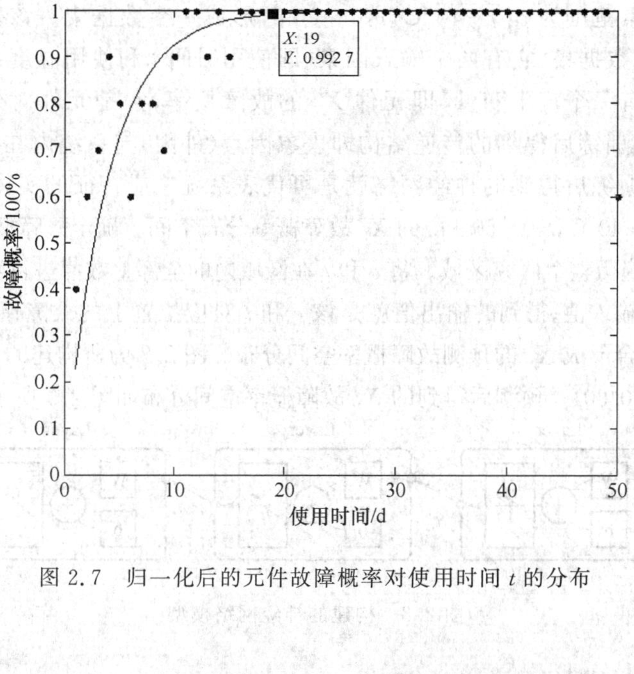

图 2.7　归一化后的元件故障概率对使用时间 t 的分布

区间的概率为 0。所以在 30～40 ℃时，设 $P_i^c(c)=1$。使用最小二乘法得到 0～40 ℃区间内关于温度 c 的特征函数 $P_1^c(c)$，如式(2.17)所示。

$$P_1^c(c)=\begin{cases}\sin\left(\dfrac{c-32.22}{70.32}\times 2\pi\right)+1.126, & 0\ ℃\leqslant c\leqslant 30\ ℃\\ 1, & 30\ ℃< c\leqslant 40\ ℃\end{cases} \tag{2.17}$$

同理分析图 2.7 中点的分布，可知 0～19 d 内点的分布近似于指数曲线，故设 $P_i^t(t)=1-e^{kt}$。19 d 后故障概率约等于 1，即 $P_i^t(t)=1$。使用最小二乘法得到 0～50 d 内关于时间 t 的元件 X_1 的特征函数 $P_1^t(t)$，如式(2.18)所示。

$$P_1^t(t)=\begin{cases}1-e^{-0.2589t}, & 0< t\leqslant 19\ \text{d}\\ 1, & 19\ \text{d}< t\leqslant 50\ \text{d}\end{cases} \tag{2.18}$$

由于只考虑了工作时间 t 和工作温度 c 对元件 X_1 故障的影响，所以根据 $P_i(t,c)=1-(1-P_i^t(t))(1-P_i^c(c))$，即可得元件 X_1 的故障概率空间分布。

2.2.3 基于 ANN 的故障概率空间分布确定方法

DSFT 的最基本功能是在不清楚元件性质的情况下，通过累计故障监测数据得到一个元件的故障概率空间分布，使用 ANN 来得到元件故障概率空间分布。

人工神经网络(ANN)可用于非线性复杂系统分析[3]。使用 ANN 对图 2.1 所示的系统中 X_1 元件的实际监测数据进行分析。从使用时间 t 和使用温度 c 两个方面研究该元件的故障概率分布空间，并分析其合理性。利用 2.2.2 节数据归一化结果，设因素范围为 c:0～40 ℃，t:0～50 d，形成一个数据集。该数据集作为神经网络的训练数据集，它有两个输入因素，即使用时间 t 和使用温度 c，它们是影响系统的外因；有一个输出变量，即元件 X_1 的故障概率，它是元件对外因做出的响应。神经网络训练后得到的传递结构即表象因素(外因)与系统内在因素(内因)之间的关系，而训练后得到的神经网络就是可代表系统响应特征的实体。

研究 c:0～40 ℃，t:0～50 d 内的 X_1 故障概率分布空间。确定故障概率空间分布所需的 c 和 t 要遍历整个研究区域。将 c 和 t 在区域内的全部整数值进行组合，作为训练后神经网络的输入值；得到的输出值就是该 c 和 t 对应位置上的故障概率预测值。这些预测值的集合形成 X_1 的预测故障概率空间分布。图 2.8 为所构建的神经网络模型，设收敛阈值为 0.001。预测后得到的 X_1 故障概率空间分布如图 2.9 所示。

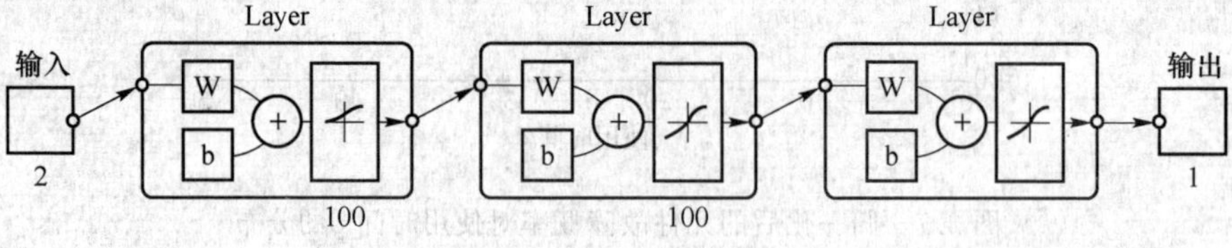

图 2.8　构建的神经网络模型

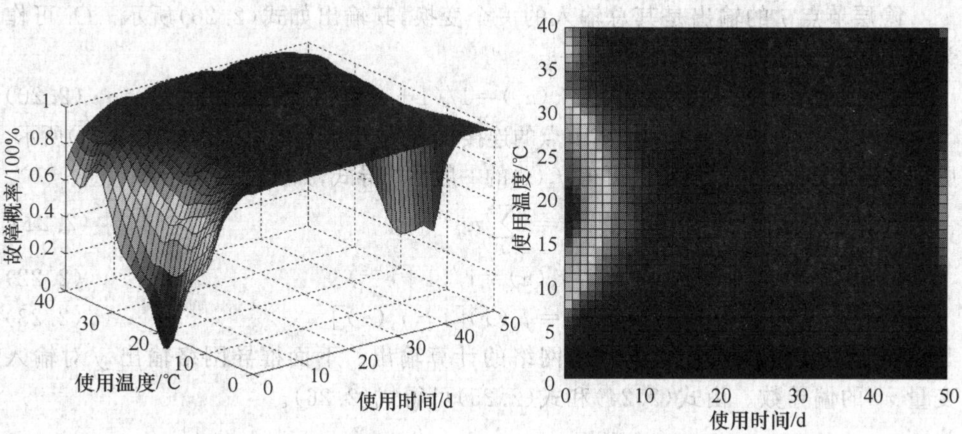

图 2.9　ANN 预测的 X_1 故障概率空间分布

2.2.4　基于 ANN 求导的故障概率变化趋势研究

本小节提出基于 ANN 求导的 DSFT 中元件故障概率变化趋势分析方法，给出了基本思想和推导公式，并最终得到元件 X_1 对使用时间 t 和使用温度 c 的故障概率变化趋势空间分布。分析这种变化趋势的实质是要分析各因素变化导致故障概率变化的程度，即各因素变化对于故障概率变化的贡献率。可使用 ANN 进行多重非线性映射来确定该贡献率。

前馈(BP)神经网络能够实现空间 $\mathbf{R}^m$ 到空间 $[0,1]^n$ 的非线性映射，因而具有很强的非线性数据处理能力[3]。如果网络的拟合误差达到要求精度，可认为网络基本反映了影响因素与故障概率间的映射关系 $y_i=f(x_1,x_2,\cdots,x_n)$（这里 $i=1$，输出结果只有故障概率），$x_1,x_2,\cdots,x_n$ 为影响因素。

从数学角度看，x_k 对 y_i 的贡献可通过偏导数$\dfrac{\partial y_i}{\partial x_k}$来反映。设 y_i 为网络在某一样本 u 下输出层节点 i 的输出，x_j 是输入层或隐层节点 j 的输出。若$\dfrac{\partial y_i}{\partial x_j}$存在，则称其为因素 x_j 对输出 y_i 的贡献。为不失一般性，考虑一个三层 BP 神经网络（不考虑阈值），计算贡献$\dfrac{\partial y_i}{\partial x_j}$。

记 $w_{ij}^{(1)}$ 为网络输入层中第 i 个节点与隐层第 j 个节点间的突触强度，$i=1,\cdots,m$，$j=1,\cdots,l$。在给定一个样本 u 时，隐层节点 j 的总输入如式(2.19)所示。

$$z_j=\sum_i w_{ij}^{(1)}\cdot x_i \tag{2.19}$$

隐层节点 j 的输出是其总输入的一个变换，其输出如式(2.20)所示。O_j 可作为输出层神经元(节点)的输入之一。

$$O_j=f_s(z_j)=1/(1+\mathrm{e}^{-z_j}) \tag{2.20}$$

记 $w_k^{(2)}$ 为隐层节点 k 到输出节点的连接权值，输出节点的总输入如式(2.21)所示，则网络输出如式(2.22)所示。可得 $f_s(z)$的一般性求导式，如式(2.23)所示。

$$z=\sum_k w_k^{(2)}\cdot o_k \tag{2.21}$$

$$p=f_s(z)=1/(1+\mathrm{e}^{-z}) \tag{2.22}$$

$$f_s'(x)=f_s(x)[1-f_s(x)] \tag{2.23}$$

对于网络的输出节点，p 就是网络的计算输出。下面推导网络输出 y 对输入变量 x_j 的偏导数。由式(2.24)和式(2.25)可得式(2.26)。

$$\frac{\partial y}{\partial o_k}=\frac{\partial}{\partial z}(f_s(z))\frac{\partial z}{\partial o_k}=f_s'(z)\frac{\partial}{\partial o_k}(\sum_{k=1}^{l}w_k^{(2)}\cdot o_k)=f_s'(z)\cdot w_k^{(2)} \tag{2.24}$$

$$\frac{\partial o_k}{\partial x_j}=\frac{\partial}{\partial x_j}(f_s(z_k))=f_s'(z_k)\frac{\partial}{\partial x_j}(\sum_{h=1}^{m}w_{kh}^{(1)}\cdot x_h)=f_s'(z_k)\cdot w_{kj}^{(1)} \tag{2.25}$$

$$\begin{aligned}\frac{\partial y}{\partial x_j}&=\sum_{k=1}^{l}\frac{\partial y_i}{\partial o_k}\cdot\frac{\partial o_k}{\partial x_j}\\&=f_s'(z)\sum_{k=1}^{l}w_k^{(2)}[f_s'(z_k)\cdot w_{kj}^{(1)}]\\&=f_s'(z)\sum_{k=1}^{l}f_s'(z_k)\cdot w_{ik}^{(1)}\cdot w_k^{(2)}\end{aligned} \tag{2.26}$$

又由于 $f_s'(z)$为常数，并假设对于各个 k，$f_s'(z_k)$之间的差异不大，可近似地得式(2.27)。最终输出 y 对各个输入变量 $x_j(j=1,2,\cdots,m)$的偏导数，如式(2.28)所示。

$$\frac{\partial y}{\partial x_j}\approx\sum_{k=1}^{l}w_{ik}^{(1)}\cdot w_k^{(2)} \tag{2.27}$$

$$\frac{\partial y}{\partial x_j}=\boldsymbol{M}\cdot\boldsymbol{W}=\begin{bmatrix}\frac{\partial y}{\partial x_1}\\\frac{\partial y}{\partial x_2}\\\vdots\\\frac{\partial y}{\partial x_m}\end{bmatrix},\quad \boldsymbol{M}=\begin{pmatrix}w_{11}^{(1)}&\cdots&w_{1l}^{(1)}\\\vdots&&\vdots\\w_{m1}^{(1)}&\cdots&w_{ml}^{(1)}\end{pmatrix}_{m\times l},\quad \boldsymbol{W}=\begin{bmatrix}w_1^{(2)}\\w_2^{(2)}\\\vdots\\w_l^{(2)}\end{bmatrix} \tag{2.28}$$

2.2.5 DSFT 的因素重要度和因素联合重要度

DSFT 中的重要度实现较为复杂。概率重要度空间分布和关键重要度空间分布由于系统结构未知无法确定。对于因素重要度，由于数据是离散的，也无法使用 CSFT 方法进行计算。针对该问题，本小节提出使用三层 BP 神经网络实现对离散数据的偏导计算，从而实现 DSFT 下的因素重要度和因素联合重要度计算。

因素联合重要度可判断系统工作环境中任意多个因素同时变化导致元件或系统发生故障的影响程度。根据 DSFT 范畴内处理离散数据的方法，利用神经网络的特性对离散数据求偏导。因素重要度是使用神经网络进行的一阶偏导数计算，而因素联合重要度是大于等于二阶偏导数的计算。影响因素的数量与神经网络所求偏导的阶数相同，即对因素求偏导。下面给出因素联合重要度计算所需的大于等于二阶偏导数在神经网络下的推导过程。由 BP 神经网络定理可知，一个三层神经网络可逼近任何非线性函数[4]。由于 DSFT 所求数据是单一输出值，所以构建三层 BP 神经网络即可满足要求。该网络有 m 个输入值，第一层和第二层神经元个数为 m，第三层神经元只有一个，并考虑阈值 $\boldsymbol{b}$ 的影响。

该三层 BP 神经网络可表示为式(2.29)。

$$Y(\boldsymbol{X})=f^3(\boldsymbol{W}^3(f^2(\boldsymbol{W}^2(f^1(\boldsymbol{W}^1\boldsymbol{X}+\boldsymbol{b}^1))+\boldsymbol{b}^2))+\boldsymbol{b}^3) \tag{2.29}$$

式中，Y 为网络输出量；f 为传递函数；$\boldsymbol{W}$ 为权值矩阵；$\boldsymbol{b}$ 为偏值向量；$\boldsymbol{X}$ 为输入向量。

1. 一阶偏导数

使用上述神经网络处理数据集合(故障概率空间分布)，其输出向量 $\boldsymbol{Y}$ 包含元素个数，输入向量 X 包含元素个数和第一层神经元个数(均为 m)。那么对该层求偏导数，如式(2.30)所示。

$$\frac{\partial \boldsymbol{Y}}{\partial \boldsymbol{X}}=\begin{pmatrix} \frac{\partial y_1}{\partial x_1} & \frac{\partial y_2}{\partial x_1} & \cdots & \frac{\partial y_m}{\partial x_1} \\ \frac{\partial y_1}{\partial x_2} & \frac{\partial y_2}{\partial x_2} & \cdots & \frac{\partial y_m}{\partial x_2} \\ \vdots & \vdots & & \vdots \\ \frac{\partial y_1}{\partial x_m} & \frac{\partial y_2}{\partial x_m} & \cdots & \frac{\partial y_m}{\partial x_m} \end{pmatrix},i=1,\cdots,m \tag{2.30}$$

对于第一层某一个输出量 $y_i=f(\boldsymbol{W}_i^1\boldsymbol{X}+\boldsymbol{b}^1)$ 而言，其对于 $\boldsymbol{X}$ 的偏导数如式(2.31)所示。

$$\frac{\partial y_i}{\partial \boldsymbol{X}}=\frac{\partial f_1(\boldsymbol{W}_i^1\boldsymbol{X}+\boldsymbol{b}^1)}{\partial \boldsymbol{X}}={\boldsymbol{W}_i^1}^{\mathrm{T}} f_1'(\boldsymbol{W}_i^1\boldsymbol{X}+\boldsymbol{b}^1)={\boldsymbol{W}_i^1}^{\mathrm{T}} f_1'(\boldsymbol{q}_i^1) \tag{2.31}$$

式中，$\boldsymbol{q}_i^1=\boldsymbol{W}_i^1\boldsymbol{X}+\boldsymbol{b}^1$ 为第一层网络中某一输入量。

用矩阵表示其结果，如式(2.32)所示。

$$\boldsymbol{Y}(\boldsymbol{X})={\boldsymbol{W}^1}^{\mathrm{T}} f_1'(\boldsymbol{Q}^1) \tag{2.32}$$

式中，$f_1'(\boldsymbol{Q}^1)=\mathrm{diag}(f'_1(\boldsymbol{q}_1^1),f_1'(\boldsymbol{q}_2^1),\cdots,f_1'(\boldsymbol{q}_m^1))$，$f_1'$ 为一阶偏导数。

同理对于第二层，输出向量 $\boldsymbol{Y}$ 包含元素个数，输入向量 $\boldsymbol{X}$ 包含元素个数和神经元个数(均为 m)。用矩阵表示其结果，如式(2.33)所示。

$$\boldsymbol{Y}(\boldsymbol{X})={\boldsymbol{W}^1}^{\mathrm{T}} f_1'(\boldsymbol{Q}^1){\boldsymbol{W}^2}^{\mathrm{T}} f_2'(\boldsymbol{Q}^2) \tag{2.33}$$

式中，$f_2'(Q^2)=\mathrm{diag}(f_2'(\boldsymbol{q}_1^2),f_2'(\boldsymbol{q}_2^2),\cdots,f_2'(\boldsymbol{q}_m^2))$。

对于第三层,输出向量 $\boldsymbol{Y}$ 包含元素个数和神经元个数(均为 1),而输入向量 $\boldsymbol{X}$ 包含的元素个数为 m。用矩阵表示其结果,如式(2.34)所示。

$$\boldsymbol{Y}(\boldsymbol{X})=\boldsymbol{W}^{1^{\mathrm{T}}} f_1'(\boldsymbol{Q}^1)\boldsymbol{W}^{2^{\mathrm{T}}} f_2'(\boldsymbol{Q}^2)\boldsymbol{W}^{3^{\mathrm{T}}} f_3'(\boldsymbol{Q}^3) \tag{2.34}$$

式中,$f_3'(\boldsymbol{Q}^3)=f_3'(\boldsymbol{q}_1^3)$。

2. 高阶偏导数

根据一阶偏导数的推导思路,在所得三层 BP 神经网络一阶偏导数的基础上计算二阶偏导数。对该层某一输出量 y_i 求得偏导数,如式(2.35)所示。所得结果用矩阵表示,如式(2.36)所示。

$$\frac{\partial^2 y_i}{\partial \boldsymbol{X}^2}=\begin{bmatrix} \dfrac{\partial^2 y_i}{\partial x_1\partial x_1} & \dfrac{\partial^2 y_i}{\partial x_1\partial x_2} & \cdots & \dfrac{\partial^2 y_i}{\partial x_1\partial x_m} \\ \dfrac{\partial^2 y_i}{\partial x_2\partial x_1} & \dfrac{\partial^2 y_i}{\partial x_2\partial x_2} & \cdots & \dfrac{\partial^2 y_i}{\partial x_2\partial x_m} \\ \vdots & \vdots & & \vdots \\ \dfrac{\partial^2 y_i}{\partial x_m\partial x_1} & \dfrac{\partial^2 y_i}{\partial x_m\partial x_2} & \cdots & \dfrac{\partial^2 y_i}{\partial x_m\partial x_m} \end{bmatrix} \tag{2.35}$$

$$\begin{aligned}\boldsymbol{Y}(\boldsymbol{X})=\frac{\partial^2\boldsymbol{Y}}{\partial\boldsymbol{X}^2}&=\frac{\partial(\boldsymbol{W}^{1^{\mathrm{T}}} f_1'(\boldsymbol{Q}^1)\boldsymbol{W}^{2^{\mathrm{T}}} f_2'(\boldsymbol{Q}^2)\boldsymbol{W}^{3^{\mathrm{T}}} f_3'(\boldsymbol{Q}^3))}{\partial\boldsymbol{X}}\\ &=\boldsymbol{W}^{1^{\mathrm{T}}} f_1''(\boldsymbol{Q}^1)\boldsymbol{W}^{2^{\mathrm{T}}} f_2'(\boldsymbol{Q}^2)\mathrm{diag}(\boldsymbol{W}^3)\boldsymbol{W}^1 f_3'(\boldsymbol{Q}^3)+\\ &\quad\boldsymbol{W}^{1^{\mathrm{T}}} f_1'(\boldsymbol{Q}^1)\boldsymbol{W}^{2^{\mathrm{T}}} f_2''(\boldsymbol{Q}^2)\boldsymbol{W}^{2^{\mathrm{T}}} f_1'(\boldsymbol{Q}^3)\mathrm{diag}(\boldsymbol{W}^3)\boldsymbol{W}^1 f_3'(\boldsymbol{Q}^3)+\\ &\quad\boldsymbol{W}^{1^{\mathrm{T}}} f_1'(\boldsymbol{Q}^1)\boldsymbol{W}^{2^{\mathrm{T}}} f_2'(\boldsymbol{Q}^2)\boldsymbol{W}^{3^{\mathrm{T}}} f_3''(\boldsymbol{Q}^3)\boldsymbol{W}^3 f_2'(\boldsymbol{Q}^2)\boldsymbol{W}^2 f_1'(\boldsymbol{Q}^1)\boldsymbol{W}^1\end{aligned} \tag{2.36}$$

计算三阶偏导数,对某一输出量 y_i 求偏导数,如式(2.37)所示。所得结果用矩阵表示,如式(2.38)所示。

$$\frac{\partial^3 y_i}{\partial \boldsymbol{X}^3}=\begin{bmatrix} \dfrac{\partial^3 y_i}{\partial x_1\partial x_1\partial x_1} & \dfrac{\partial^3 y_i}{\partial x_1\partial x_1\partial x_2} & \cdots & \dfrac{\partial^3 y_i}{\partial x_1\partial x_1\partial x_m} \\ \dfrac{\partial^3 y_i}{\partial x_2\partial x_1\partial x_1} & \dfrac{\partial^3 y_i}{\partial x_2\partial x_1\partial x_2} & \cdots & \dfrac{\partial^3 y_i}{\partial x_2\partial x_1\partial x_m} \\ \vdots & \vdots & & \vdots \\ \dfrac{\partial^3 y_i}{\partial x_m\partial x_1\partial x_1} & \dfrac{\partial^3 y_i}{\partial x_m\partial x_1\partial x_2} & \cdots & \dfrac{\partial^3 y_i}{\partial x_m\partial x_1\partial x_m} \end{bmatrix} \tag{2.37}$$

$$\boldsymbol{Y}(\boldsymbol{X})=\frac{\partial^3\boldsymbol{Y}}{\partial\boldsymbol{X}^3}=\frac{\partial\left(\begin{aligned}&\boldsymbol{W}^{1^{\mathrm{T}}} f_1''(\boldsymbol{Q}^1)\boldsymbol{W}^{2^{\mathrm{T}}} f_2'(\boldsymbol{Q}^2)\mathrm{diag}(\boldsymbol{W}^3)\boldsymbol{W}^1 f_3'(\boldsymbol{Q}^3)+\\ &\boldsymbol{W}^{1^{\mathrm{T}}} f_1'(\boldsymbol{Q}^1)\boldsymbol{W}^{2^{\mathrm{T}}} f_2''(\boldsymbol{Q}^2)\boldsymbol{W}^{2^{\mathrm{T}}} f_1'(\boldsymbol{Q}^3)\mathrm{diag}(\boldsymbol{W}^3)\boldsymbol{W}^1 f_3'(\boldsymbol{Q}^3)+\\ &\boldsymbol{W}^{1^{\mathrm{T}}} f_1'(\boldsymbol{Q}^1)\boldsymbol{W}^{2^{\mathrm{T}}} f_2'(\boldsymbol{Q}^2)\boldsymbol{W}^{3^{\mathrm{T}}} f_3''(\boldsymbol{Q}^3)\boldsymbol{W}^3 f'_2(\boldsymbol{Q}^2)\boldsymbol{W}^2 f_1'(\boldsymbol{Q}^1)\boldsymbol{W}^1\end{aligned}\right)}{\partial\boldsymbol{X}} \tag{2.38}$$

上述推导针对 DSFT 数据处理，限定了使用三层 BP 神经网络，其中输入有 m 个，输出有 1 个。对求导而言，因素重要度是一阶偏导数，因素联合重要度是大于等于二阶的偏导数。由于三阶偏导数展开繁琐，且意义不大，所以式(2.38)未进行展开。此外，本书中设计因素为使用时间 t 和使用温度 c，即只有两因素作用，所以进行 BP 神经网络的二阶偏导计算即可。

2.2.6　模糊结构元化的意义与特征函数构建

模糊结构元理论基于结构元 E 可充分表现元件或系统的故障离散数据特征，并将这些数据分布特点传递到最终计算结果，以便在最终结果中利用结构元 E 分析这些结果表达最初数据特征的程度，即结果的置信程度。特别是对 SFT 中的 DSFT 而言，分析基础是故障观测的离散数据。通过模糊结构元 E 线性生成的模糊值函数来代替特征函数，便可将 DSFT 的计算转换到 CSFT 中进行。当然 CSFT 也可使用这种结构元化的特征函数，但其精度低于 CSFT 本身的特征函数。所以结构元重构 DSFT 是很有意义的，以便更有效地处理离散故障数据。

为了在计算的最终结果中充分保留原始观测数据特征，以表现其结果置信度，应保证两点要求：①在整个处理过程中，故障数据的特征函数一定要充分表现出故障离散数据的分布特征，最好保证无损表示；②在计算过程中，不要处理表示故障离散数据分布特征的项(如模糊结构元 E)，将该项参与运算并传递至最终结果，得到结果后根据该项判断结果的置信度，最好保证无损传递。模糊结构元理论可较好地满足上述两个条件。模糊结构元 E 可使用三角结构元或正态结构元予以表示，符合元件或系统的故障离散数据分布特征。作为 SFT 计算基础的特征函数可以使用模糊结构元线性生成的模糊值函数 $\widetilde{F}(x)=\hat{f}(x)+\hat{\omega}(x)E$ 表示。模糊结构元 E 表示了故障数据的离散特征，且在 SFT 运算过程中保持不变。可在得到最终结果后进行分析，以得到结果的置信区间和置信度。

结构元化特征函数的 3 个目标：①将 DSFT 向 CSFT 转化，在离散数据上构建连续且能反映离散数据分布特点的特征函数；②基于结构元特征函数将 CSFT 中各计算式进行结构元改造，以满足 DSFT 的要求；③使 DSFT 分析结果包含可分析原始离散数据分布特征的置信度。所以，结构元化特征函数和结构元化相关方法将 DSFT 转化到 CSFT 进行处理，更适合 DSFT 所处理的数据特点；而 CSFT 也可使用结构元化的算式，但如果 CSFT 基础数据的离散性不强，这样做没有必要。

DSFT 特征函数来源于对实际数据的统计，如图 2.4 所示，得到的特征函数实质上是对这些数据的拟合。最小二乘法和代数插值法是传统而又应用广泛的拟合方法，但对波动强烈的数据，精确拟合方法难以充分表示。所以利用这些数据构造模糊值函数(模糊值函数拟合问题)，来重新得到元件或系统的特征函数，即模糊结构元特征函数。这里利用代数插值法思想来进行模糊结构元特征函数的构建。

代数插值法实质上是一种多项式拟合，根据本章参考文献[5]中所提方法，找出离散数据$(x_1,y_1),\cdots,(x_n,y_n)$在二维平面上的重心趋势。将这些重心点作为构造插值函数的基础数据，其所构造的核函数如式(2.39)所示。

$$\hat{f}(x)=\hat{a}_k x^k+\hat{a}_{k-1}x^{k-1}+\cdots+\hat{a}_1 x+\hat{a}_0 \tag{2.39}$$

设$d_i(x)$反映原始数据在x_i位置上与式(2.39)的偏差距离，将$\{(\hat{x}_i,d_i(x))|i=1,\cdots,n-2\}$作为基础数据构建另一插值函数，如式(2.40)所示。选取三角结构元或正态结构元作为E，最终得到拟合函数，如式(2.41)所示。

$$\hat{\omega}(x)=\hat{b}_p x^p+\hat{b}_{p-1}x^{p-1}+\cdots+\hat{b}_1 x+\hat{b}_0 \tag{2.40}$$

$$\tilde{F}(x)=\hat{f}(x)+\hat{\omega}(x)E \tag{2.41}$$

本章参考文献[5]给出了由模糊结构元线性生成的模糊值函数的意义，如定义2.17所示。

定义 2.17 模糊值函数：设X和Y是两个实数集，$\tilde{N}(Y)$是Y上的模糊数全体，$\hat{f}$是X到$\tilde{N}(Y)$上的映射，即对于$\forall x\in X$，存在唯一的模糊数$\tilde{y}\in\tilde{N}(Y)$与之对应，记$\tilde{y}=\tilde{f}(x)$，则称$\tilde{f}$为X上的模糊值函数。

根据上述定义取式(2.41)作为模糊值函数。$\hat{f}(x)$为所要构造的模糊值函数的核函数。$\hat{\omega}(x)$是一个正值函数，反映插值函数在任一点x处因变量y的不确定性程度。离散点高度差分布越大，其值也越大。E为一对称正则模糊结构元，一般为三角结构元或正态结构元。

为得到特征函数的模糊结构元表示，需确定上述$\hat{f}(x)$，$\hat{\omega}(x)$和E在DSFT下的表示方法。对于核函数$\hat{f}(x)$，可认为它表示离散数据点的某种中心位置。参考DSFT特征函数的定义，关于使用时间t的核函数和使用温度c的核函数可分别表示为式(2.42)和式(2.43)。

$$\hat{f}_i^t(t)=P_i^t(t)=1-e^{-\lambda t},\quad \lambda t=9.210\,3 \tag{2.42}$$

$$\hat{f}_i^c(c)=P_i^c(c)=\frac{\cos(2\pi(c-c_0)/A)+1}{2} \tag{2.43}$$

式中，参数定义与式(2.2)和式(2.3)相同。

关于具体某一元件的核函数确定，可参照表2.1确定式(2.42)和式(2.43)中参数的具体值。

对于$\hat{\omega}(x)$，其表示离散数据点的上下浮动程度。根据图2.6和图2.7中数据的离散性特点，可得到与核函数形式相同的两条曲线在离散数据点带的上下包络线。这两条曲线分别是$\hat{f}_{i\,\mathrm{U}}^t(t)$，$\hat{f}_{i\,\mathrm{D}}^t(t)$和$\hat{f}_{i\,\mathrm{U}}^c(c)$，$\hat{f}_{i\,\mathrm{D}}^c(c)$，分别如图2.10和图2.11所示。$\hat{f}_{i\,\mathrm{U}}^t(t)$和$\hat{f}_{i\,\mathrm{U}}^c(c)$

是离散数据分布的上包络线；$\underset{\mathrm{D}}{\hat{f}}{}_i^t(t)$和$\underset{\mathrm{D}}{\hat{f}}{}_i^c(c)$是离散数据分布的下包络线。

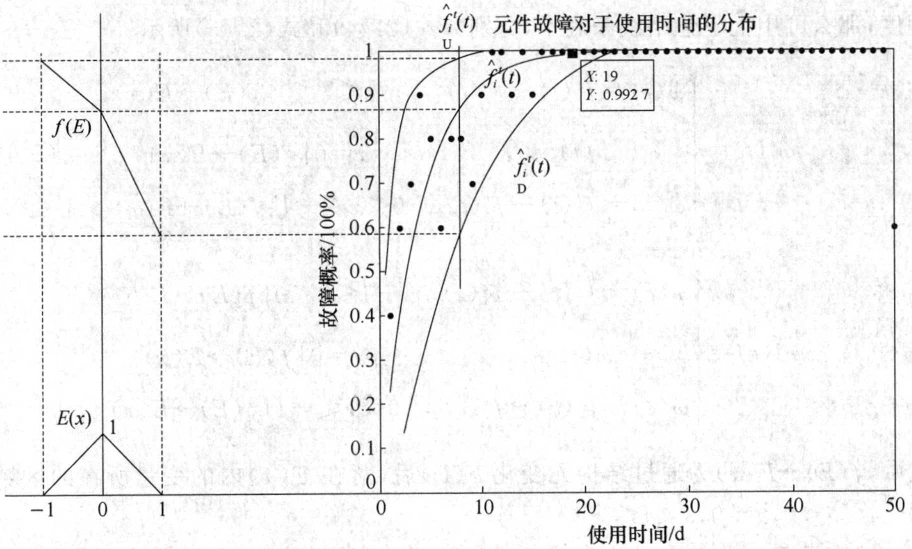

图 2.10　关于使用时间 t 的模糊结构元变化

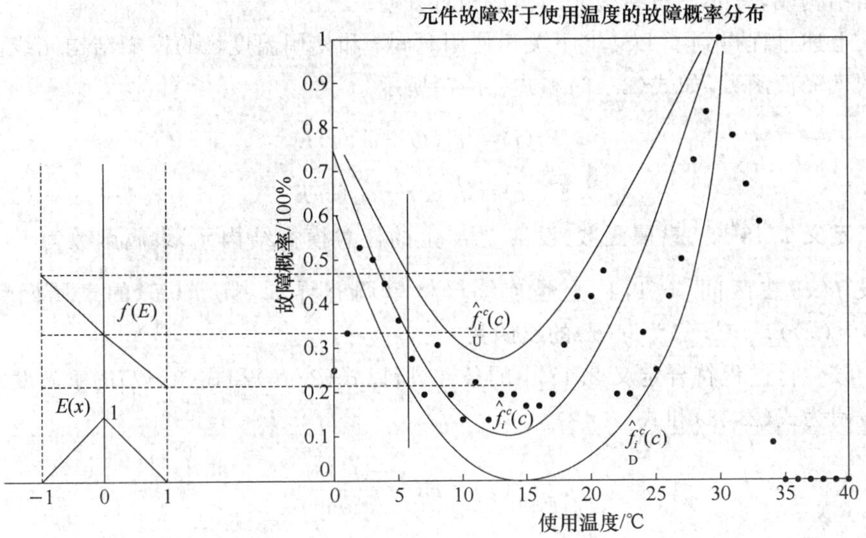

图 2.11　关于使用温度 c 的模糊结构元变化

注：图 2.10 和图 2.11 是示意图。

如图 2.10 和图 2.11 所示，$\underset{\mathrm{U}}{\hat{f}}{}_i^t(t)$，$\underset{\mathrm{D}}{\hat{f}}{}_i^t(t)$和$\underset{\mathrm{U}}{\hat{f}}{}_i^c(c)$，$\underset{\mathrm{D}}{\hat{f}}{}_i^c(c)$分别是关于 t 和 c 的上

下包络线。两图均为示意图，可分别按照相应核函数的形式进行构造。两图中的 $f(E)$ 为模糊结构元的变化过程，是在 $[-1,1]$ 上的单调函数。$\hat{\omega}(x)$ 表示数据波动程度，那么可用上下包络线来表示，分别如式(2.44)和式(2.45)所示。

$$\hat{\omega}_i^t(t)=\begin{cases}\hat{\omega}(t)=\underset{\mathrm{U}}{\hat{f}_i^t}(t)-\hat{f}_i^t(t), & -1\leqslant x<0\,|\,f(E)\rightarrow E(x)\\ \hat{\omega}(t)=0, & x=0\,|\,f(E)\rightarrow E(x)\\ \hat{\omega}(t)=\hat{f}_i^t(t)-\underset{\mathrm{D}}{\hat{f}_i^t}(t), & 0<x\leqslant-1\,|\,f(E)\rightarrow E(x)\end{cases} \tag{2.44}$$

$$\hat{\omega}_i^c(c)=\begin{cases}\hat{\omega}(c)=\underset{\mathrm{U}}{\hat{f}_i^c}(c)-\hat{f}_i^c(c), & -1\leqslant x<0\,|\,f(E)\rightarrow E(x)\\ \hat{\omega}(t)=0, & x=0\,|\,f(E)\rightarrow E(x)\\ \hat{\omega}(c)=\hat{f}_i^c(c)-\underset{\mathrm{D}}{\hat{f}_i^c}(c), & 0<x\leqslant-1\,|\,f(E)\rightarrow E(x)\end{cases} \tag{2.45}$$

式中，$f(E)\rightarrow E(x)$ 为通过结构元变化 $f(E)$ 后，落在 $E(x)$ 内的变量所在的区域，即 $-1\leqslant x<0$，$x=0$，$0<x\leqslant-1$。

结构元 E 可为三角结构元或正态结构元。根据 DSFT 所收集实际数据或实验数据的特点，建议使用正态结构元。但为图像清晰，图 2.10 和图 2.11 中使用了三角结构元，另外三角结构元的构造相对方便。

上述过程得到了 DSFT 下关于使用时间 t 和使用温度 c 的模糊结构元线性生成的模糊值函数，如式(2.46)和式(2.47)所示。

$$\tilde{F}_i^t(t)=\hat{f}_i^t(t)+\hat{\omega}_i^t(t)E \tag{2.46}$$

$$\tilde{F}_i^c(c)=\hat{f}_i^c(c)+\hat{\omega}_i^c(c)E \tag{2.47}$$

定义 2.18[5]　隶属函数：设 E 是 R 上的任意模糊结构元，隶属函数为 $E(x)$，又设 $f(x)$ 在区间 $[-1,1]$ 上是连续严格单调有界的，且 $\hat{f}(E)$ 的隶属函数为 $E(f^{-1}(x))$，$f^{-1}(x)$ 为 $f(x)$ 的反函数。

该转化过程符合定义 2.18 中的条件，所以式(2.46)和式(2.47)的隶属度函数可表示为式(2.48)和式(2.49)。

$$\mu_{\tilde{F}_i^t(t)}(y)=E\left(\frac{y-\hat{f}_i^t(t)}{\hat{\omega}_i^t(t)}\right) \tag{2.48}$$

$$\mu_{\tilde{F}_i^c(c)}(y)=E\left(\frac{y-\hat{f}_i^c(c)}{\hat{\omega}_i^c(c)}\right) \tag{2.49}$$

利用模糊结构元重构特征函数是在离散数据下得到特征函数的重要方法之一，是整个 SFT 的基础，上述内容已经充分说明了结构元特征函数的构造过程。SFT 的基础是特征函数，可利用结构元特征函数对 DSFT 中的相应概念和计算进行重构。DSFT 相关概念的构建主要涉及对结构元 E 线性生成模糊值函数的乘法、偏微分和积分的计算，下面将对具体重构过程进行论述。

2.2.7 模糊结构元化 DSFT 构建

根据定义 2.4，基本事件发生概率分布为 $P_i(x_1,x_2,\cdots,x_n)=1-\prod_{k=1}^{n}(1-P_i^k(x_k))$，例中为 $P_i(t,c)=1-(1-P_i^t(t))(1-P_i^c(c))$。基本事件发生概率分布的结构元化表示如式(2.50) 所示。

$$\widetilde{F}_i(x_1,x_2,\cdots,x_n)=1-\prod_{k=1}^{n}(1-F_i^k(x_k))=1-\prod_{k=1}^{n}(1-\hat{f}_i^k(x_k)-\hat{\omega}_i^k(x_k)E) \tag{2.50}$$

那么例中基本事件发生概率分布的结构化表示为 $\widetilde{F}_i(t,c)=1-(1-\hat{f}_i^t(t)-\hat{\omega}_i^t(t)E)(1-\hat{f}_i^c(c)-\hat{\omega}_i^c(c)E)$，展开如式(2.51)所示。

$$\begin{aligned}\widetilde{F}_i(t,c)&=1-(1-\hat{f}_i^t(t)-\hat{\omega}_i^t(t)E)(1-\hat{f}_i^c(c)-\hat{\omega}_i^c(c)E)\\&=\hat{f}_i^t(t)+\hat{\omega}_i^t(t)E+\hat{f}_i^c(c)+\hat{\omega}_i^c(c)E-(\hat{f}_i^t(t)+\hat{\omega}_i^t(t)E)\times(\hat{f}_i^c(c)+\\&\quad\hat{\omega}_i^c(c)E)\\&=\hat{f}_i^t(t)+\hat{\omega}_i^t(t)E+\hat{f}_i^c(c)+\hat{\omega}_i^c(c)E-\hat{f}_i^t(t)\hat{f}_i^c(c)-\hat{f}_i^t(t)\hat{\omega}_i^c(c)E-\\&\quad\hat{f}_i^c(c)\hat{\omega}_i^t(t)E-\hat{\omega}_i^t(t)E\hat{\omega}_i^c(c)E\\&=\hat{f}_i^t(t)+\hat{f}_i^c(c)-\hat{f}_i^t(t)\hat{f}_i^c(c)+(\hat{\omega}_i^t(t)+\hat{\omega}_i^c(c)-\hat{f}_i^t(t)\hat{\omega}_i^c(c)-\\&\quad\hat{f}_i^c(c)\hat{\omega}_i^t(t))E-\hat{\omega}_i^t(t)\hat{\omega}_i^c(c)E^2\end{aligned} \tag{2.51}$$

根据定义 2.5，系统故障概率分布用 $P_T(x_1,x_2,\cdots,x_n)$表示，例中为 $P_T(t,c)=P_1P_2P_3+P_1P_4+P_3P_5-P_1P_2P_3P_4-P_1P_3P_4P_5-P_1P_2P_3P_5+P_1P_2P_3P_4P_5$。其结构元表示如式(2.52)所示。例中的系统故障概率分布的结构化表示如式(2.53)所示。

$$\widetilde{F}_T(x_1,x_2,\cdots,x_n)=\sum\prod\widetilde{F}_i(x_1,x_2,\cdots,x_n) \tag{2.52}$$

式中，$\prod$ 为元件发生基本事件的与关系，$\sum$ 为与关系后的或关系。

上述关系通过图 2.1 确定。

$$\begin{aligned}\widetilde{F}_T(t,c)=&\widetilde{F}_1\widetilde{F}_2\widetilde{F}_3+\widetilde{F}_1\widetilde{F}_4+\widetilde{F}_3\widetilde{F}_5-\widetilde{F}_1\widetilde{F}_2\widetilde{F}_3\widetilde{F}_4-\\&\widetilde{F}_1\widetilde{F}_3\widetilde{F}_4\widetilde{F}_5-\widetilde{F}_1\widetilde{F}_2\widetilde{F}_3\widetilde{F}_5+\widetilde{F}_1\widetilde{F}_2\widetilde{F}_3\widetilde{F}_4\widetilde{F}_5\end{aligned} \tag{2.53}$$

式中，$\widetilde{F}_{1\sim5}$ 为 $\widetilde{F}_{1\sim5}(t,c)$的缩写。

根据定义 2.6，元件概率重要度分布表示为 $I_g(i)=\dfrac{\partial P_T(x_1,x_2,\cdots,x_n)}{\partial P_i(x_1,x_2,\cdots,x_n)}$，例中 X_1 的概率重要度空间分布为 $I_g(1)=\dfrac{\partial P_T(t,c)}{\partial P_1(t,c)}=P_2P_3+P_4-P_2P_3P_4-P_3P_4P_5-P_2P_3P_5+P_2P_3P_4P_5$。其结构元表示如式(2.54)所示。例中 X_1 概率重要度分布的结构化表示如式(2.55)所示。

$$\widetilde{I}_g(i)=\frac{\partial \widetilde{F}_T(x_1,x_2,\cdots,x_n)}{\partial \widetilde{F}_i(x_1,x_2,\cdots,x_n)} \tag{2.54}$$

$$\widetilde{I}_g(1)=\frac{\partial \widetilde{F}_T(t,c)}{\partial \widetilde{F}_1(t,c)}=\widetilde{F}_2\widetilde{F}_3+\widetilde{F}_4-\widetilde{F}_2\widetilde{F}_3\widetilde{F}_4-\widetilde{F}_3\widetilde{F}_4\widetilde{F}_5-\widetilde{F}_2\widetilde{F}_3\widetilde{F}_5+\widetilde{F}_2\widetilde{F}_3\widetilde{F}_4\widetilde{F}_5 \tag{2.55}$$

根据定义 2.7，元件关键重要度分布表示为 $I_g^c(i)=\dfrac{P_i(x_1,x_2,\cdots,x_n)}{P_T(x_1,x_2,\cdots,x_n)}\times I_g(i)$，例中 X_1 的关键重要度空间分布为

$$\begin{aligned}I_g^c(1)&=\frac{P_1(t,c)}{P_T(t,c)}\times I_g(1)\\&=\frac{1-(1-P_1{}^t(t))(1-P_1{}^c(c))}{P_1P_2P_3+P_1P_4+P_3P_5-P_1P_2P_3P_4-P_1P_3P_4P_5-P_1P_2P_3P_5+P_1P_2P_3P_4P_5}\times\\&\quad(P_2P_3+P_4-P_2P_3P_4-P_3P_4P_5-P_2P_3P_5+P_2P_3P_4P_5)\end{aligned}$$

其结构元表示如式(2.56)所示。例中 X_1 关键重要度分布的结构化表示如式(2.57)所示。

$$\widetilde{I}_g^c(i)=\frac{\widetilde{F}_i(x_1,x_2,\cdots,x_n)}{\widetilde{F}_T(x_1,x_2,\cdots,x_n)}\times\widetilde{I}_g(i) \tag{2.56}$$

$$\begin{aligned}\widetilde{I}_g^c(1)=&\frac{1-(1-\hat{f}_1^t(t)-\hat{\omega}_1^t(t)E)(1-\hat{f}_1^c(c)-\hat{\omega}_1^c(c)E)}{\widetilde{F}_1\widetilde{F}_2\widetilde{F}_3+\widetilde{F}_1\widetilde{F}_4+\widetilde{F}_3\widetilde{F}_5-\widetilde{F}_1\widetilde{F}_2\widetilde{F}_3\widetilde{F}_4-\widetilde{F}_1\widetilde{F}_3\widetilde{F}_4\widetilde{F}_5-\widetilde{F}_1\widetilde{F}_2\widetilde{F}_3\widetilde{F}_5+\widetilde{F}_1\widetilde{F}_2\widetilde{F}_3\widetilde{F}_4\widetilde{F}_5}\times\\&(\widetilde{F}_2\widetilde{F}_3+\widetilde{F}_4-\widetilde{F}_2\widetilde{F}_3\widetilde{F}_4-\widetilde{F}_3\widetilde{F}_4\widetilde{F}_5-\widetilde{F}_2\widetilde{F}_3\widetilde{F}_5+\widetilde{F}_2\widetilde{F}_3\widetilde{F}_4\widetilde{F})\end{aligned} \tag{2.57}$$

根据定义 2.8，系统故障概率分布的因素 d 趋势表示为 $P_T^d=\dfrac{\partial P_T(x_1,x_2,\cdots,x_n)}{\partial d}$，例中系统故障概率分布的时间 t 趋势为 $P_T^t=\dfrac{\partial P_T(t,c)}{\partial t}$。

上述定义需要对模糊结构元 E 生成的模糊值函数求偏导，这里给出关于模糊值函数的导函数定义。

定义 2.19[5] 模糊值函数的导函数：设 $\widetilde{f}(x)=g(x,E)$ 是由模糊结构元 E 生成的模糊值函数，其中 $g(x,y)$ 是关于 y 的 $[-1,1]$ 上的单调有界函数，且构成 X 上的有序锥或局部有序锥。若函数 $g(x,y)$ 在 $D\subseteq X$ 上关于 x 可导，则称 $\widetilde{f}(x)$ 在

D 上可导，其导函数如式(2.58)所示。

$$\frac{\mathrm{d}\tilde{f}(x)}{\mathrm{d}x}=\frac{\partial g(x,y)}{\partial x}\Big|_{y=E} \tag{2.58}$$

对于式(2.41)，设 $\hat{f}(x)$ 和 $\hat{\omega}(x)$ 在 X 上是可导函数。那么由定义 2.19，$\tilde{F}'(x)=\hat{f}'(x)+\hat{\omega}'(x)E$ 是关于变量 y 在[−1,1]上的单调有界函数，该式可导。这表明由结构元线性生成的模糊值函数的微分可转化为普通函数的微分与模糊结构元的“和，积”运算，揭示了模糊值函数的微分性质完全取决于自身的平移、伸缩和模糊结构元的性质[6]。所以特征函数式(2.46)和式(2.47)也符合上述可偏导性。

系统故障概率分布的因素 d 趋势的结构元表示如式(2.59)所示。例中系统故障概率分布的时间趋势的结构元表示如式(2.60)所示。

$$\tilde{F}_T^d=\frac{\partial \tilde{F}_T(x_1,x_2,\cdots,x_n,y)}{\partial d}\Big|_{y=E},d\in\{x_1,x_2,\cdots,x_n\} \tag{2.59}$$

$$\tilde{F}_T^t=\frac{\partial \tilde{F}_T(t,c,y)}{\partial t}\Big|_{y=E} \tag{2.60}$$

元件区域重要度不同于 2.1.3 节中的重要度空间分布定义。根据定义 2.6 和定义 2.7，概率重要度空间分布和关键重要度空间分布都是一种空间分布，即在 $n-1$ 维影响因素变化的情况下，在 n 维空间中表现出来的空间分布。例中重要度与使用时间 t 和使用温度 c 组成了一种表示重要度的空间分布曲面。重要度空间分布表示了某种工作环境状态组合(t,c)时的元件重要度，即表示了研究区域中一点的元件重要度。好处是对重要度表现精确、具体，可表现出元件概率重要度和关键重要度在不同工作环境状态组合(t,c)时的变化趋势和规律。缺点是对于元件可能经历的整个工作环境区域的重要性表现不充分，即无法考量元件在整个研究区域上的整体重要度。从另一角度说，重要度空间分布得到的是一个工作环境因素作为空间维度的空间分布特征；而元件区域重要度得到的是这个空间分布的整体特征值，是一个具体数值。元件区域重要度和元件重要度空间分布不是平行概念。元件区域重要度是基于元件重要度空间分布得到的，应先进行元件重要度空间分布计算，然后通过一定的方法(如积分)得到元件区域重要度。总结上述两种概念的特征和区别，下面给出元件区域重要度的定义。

定义 2.20　元件区域重要度为在相关元件重要度(概率重要度或关键重要度)空间分布的基础上，对该分布就所有工作环境影响因素在指定研究区域内进行积分。该积分数值即元件关于这个研究区域的元件区域重要度。

元件区域概率重要度 $\mathrm{ZI_g}(i)$和元件区域关键重要度 $\mathrm{ZI_g^c}(i)$分别如式(2.61)和式(2.62)所示。

$$\mathrm{ZI_g}(i)=\iint_{x_1x_2}\cdots\int_{x_n}\frac{\partial P_T(x_1,x_2,\cdots,x_n)}{\partial P_i(x_1,x_2,\cdots,x_n)}\mathrm{d}x_1\mathrm{d}x_2\cdots\mathrm{d}x_n \tag{2.61}$$

$$\mathrm{ZI_g^c}(i)=\iint_{x_1x_2}\cdots\int_{x_n}\frac{P_i(x_1,x_2,\cdots,x_n)}{P_T(x_1,x_2,\cdots,x_n)}\times I_\mathrm{g}(i)\mathrm{d}x_1\mathrm{d}x_2\cdots\mathrm{d}x_n \tag{2.62}$$

式中，$x_1,x_2,\cdots,x_n$ 为 n 个影响元件工作的环境因素。

定义 2.21 设 $\tilde{f}(x)=g(x,E)$ 是由模糊结构元 E 生成的模糊值函数，如果函数 $g(x,y)$ 关于变量 x 在 $D\subseteq X$ 上可积（黎曼积分），则模糊函数 $\tilde{f}(x)$ 在 D 上可积，且得式(2.63)，并等价于式(2.64)。

$$\int_D\tilde{f}(x)\mathrm{d}x=\int_D g(x,E)\mathrm{d}x \tag{2.63}$$

$$\int_D\tilde{f}(x)\mathrm{d}x=\int_D g(x,y)\mathrm{d}x\,|_{y=E} \tag{2.64}$$

根据式(2.63)和式(2.64)，元件区域概率重要度 $\mathrm{ZI_g}(i)$ 和关键重要度 $\mathrm{ZI_g^c}(i)$ 的结构元表示分别如式(2.65)和式(2.66)所示。

$$\mathrm{Z\tilde{I}_g}(i)=\iint_{x_1x_2}\cdots\int_{x_n}\frac{\partial\tilde{F}_T(x_1,x_2,\cdots,x_n,E)}{\partial\tilde{F}_i(x_1,x_2,\cdots,x_n,E)}\mathrm{d}x_1\mathrm{d}x_2\cdots\mathrm{d}x_n \tag{2.65}$$

$$\mathrm{Z\tilde{I}_g^c}(i)=\iint_{x_1x_2}\cdots\int_{x_n}\frac{\tilde{F}_i(x_1,x_2,\cdots,x_n,E)}{\tilde{F}_T(x_1,x_2,\cdots,x_n,E)}\times\tilde{I}_\mathrm{g}(i)\mathrm{d}x_1\mathrm{d}x_2\cdots\mathrm{d}x_n \tag{2.66}$$

根据定义 2.13，元件因素重要度分布为 $\mathrm{FI}_i(d)=\dfrac{\partial P_i(x_1,x_2,\cdots,x_n)}{\partial d}$，$d\in\{x_1,x_2,\cdots,x_n\}$，而系统因素重要度分布为 $\mathrm{FI}_T(d)=\dfrac{\partial P_T(x_1,x_2,\cdots,x_n)}{\partial d}$。相应地，使用结构元表示元件因素重要度分布和系统因素重要度分布分别如式(2.67)和式(2.68)所示。

$$\mathrm{F\tilde{I}}_i(d)=\frac{\partial\tilde{F}_i(x_1,x_2,\cdots,x_n,y)}{\partial d}\Big|_{y=E} \tag{2.67}$$

$$\mathrm{F\tilde{I}}_T(d)=\frac{\partial\tilde{F}_T(x_1,x_2,\cdots,x_n,y)}{\partial d}\Big|_{y=E} \tag{2.68}$$

式中，$d\in\{x_1,x_2,\cdots,x_n\}$。

那么关于元件和系统的使用时间 t 和使用温度 c 的因素重要度分布的结构元表示如下式所示。

$$\mathrm{F\tilde{I}}_i(t)=\frac{\partial\tilde{F}_i(t,c)}{\partial t}=(1-\tilde{F}_i^c(c,y))\left(-\frac{\mathrm{d}\tilde{F}_i^t(t,y)}{\mathrm{d}t}\right)\Big|_{y=E}$$

$$\widetilde{\mathrm{FI}}_T(t)=\frac{\partial\widetilde{F}_T(t,c)}{\partial t}$$

$$=(\frac{\partial(\widetilde{F}_1\widetilde{F}_2\widetilde{F}_3)}{\partial t}+\frac{\partial(\widetilde{F}_1\widetilde{F}_4)}{\partial t}+\frac{\partial(\widetilde{F}_3\widetilde{F}_5)}{\partial t}-\frac{\partial(\widetilde{F}_1\widetilde{F}_2\widetilde{F}_3\widetilde{F}_4)}{\partial t}-\frac{\partial(\widetilde{F}_1\widetilde{F}_3\widetilde{F}_4\widetilde{F}_5)}{\partial t}-$$

$$\frac{\partial(\widetilde{F}_1\widetilde{F}_2\widetilde{F}_3\widetilde{F}_5)}{\partial t}+\frac{\partial(\widetilde{F}_1\widetilde{F}_2\widetilde{F}_3\widetilde{F}_4\widetilde{F}_5)}{\partial t})|_{y=E}$$

$$\widetilde{\mathrm{FI}}_i(c)=\frac{\partial\widetilde{F}_i(t,c)}{\partial c}=(1-\widetilde{F}_i^t(t,y))(-\frac{\mathrm{d}\widetilde{F}_i^c(c,y)}{\mathrm{d}c})|_{y=E}$$

$$\widetilde{\mathrm{FI}}_T(c)=\frac{\partial\widetilde{F}_T(t,c)}{\partial c}$$

$$=(\frac{\partial(\widetilde{F}_1\widetilde{F}_2\widetilde{F}_3)}{\partial c}+\frac{\partial(\widetilde{F}_1\widetilde{F}_4)}{\partial c}+\frac{\partial(\widetilde{F}_3\widetilde{F}_5)}{\partial c}-\frac{\partial(\widetilde{F}_1\widetilde{F}_2\widetilde{F}_3\widetilde{F}_4)}{\partial c}-\frac{\partial(\widetilde{F}_1\widetilde{F}_3\widetilde{F}_4\widetilde{F}_5)}{\partial c}-$$

$$\frac{\partial(\widetilde{F}_1\widetilde{F}_2\widetilde{F}_3\widetilde{F}_5)}{\partial c}+\frac{\partial(\widetilde{F}_1\widetilde{F}_2\widetilde{F}_3\widetilde{F}_4\widetilde{F}_5)}{\partial c})|_{y=E}$$

式中，$\widetilde{F}_{1\sim5}$ 如式(3.34)所示。

根据定义 2.14，元件因素联合重要度分布为 $\mathrm{FI}_i(d_1,d_2,\cdots,d_\mu)=\frac{\partial P_i^\mu(D)}{\partial d_1\cdot\partial d_2\cdot\cdots\cdot\partial d_\mu}$，$d_\mu\in D=\{x_1,x_2,\cdots,x_n\}$，$\mu=1\sim n$。系统因素联合重要度分布为 $\mathrm{FI}_T(d_1,d_2,\cdots,d_\mu)=\frac{\partial P_T^\mu(D)}{\partial d_1\cdot\partial d_2\cdot\cdots\cdot\partial d_\mu}$。相应地，使用结构元表示的元件因素联合重要度分布和系统因素联合重要度分布分别如式(2.69)和式(2.70)所示。

$$\widetilde{\mathrm{FI}}_i(d_1,d_2,\cdots,d_\mu)=\frac{\partial\widetilde{F}_i^\mu(D,y)}{\partial d_1\cdot\partial d_2\cdot\cdots\cdot\partial d_\mu}|_{y=E} \tag{2.69}$$

$$\widetilde{\mathrm{FI}}_T(d_1,d_2,\cdots,d_\mu)=\frac{\partial\widetilde{F}_T^\mu(D,y)}{\partial d_1\cdot\partial d_2\cdot\cdots\cdot\partial d_\mu}|_{y=E} \tag{2.70}$$

式中，$d_\mu\in D=\{x_1,x_2,\cdots,x_n\}$。

那么元件和系统关于 t 和 c 的因素联合重要度的结构元表示如下式所示。

$$\widetilde{\mathrm{FI}}_i(t,c)=\widetilde{\mathrm{FI}}_i(c,t)=\frac{\partial\widetilde{F}_i^2(t,c)}{\partial t\partial c}=\left(-\frac{\mathrm{d}\widetilde{F}_i^c(c,y)}{\mathrm{d}c}\right)\left(-\frac{\mathrm{d}\widetilde{F}_i^t(t,y)}{\mathrm{d}t}\right)|_{y=E}$$

$$\widetilde{\mathrm{FI}}_T(t,c)=\widetilde{\mathrm{FI}}_T(c,t)$$

$$=\frac{\partial\widetilde{F}_T^2(t,c)}{\partial t\partial c}$$

$$=\left(\frac{\partial^2(\widetilde{F}_1\widetilde{F}_2\widetilde{F}_3)}{\partial t\partial c}+\frac{\partial^2(\widetilde{F}_1\widetilde{F}_4)}{\partial t\partial c}+\frac{\partial^2(\widetilde{F}_3\widetilde{F}_5)}{\partial t\partial c}-\frac{\partial^2(\widetilde{F}_1\widetilde{F}_2\widetilde{F}_3\widetilde{F}_4)}{\partial t\partial c}-\right.$$

$$\left.\frac{\partial^2(\widetilde{F}_1\widetilde{F}_3\widetilde{F}_4\widetilde{F}_5)}{\partial t\partial c}-\frac{\partial^2(\widetilde{F}_1\widetilde{F}_2\widetilde{F}_3\widetilde{F}_5)}{\partial t\partial c}+\frac{\partial^2(\widetilde{F}_1\widetilde{F}_2\widetilde{F}_3\widetilde{F}_4\widetilde{F}_5)}{\partial t\partial c}\right)|_{y=E}$$

应注意的是,CSFT 和 DSFT 均可使用模糊结构元特征函数。DSFT 针对实际离散故障数据,结构元化特征函数更适合表现数据的离散性。而 CSFT 数据更适合理论分析,数据离散性较弱,一般特征函数可满足要求,无须结构元化。

2.3 本章小结

空间故障树理论的基本思想是通过因素构成的空间表示事物存在的状态。该思想与因素空间理论的背景空间表示事物特征的观点一致。因此空间故障树和因素空间理论具有天然的结合性。最初空间故障树理论只用于系统可靠性分析,随着后期的不断改进和发展已形成了 4 个相对独立的阶段。它们是空间故障树理论基础、智能化空间故障树、空间故障网络、系统运动空间和系统映射论。当然这个过程借助了因素空间理论的一些思想和方法,也结合了其他理论。本书的后继章节将上述研究过程中与因素空间相关的研究成果进行整理,系统地呈现给读者。本章内容部分参考了本章参考文献[1,7-22],如读者在阅读过程中存在问题请查阅这些文献。

本章参考文献

[1] 崔铁军,马云东. 多维空间故障树构建及应用研究[J]. 中国安全科学学报,2013,23(4):32-37.
[2] 费晨磊. 可修系统的运行可靠性研究[D]. 长沙:长沙理工大学,2012.
[3] 崔铁军,马云东,白润才. 基于 ANN 耦合遗传算法的爆破方案选择方法[J]. 中国安全科学学报,2013,23(2):64-68.
[4] 苏志雄,郭嗣琮,高知新. 一种基于因素贡献率的自适应前馈网络算法[J]. 辽宁工程技术大学学报,2003,22(1):131-134.
[5] 郭嗣琮. 基于结构元理论的模糊数学分析原理[M]. 沈阳:东北大学出版社,2004.
[6] 岳立柱. 模糊结构元理论拓展及其决策应用[D]. 阜新:辽宁工程技术大学,2011.
[7] 崔铁军,马云东. SFT 下元件区域重要度定义与认知及其模糊结构元表示[J]. 应用泛函分析学报,2016,18(4):413-421.
[8] 崔铁军,李莎莎,马云东,等. 有限制条件的异类元件构成系统的元件维修率分布确定[J]. 计算机应用研究,2017,34(11):3251-3254.

[9] 崔铁军,马云东.离散型空间故障树构建及其性质研究[J].系统科学与数学,2016,36(10):1753-1761.

[10] 崔铁军,李莎莎,马云东,等.基于 ANN 求导的 DSFT 中故障概率变化趋势研究[J].计算机应用研究,2017,34(2):449-452.

[11] 崔铁军,马云东.DSFT 的建立及故障概率空间分布的确定[J].系统工程理论与实践,2016,36(4):1081-1088.

[12] 崔铁军,马云东.DSFT 下模糊结构元特征函数构建及结构元化的意义[J].模糊系统与数学,2016,30(2):144-151.

[13] 崔铁军,汪培庄,马云东.01 型空间故障树的结构化表示方法[J].大连交通大学学报,2016,37(1):82-87.

[14] 崔铁军,马云东.基于 SFT 和 DFT 的系统维修率确定及优化[J].数学的实践与认识,2015,45(22):140-150.

[15] 崔铁军,马云东.基于空间故障树理论的系统故障定位方法研究[J].数学的实践与认识,2015,45(21):135-142.

[16] 崔铁军,马云东.基于 SFT 理论的系统可靠性评估方法改造研究[J].模糊系统与数学,2015,29(5):173-182.

[17] 崔铁军,马云东.基于模糊结构元的 SFT 概念重构及其意义[J].计算机应用研究,2016,33(7):1957-1960.

[18] 李莎莎,崔铁军,马云东.基于空间故障树理论的系统可靠性评估方法研究[J].中国安全生产科学技术,2015,11(6):68-74.

[19] 崔铁军,马云东.连续型空间故障树中因素重要度分布的定义与认知[J].中国安全科学学报,2015,25(3):23-28.

[20] 崔铁军,马云东.空间故障树的径集域与割集域的定义与认识[J].中国安全科学学报,2014,24(4):27-32.

[21] 崔铁军,马云东.多维空间故障树构建及应用研究[J].中国安全科学学报,2013,23(4):32-37.

[22] 崔铁军,马云东. 空间故障树理论与应用[M]. 沈阳: 东北大学出版社, 2020.

第 3 章 因素推理与故障数据

系统可靠性的研究是对系统抵抗环境因素并保持自身功能性的研究。系统在工作过程中，其可靠性的表现源于各类数据的变化。这里我们把能反映系统可靠性变化的数据称为故障数据。这些数据能反映系统故障情况的变化。但面对海量的、形形色色的故障数据，传统安全科学的方法难以满足可靠性分析要求。在面对智能化和大数据时代，故障数据的分析方法也亟待改革。

前文已提到，空间故障树用于多因素影响下的系统可靠性分析，其立足点基于因素。而因素空间理论也是通过因素及其像的不同对事物进行区分、推理和描述的。因此空间故障树理论完全可以借助因素空间理论的智能分析和数据处理能力，完成故障数据的智能分析处理。

本章总结了空间故障树研究过程中利用因素空间理论思想、概念和方法处理故障数据，分析系统可靠性的研究内容。这些研究不但使因素空间理论应用于具体的学科之中，也证明了空间故障树与因素空间理论的相容性。

由于研究是相继形成的，因此方法中难免有一些步骤重复和借用及研究算例相似。为了增加阅读性，避免读者迷惑于大量的引用和标注，在合理的范围内，本书尽量给出完整的方法过程和实例分析过程。

3.1 因素分析与安全状态区分

目前，国内的工矿企业进行安全检查的核心方法仍然是定性安全情况描述，然后加以提炼形成安全评价体系(如安全检查表)，这种方法虽然简便易行，但是评定的好坏很大程度上取决于安全评价执行者的经验和知识，即定性的评价受评价者主观影响较大。由于一些原因(见 3.2 节)导致了定性评价要存在相当长的一段时间，而定性的工矿企业安全性的描述具有语义不明确及冗余等缺点，如何能对定性的安全情况描述语言进行概念化分析，通过推理和化简得到精练明确的安全性描述，从而形成可区分不同工矿安全情况的安全性概念，成了保证安全评价有效性的当务之急。

本书应用因素空间概念的分析和推理能力，针对目前工矿的安全分析大多采用定性论述的现状，对工矿的安全情况论述使用概念分析表进行了推理和化简，以降低安全性论述中冗余信息对定性安全评价的影响，得到简洁准确的安全性概念，从而对不同工矿企业的安全情况进行区分。

3.1.1　因素空间与因素库理论

1. 因素与属性划分

概念是思维的基本单元。因素的提取是一个分析过程，因素是分析的角度，它把事物抽象到同一维度上进行划分，因素就是分析维度的维名。温度、身高、年龄、籍贯、职业、性格、稳定性、安全性、可靠性、满意性……都是因素。

因素是一个映射，其定义域是论域 U，包含给定问题所讨论的全体对象。定量映射 $f:U\to X(f)$ 把对象映射到数量值，定性映射 $f:{}^{\wedge}U\to X^{\wedge}(f)$ 把对象映射到属性，因素 f 是这一串属性的串名。

界定 1　因素是分析事物的要素，一个简单因素把事物抽象到一个单一的维度并命其名。

界定 2　属性是对事物分类结果的内涵描述，一串属性来自一项划分，由一个因素统领。因素与对属性是提纲挈领的关系。

定义 3.1[1]　称集合族 $\psi=\{X(f)\}_{(f\in F)}$ 为 U 上的一个因素空间，如果满足公理：

① 指标集 $F=F(\vee,\wedge,{}^{c},1,0)$ 是一个完全的布尔代数；

② $X(0)=\{\varnothing\}$；

③ 对任意 $T\subseteq F$，若 $\forall s,t\in T, s\neq t\Rightarrow s\wedge t=0$，则 $X(\vee\{f|f\in T\})=\prod_{f\in T}X(f)$；

④ $\forall f\in F$，都有一个映射 $f:D(f)\to X(f)(D(f)\subseteq U)$。

F 叫作因素集，其最大，最小元 1，0 分别叫作全因素和零因素。$X(f)$ 叫作 f-性态空间。

这个定义引自本章参考文献[1]，但略作修改，增加了公理④。

定义 3.2　$f(U)=\{f(u)|u\in U\}$ 叫作 f-背景，它是 $X(f)$ 的一个子集。若 $f=f_1\vee\cdots\vee f_k$，$R=f(U)=\{(f_1(u),\cdots,f_k(u))|u\in U\}\subseteq X(f_1)\times\cdots\times X(f_k)$ 又叫作 $f_1,\cdots,f_k$ 间的一个背景关系。

定义 3.3　因素 f 与 s 叫作现实独立，如果 $(f\vee s)(U)=f(U)\times s(U)$。相对而言，如果 $s\wedge t=0$，则因素 f 与 s 叫作泛独立。

2. 概念的内涵和外延

定义 3.4 背景 $f(U)$又叫作 f 的表现论域，相对而言，U 叫作原论域或反馈论域。概念 α 在 U 中的外延 A 叫原外延或反馈外延。$f(A)$叫作 α 在 $X(f)$中的表现外延。

定义 3.5 对因素 $f=f_1\vee\cdots\vee f_n$，若有 $A\subseteq U$ 使 $f^{\wedge}(A)=f^{\wedge}{}_1(A)\times\cdots\times f^{\wedge}{}_n(A)$，则 $\alpha=(A,f^{\wedge}{}_1(A)\cdots f^{\wedge}{}_n(A))$叫作一个概念，$A$ 叫作它的外延，$f^{\wedge}{}_1(A)\cdots f^{\wedge}{}_n(A)$叫作它的内涵。

3. 概念分析表

定义 3.6 一张对象信息表就是一个 $m\times n$ 格子表，按不同对象分行，行左为不同对象名，按不同因素分列，列顶为不同因素名。第 i 行第 j 列所对应的格内填写对象 u_k 在因素 f_j 映射下的值，可以是定性值 $f^{\wedge}{}_k(u)$，也可以是定量值 $f_k(u)$。对象可以是直接对象，也可以是加工对象。

定义 3.7 对象信息表也叫作概念分析表，如果表中的因素都取定性值且对象的数目 m 足够大，对小 m 表来说，对象必须是集团对象。

3.1.2 概念分析表提取概念格

1. 单因素划分算法

定义 3.8 $H=\{H_1,\cdots,H_n\}\subseteq P(U)$叫作 U 上的一个划分，如果 $H_1\cup\cdots\cup H_n=U$ 且对任意 $i,j\in\{1,\cdots,n\}$，若 $i\neq j$，则 $H_i\cap H_j=\varnothing$。

一个 U 上的划分不宽不漏不重地覆盖了 U 中所有的点。

定理 3.1(因素确定划分) 每一因素 f 在 U 中都确定了一个划分 H：u_1 与 u_2 同属一类当且仅当 $f(u_1)=f(u_2)$。

给定 U 及因素 f 的映射向量$(f^{\wedge}(u_1),\cdots,f^{\wedge}(u_n))$或映射表，如表 3.1 所示。

表 3.1 U 及因素 f 的映射表

U	u_1	u_2	…	…	u_n
f	$f^{\wedge}(u_1)$	$f^{\wedge}(u_2)$	…	…	$f^{\wedge}(u_n)$

设置向量 **ff**:=**f**；

对 $k=1$ to n，

若在向量 **ff** 中的第 k 分量 $f^{\wedge}(u_k)$不为 *，则在 **ff** 中将所有与 $f^{\wedge}(u_k)$相等的值均改为 *，开辟一个新类，记为$(k;f^{\wedge}(u_k))$；

否则，用原向量 $\boldsymbol{f}$ 的第 k 分量 $f^{\wedge}(u_k)$去寻找占有属性 $f^{\wedge}(u_k)$的已开类$(r,\cdots;f^{\wedge}(u_k))$，并将 k 添入该类，记为$(k,r,\cdots;f^{\wedge}(u_k))$。

若 ff 的所有分量全为 *，则停止。

输出：①划分 H（所有新开和已开类）；

②由 f 划分出的子类个数 $g(f)=|f(U)|$。

2. 概念格的提取

定义 3.9　由合因素 $f=f_1 \vee f_2$ 所诱导出来的 U 上划分 H 是这样规定的：u_1, u_2 同属于一类当且仅当 $f(u_1)=f(u_2)$〔亦即 $f_1(u_1)=f_1(u_2)$ 且 $f_1(u_2)=f_2(u_2)$〕。

定理 3.2　设 $f=f_1 \vee f_2$，若 $H_1=\{H_{11},\cdots,H_{1m}\}$ 及 $H_2=\{H_{21},\cdots,H_{2n}\}$ 分别是 f_1 及 f_2 在 U 上所形成的划分，则由合因素 $f=f_1 \vee f_2$ 所诱导出来的划分 H 可以写成 $H=\{H_{1i}\cap H_{2j}\neq\varnothing \mid H_{1i}\in H_1, H_{2j}\in H_2\}$，简记为 $H=H_1\times H_2$。

定义 3.10　设 H 是 U 的一个子集，$H=\{H_1,\cdots,H_m\}$ 是因素 f 在 U 上所诱导出的划分，记 $H|_H=\{H_1\cap H,\cdots,H_m\cap H\}$，它是 H 上的一个划分，叫作 H 在 H 上的限制。

定义 3.11　U 上的一个划分 H 是由因素 f_2 在 f_1 先导下所诱导出来的划分，记作 H^{12}，如果 $H^{12}=H^2|_{H_1}\cup\cdots\cup H^2|_{H_n}$，其中 $H^1=\{H_1,\cdots,H_m\}$。

定理 3.3(叠加划分可逐类划分)　合因素所诱导出的划分等于其中一个因素在另外一个因素先导下所诱导出的划分，且与这两个因素的先后次序无关：$H_1\times H_2=H^{12}=H^{21}$。

我们知道，一个含有 m 行的表有 2^m 个不同的行间组合；一个含有 n 列的表有 2^n 个不同的列间组合。划分涉及行列间的比较，若把所有行间或列间的某项信息都要搜索一遍的话，运算量就会随 m 和 n 的增长而指数爆炸。这个定理可以帮助我们找到一种避免指数爆炸的多项式算法。

多因素叠加划分算法如下。

给定 n 个因素映射向量 $f_1,\cdots,f_n$ 的概念分析表

1. $k:=1$

ff:$=f_1$，按单因素 $f=f_1$ 划分法则，得子类个数 g_1 及划分 $H^1=\{H_1,\cdots,H_{g_1}\}$；

2. $k:=k+1$

ff:$=f_k$，对划分 H^{k-1} 中的各个子类 H_i 作单因素划分。亦即

对 $i=1,\cdots,g_{k-1}$

　　取对象集 $U_i:=H_i$，按单因素 $f=f_k$ 划分法则，得划分 H_i；

当 i 循环完毕时，记 $H^k:=H_1\cup\cdots\cup Hg_{k-1}$；

$g_k:=H^k$ 中子类的个数；

若 $g_k=g_{k-1}$ 则删去因素 f_k（可简约）；

返回 2；

当所有类都只含单对象,或不可再分时,划分完毕。

定理 3.4 无论因素按什么次序参与划分,多因素叠加划分算法都保证能得到与给定概念分析表相对应的唯一确定的最细划分。

定理 3.5 用多因素叠加划分算法求得概念分析表结局划分的复杂性是 $O(mn^2)$,是强多项式算法。其中,m 是对象个数,n 是因素个数。

定义 3.12 一个因素称为在表中是可以被简约掉的,如果不用它而由其他因素就能将得到表的结局划分。

定义 3.13 若一组因素 $f_1,\cdots,f_k$ 的取值都确定以后,因素 f_{k+1} 的值也随之而确定,则称因素 f_{k+1} 是因素 $f_1,\cdots,f_k$ 的函数。

定理 3.6 一个因素 f 在表中是可以被简约掉的当且仅当 f 是表中某些因素 $f_1,\cdots,f_k$ 的函数。

定义 3.14 如果在划分过程中出现一个子类不被分细,只是附性表示中的属性增加了,我们称此动作为一个虚分。

多因素叠加划分简约算法如下。

给定 n 个因素映射向量 $f_1,\cdots,f_n$ 的概念分析表:

1. $k:=1$

ff:$=f_1$,按单因素 $f=f_1$ 划分法则,得子类个数 g_1 及划分 $H^1=\{H_1,\cdots,H_{g_1}\}$;

2. $k:=k+1$

ff:$=f_k$,对划分 H^{k-1} 中的各个子类 H_i 作单因素划分。亦即

对 $i=1,\cdots,g_{k-1}$

　　取对象集 $U_i:=H_i$,按单因素 $f=f_k$ 划分法则,若有 $H_i=\{H_i\}$,则得虚分,记入知识库;

　　$i:=i+1$;

　　否则,得划分 H_i;

当 i 循环完毕时,记 $H^k:=H_1\cup\cdots\cup Hg_{k-1}$;

$g_k:=H^k$ 中子类的个数;

　　若 $g_k=g_{k-1}$,

　　则删去因素 f_k(可简约);

　　返回 2;

当所有类都只含单对象,或不可再分时,划分完毕。

3.1.3 安全评价中的定性语义问题

目前,中国安全评价的实际情况仍然是以定性的语言描述为主,通过专家提供

的安全性描述编制安全检查表对工矿企业进行安全检查。采用定性为主的原因是无论是生产还是运营的企业系统，有相当一部分子系统无法量化，或者是量化的成本太高；系统复杂，进行层次分析困难，子系统中如有一个非定量因素，那么整个子系统的定量分析就变得没有意义；安全检查人员工作在生产第一线，工作的环境和待遇等导致这些工作人员普遍知识水平不高，无法实施复杂指标和算法组成安全评价体系，通常是通过个人经验对系统进行判断；专家资源稀缺，导致专家无法长时间对某一工矿进行检查，进而进行评价，一般只作快速的定性评价。上述这些原因导致了目前安全评价主要以定性为主的现状，在这种状态还要长时间持续下去的条件下，如何通过安全的定性分析来进行评价是一个关键问题。

结合对煤矿定性安全情况的论述，对煤矿安全这个概念构建概念分析表，研究如何使用因素空间对煤矿安全情况语义表述进行分析，根据因素对不同煤矿的安全性进行区分。

下面的例子是安全评价人员（或专家）对某矿业集团一矿至九矿的安全情况描述：一矿的地质条件良好，技术装备先进，人员素质较高，安全教育水平很高，环境安全很好，管理水平高效完善；二矿的地质条件良好，技术装备一般，人员素质较高，安全教育水平很高，环境安全很好，管理水平完善；三矿的地质条件复杂，技术装备落后，人员素质一般，安全教育水平较差，环境安全较好，管理水平一般；四矿的地质条件复杂，技术装备落后，人员素质一般，安全教育水平较差，环境安全一般，管理水平有待提高；五矿的地质条件良好，技术装备先进，人员素质较高，安全教育水平一般，环境安全一般，管理水平完善；六矿的地质条件良好，技术装备一般，人员素质差，安全教育水平一般，环境安全较好，管理水平高效完善；七矿的地质条件复杂，技术装备先进，人员素质差，安全教育水平低下，环境安全差，管理水平不完善；八矿的地质条件复杂，技术装备一般，人员素质一般，安全教育水平很高，环境安全很差，管理水平一般；九矿的地质条件复杂，技术装备先进，人员素质一般，安全教育水平低下，环境安全很差，管理水平低下。

如上论述，就定性分析语义的角度看上去，无法找到各矿的安全特征，无法判断究竟哪个因素是区分矿安全情况的主要因素，而且语义比较模糊。就上述安全性描述，下面使用因素空间与因素库的相关概念进行安全性的概念分析。

3.1.4　实例分析

为了更加直观地对矿安全情况描述进行安全性概念分析，根据3.1节的因素空间与因素库的概念，将安全性描述中出现的关键字与因素空间概念对应成表并编号，如表3.2所示。构造的概念分析表如表3.3所示。

表 3.2　安全性论述关键字与因素空间概念对照表

研究对象 U		因素 F		地质条件 f_1		技术装备 f_2		人员素质 f_3		安全教育 f_4		环境安全 f_5		管理水平 f_6	
标号	意义	标号	意义	标号	意义	标号	意义	标号	意义	标号	意义	标号	意义	标号	意义
1	一矿	f_1	地质条件	г	良好	χ	先进	σ	较高	ξ	很高	θ	很好	α	高效完善
2	二矿	f_2	技术装备	φ	复杂	ψ	一般	τ	一般	o	一般	ι	较好	β	完善
3	三矿	f_3	人员素质			ω	落后	υ	差	π	较差	κ	一般	γ	一般
4	四矿	f_4	安全教育							ρ	低下	λ	差	δ	有待提高
5	五矿	f_5	环境安全									μ	很差	ε	不完善
6	六矿	f_6	管理水平											η	低下
7	七矿														
8	八矿														
9	九矿														

表 3.3　安全性概念分析表

U	F					
	f_1	f_2	f_3	f_4	f_5	f_6
1	г	χ	σ	ξ	θ	α
2	г	ψ	σ	ξ	θ	β
3	φ	ω	τ	π	ι	γ
4	φ	ω	τ	π	κ	δ
5	г	χ	σ	o	κ	β
6	г	ψ	υ	o	ι	α
7	φ	χ	υ	ρ	λ	ε
8	φ	ψ	τ	ξ	μ	γ
9	φ	χ	τ	ρ	μ	η

安全性概念分析如下。

$U=\{1,2,3,4,5,6,7,8,9\}$；$X(f_1)=\{\text{г},\varphi\}$，$X(f_2)=\{\chi,\psi,\omega\}$，$X(f_3)=\{\upsilon,\tau,\sigma\}$，$X(f_4)=\{o,\xi,\rho,\pi\}$，$X(f_5)=\{\mu,\theta,\lambda,\kappa,\iota\}$，$X(f_6)=\{\alpha,\beta,\delta,\varepsilon,\gamma,\eta\}$。

1. $k=1$

ff:$=f_1=(г,г,\varphi,\varphi,г,г,\varphi,\varphi,\varphi)$,$U=\{1,2,3,4,5,6,7,8,9\}$。按单因素 $f=f_1$ 划分法则,得划分 $H^1=\{1256г,34789\varphi\}$;$g_1=|\{г,\varphi\}|=2$。

2. $k:=k+1=2$

ff:$=f_2=(\chi,\psi,\omega,\omega,\chi,\psi,\chi,\psi,\chi)$,对划分 H_1 中的各个子类 H_i 作单因素 f_2 划分:

$i=1U:=H_1=\{1,2,5,6\}$,$H_1=\{15г\chi,26г\psi\}$;

$i=2U:=H_1=\{3,4,7,8,9\}$,$H_2=\{34\varphi\omega,79\varphi\chi,8\varphi\psi\}$;

$H^2=H_1\cup H_2=\{15г\chi,26г\psi,34\varphi\omega,79\varphi\chi,8\varphi\psi\}$;

$g_2=|\{г\chi,г\psi,\varphi\omega,\varphi\chi,\varphi\psi\}|=5>g_1$。

返回 2。

$2k:=k+1=3$

ff:$=f_3=(\sigma,\sigma,\tau,\tau,\sigma\upsilon,\upsilon,\tau,\tau)$,对划分 H^2 中的各个子类 H_i 作单因素 f_3 划分:

$i=1U:=H_1=\{1,5\}$,$H_1=\{15г\chi\sigma\}$;

$i=2U:=H_2=\{2,6$,$H_2=\{2г\psi\sigma,6г\psi\upsilon\}$;

$i=3U:=H_3=\{3,4\}$,$H_3=\{34\varphi\omega\tau\}$;

$i=4U:=H_4=\{7,9\}$,$H_4=\{7\varphi\omega\upsilon,9\varphi\omega\tau\}$;

$i=5U:=H_5=\{8\}$,$H_5=\{8\varphi\psi\upsilon\}$;

$H^3=H_1\cup H_2\cup H_3\cup H_4\cup H_5=\{15г\chi\sigma,2г\psi\sigma,6г\psi\upsilon,34\varphi\omega\tau,7\varphi\omega\upsilon,9\varphi\omega\tau,8\varphi\psi\upsilon\}$;

$g_3=|\{г\chi\sigma,г\psi\sigma,г\psi\upsilon,\varphi\omega\tau,\varphi\omega\upsilon,\varphi\omega\tau,\varphi\psi\upsilon\}|=7>g_2$。

返回 2。

$2k:=k+1=4$

ff:$=f_4=(\xi,\xi,\pi,\pi,o,o,\rho,\xi,\rho)$,对划分 H^3 中的各个子类 H_i 作单因素 f_4 划分:

$i=1U:=H_1=\{1,5\}$,$H_1=\{1г\chi\sigma\xi,5г\chi\sigma o\}$;

$i=2U:=H_2=\{2\}$,$H_2=\{2г\psi\sigma\xi\}$;

$i=3U:=H_3=\{6\}$,$H_3=\{6г\psi\upsilon o\}$;

$i=4U:=H_4=\{3,4\}$,$H_4=\{34\varphi\omega\tau\pi\}$;

$i=5U:=H_5=\{7\}$,$H_5=\{7\varphi\omega\upsilon\rho\}$;

$i=6U:=H_6=\{9\}$,$H_6=\{9\varphi\omega\tau\rho\}$;

$i=7U:=H_7=\{8\}$,$H_7=\{8\varphi\psi\upsilon\xi\}$;

$H^4=\{1г\chi\sigma\xi,5г\chi\sigma o,2г\psi\sigma\xi,6г\psi\upsilon o,34\varphi\omega\tau\pi,7\varphi\omega\upsilon\rho,9\varphi\omega\tau\rho,8\varphi\psi\upsilon\xi\}$;

$g_4=|\{г\chi\sigma\xi,г\chi\sigma o,г\psi\sigma\xi,г\psi\upsilon o,\varphi\omega\tau\pi,\varphi\omega\upsilon\rho,\varphi\omega\tau\rho,\varphi\psi\upsilon\xi\}|=8>g_3$。

返回 2。

$2k:=k+1=5$

ff:$=f_5=(\theta,\theta,\iota,\kappa,\kappa,\iota,\lambda,\mu,\mu)$,对划分 H^4 中的各个子类 H_i 作单因素 f_5 划分:

$i=1U:=H_1=\{1\}$,$H_1=\{1г\chi\sigma\xi\theta\}$;

$i=2U:=H_2=\{5\}$,$H_2=\{5г\chi\sigma o\kappa\}$;

$i=3U:=H_3=\{2\},H_3=\{2\varepsilon\psi\sigma\xi\theta\}$；

$i=4U:=H_4=\{6\},H_4=\{6\varepsilon\psi\upsilon o\iota\}$；

$i=5U:=H_5=\{3,4\},H_5=\{3\varphi\omega\tau\pi\iota,4\varphi\omega\tau\pi\kappa\}$；

$i=6U:=H_6=\{7\},H_6=\{7\varphi\omega\upsilon\rho\lambda\}$；

$i=7U:=H_7=\{9\},H_7=\{9\varphi\omega\tau\rho\mu\}$；

$i=7U:=H_7=\{8\},H_8=\{8\varphi\psi\upsilon\xi\mu\}$；

$H^5=\{1\varepsilon\chi\sigma\xi\theta,5\varepsilon\chi\sigma o\kappa,2\varepsilon\psi\sigma\xi\theta,6\varepsilon\psi\upsilon o\iota,3\varphi\omega\tau\pi\iota,4\varphi\omega\tau\pi\kappa,7\varphi\omega\upsilon\rho\lambda,9\varphi\omega\tau\rho\mu,8\varphi\psi\upsilon\xi\mu\}$；

$g_5=|\{\varepsilon\chi\sigma\xi,\varepsilon\chi\sigma o,\varepsilon\psi\sigma\xi,\varepsilon\psi\upsilon o,\varphi\omega\tau\pi\iota,\varphi\omega\tau\pi\kappa,\varphi\omega\upsilon\rho,\varphi\omega\tau\rho,\varphi\psi\upsilon\xi\}|=9>g_4$。

因 H^5 的所有子类都只含一个对象，不可再分，划分完毕。

这一划分过程(从最左列的 U 地质条件到最右列的结局划分)的概念格如图 3.1 所示。

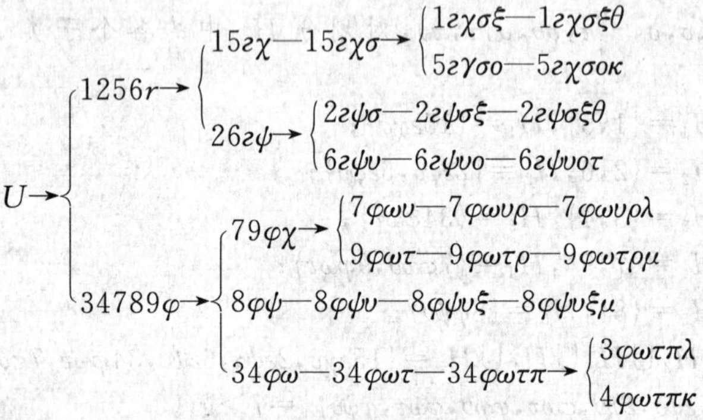

图 3.1　划分过程的概念格

在上例中，第 6 个因素还没有用，只用 5 个因素就完成了划分。也就是说对于一矿至九矿的安全性论述，只通过地质条件 f_1、技术装备 f_2、人员素质 f_3、安全教育 f_4、环境安全 f_5，就可以区分各个矿的安全情况。但是实际上在矿业企业中，安全管理是重中之重的事项，那么将上述因素的排序循序颠倒，从 f_6 开始排序的结果见图 3.2。

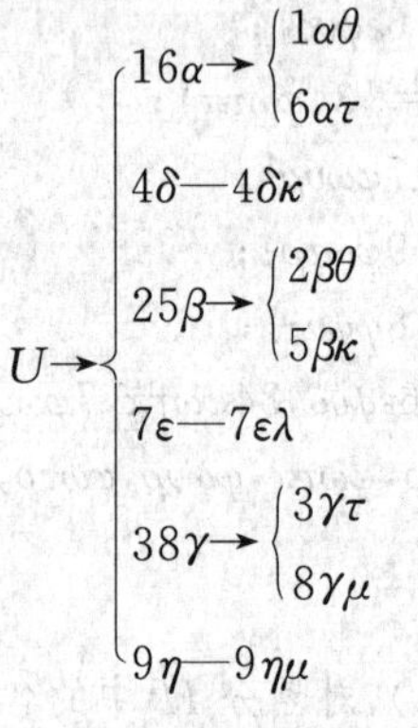

图 3.2　改变顺序后的概念格

图 3.2 与图 3.1 相比更加简单，只通过环境安全 f_5 和管理水平 f_6 即可对 9

个矿的安全情况进行区分：一矿的环境安全很好，管理水平高效完善；二矿的环境安全很好，管理水平完善；三矿的安全教育较差，环境安全较好，管理水平一般；四矿的环境安全一般，管理水平有待提高；五矿的环境安全一般，管理水平完善；六矿的环境安全较好，管理水平高效完善；七矿的环境安全差，管理水平不完善；八矿的环境安全很差，管理水平一般；九矿的环境安全很差，管理水平低下。这样的论述显然比初始的论述简单得多，也更为容易进行安全情况的判断和区分各个单位的安全性。这也表明了：一个可以被简约掉的因素，不一定是对划分不重要的因素。大体来说，哪个因素的定性值最多，就先按该因素进行划分。

根据汪先生的理论，在概念格中能产生许多推理，但推理的方向都是从右向左的。例如，在上例中有箭头连接的两个附性类 $38\gamma\to8\gamma\mu$。若将这个箭头的两端互换，则产生一个推理句：$\gamma\mu\to\gamma$。意思是：若 u 具有属性 $\gamma\mu$，则 u 必具有属性 γ。这样的推理可以归为一句话：多属性蕴含少属性。虚分则不然，它从少属性体推出多属性体，这是很稀罕的事。当然，关键在于前件和后件的外延相同，二者是同一概念的不同叙述。后件所多出的属性是冗余的属性。我们可以去掉所有虚分，将所得的推理句放入知识库。

去掉虚分以后，概念格就如图 3.3 所示。

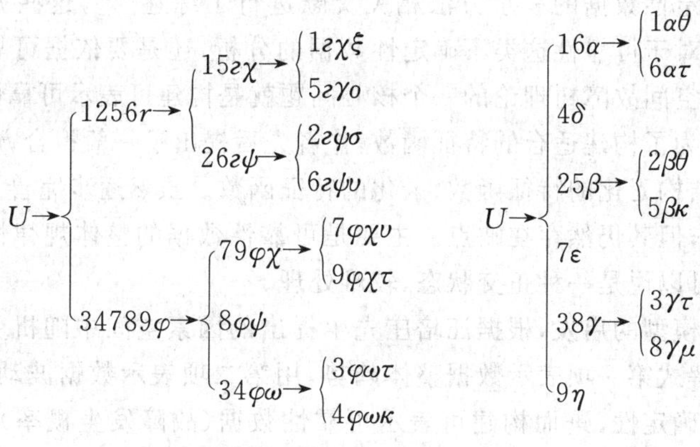

图 3.3　去掉虚分以后的概念格

最终去掉虚分以后，对 9 个矿安全情况的描述为：一矿的环境安全很好，管理水平高效完善；二矿的环境安全很好，管理水平完善；三矿的安全教育较差，环境安全较好，管理水平一般；四矿的管理水平有待提高；五矿的环境安全一般，管理水平完善；六矿的环境安全较好，管理水平高效完善；七矿的管理水平不完善；八矿的环境安全很差，管理水平一般；九矿的管理水平低下。描述得到进一步简化，可以通过一个或两个语义特征词（因素）区分 9 个矿的安全情况。

本节的研究贡献在于在研究对象集合 U 和因素集合 F 不变的情况下，按照不同的因素排序进行划分得到的概念格是不一样的。这些概念格内的每个对象所包含的因素相同,概念格之间的对应对象所包含的因素不同。初始的安全性描述可以通过合理安排因素排序和去掉虚分得到较为简化的概念格,并得到相应简化的安全情况语义论述。

3.2 随机变量分解式与特征函数

可靠性数据的分析是安全系统工程的基础问题。可靠性数据具有一定的规律性,比如浴盆曲线等。但是从实际数据提取可靠性数据时可能表现出较大的离散性和随机性。对于这种包含不确定性数据的分析也是应用数学领域的热点。对于系统可靠性数据的分析应从两方面着手,一是掌握数据整体的变化规律,由于受物理属性的限制,总体趋势变化是清晰的,比如元件可靠性随使用时间的增加而降低;二是表示局部数据的离散性和随机性,可能由于人-机-环境影响导致可靠性数据的无规律波动。所以研究可靠性数据或者故障数据的表示方法应满足上述两方面的需求。

对于不确定性数据的表示方法相关文献进行了综述[2-4],这些方法已取得了一定成果。但对于可靠性这类不确定性数据的分析,还是要依据可靠性数据本身的特点而定。空间故障树理论的一个核心问题就是构建可表示可靠性或故障数据的特征函数。为了构建适合的特征函数,作者先后提出了一般拟合方法、因素投影拟合法、模糊结构元化的特征函数、云化的特征函数。虽然逐步完善了对可靠性数据的表示方法,但其仍然存在缺点。主要是可靠性数据的整体规律性和局部不确定性的矛盾,可以说是一种正交状态,较难处理。

作者受云模型的启发,根据汪培庄先生提出的因素空间中随机变量分解式框架,提出用分解式第一项表示数据整体趋势,用第二项表示数据波动,用第三项表示局部数据不确定性,进而构建可表示可靠性数据(故障发生概率)的特征函数。确定所有影响元件可靠性的因素特征函数,构建该元件的多因素特征函数,进而通过结构化系统表示方法确定系统在多因素下的可靠性变化。本节首先介绍了预备知识,然后给出了随机变量分解式的具体实现方法,最后给出实例进行可靠性数据的表示。

3.2.1 随机变量分解式

基于因素空间理论来构建基本空间,可将决定性向随机性转化。汪培庄教授所提的构架是:将基本空间的因素分为两个部分,可观察、可控的因素算一部分,这部分因素所导引的变量是非随机变量，余下的因素算是第二部分，统归为一个余因素[1]，它所导引的变量是随机性的。从中挑选出少数几个规律性较弱的因素作为精细处理的对象。剩下那些影响微弱且相互独立的众多因素，都归顺于中心极限定理。这样一来，随机变量的一般分解式便可构建，即随机变量分解式如式(3.1)所示。

$$\xi = f(\boldsymbol{x}) + f^{\wedge}(\boldsymbol{x}) + \delta \tag{3.1}$$

上式中 $f(\boldsymbol{x})$ 是一个以向量 $\boldsymbol{x}$ 为自变量的普通函数，$f^{\wedge}(\boldsymbol{x})$ 是由样本经过最小二乘或其他方法所拟合出的函数，它是对少数几个规律性较弱的因素所作的精细处理，δ 是高斯分布，被看成噪音。要减少随机性，就要加深对第二项因素的分析和掌控。

空间故障树的核心处理方式就是将有一定规律性、离散性、随机性的可靠性数据表示为连续的特征函数，进而使用结构化方法表示系统可靠性与影响因素之间的关系。随着理论的发展，作者首先提出用拟合方法进行特征函数构建[5]，但其无法表征数据的模糊性；又提出了模糊结构元化的特征函数表示方法[6]，发现该方法仍不能较好地表示数据分布特征；进而将云模型引入，以构建特征函数，形成云化特征函数[7]。

可靠性数据或者是故障数据不同于一般的随机数据，这些数据整体变化有一定趋势，局部存在离散和随机性。比如，元件的故障率可能在某温度下很低，证明该元件在一定的温度范围内适合工作，而小于或大于这个范围元件故障率就会提高，这就是整体存在一定规律。将故障数据分布图放大，在某一个小的温度范围内，故障概率数据是上下波动的，靠近某个中心较密布，远离则稀疏。可见在一定温度范围内的故障概率离散点数值投影至故障概率轴后，呈现出一种高斯分布，其期望是故障概率离散点数值的均值。在使用温度为横轴，元件故障概率为纵轴的故障数据分布图中，沿温度轴方向数据显一定的规律性，沿故障概率轴方向数据显离散性和随机性，但服从高斯分布(见具体实例分析)。

将上述元件使用温度的可靠性数据特点和随机变量分解式结合，用 δ 表示沿故障概率轴方向数据的离散性和随机性，用 $f(\boldsymbol{x})$ 表示沿温度轴方向数据的规律性，用 $f^{\wedge}(\boldsymbol{x})$ 表示 $f(\boldsymbol{x})$ 与实际数据之间的残差波动，进而充分利用随机变量分解式来表示可靠性数据，从而构建基于随机变量分解式的 SFT 特征函数。

3.2.2　可靠性数据的随机变量分解式

对于随机变量分解式的构建，式(3.1)只给出了框架。那么对可靠性数据的随机变量分解，主要考虑研究可靠性数据的因素影响范围，该影响范围的划分，划分区间内数据离散性和随机性的表示。因素影响范围是因素变化导致可靠性变化的合理范围,即需要研究的且去除不合理数据的范围。要对这个范围进行划分,首先考虑数据点的分布特征,每个划分至少包含两个数据点才有意义。将一个划分长度除以研究范围长度可以表示划分的精细程度,这里定义为分辨率。

定义 3.15 分辨率:分辨率越小,数据的规律性越强,离散性和随机性越弱;分辨率越大,数据的离散性和随机性越强,规律性越弱。那么式(3.1)可等价为式(3.2)。

$$\xi=f(\boldsymbol{x})+f^{\wedge}(\boldsymbol{x})+\delta=\xi(L,I,\delta) \tag{3.2}$$

式中,L 为研究因素取值范围,I 为因素取值间隔,I/L 为分辨率。

式(3.2)中,第三项 δ 表示沿故障概率轴方向数据的离散性和随机性。这些离散性和随机性服从高斯分布,所以将某间隔内的故障概率值作为样本构建高斯分布 $\delta=\delta(\mu^p,\sigma^p)$,如式(3.3)所示,其中:$\mu_p$ 为该间隔内不同因素值对应的故障概率平均值,如式(3.4)所示;σ_p 为 μ_p 对应的故障概率方差,如式(3.5)所示。

$$\delta=\delta^p=\{\delta_k^p \mid \delta_k^p=\frac{1}{\sqrt{2\pi}}\mathrm{e}^{-\frac{(p_{i+I\cdot k}-\mu_k^p)^2}{2\sigma_k^{p\,2}}},\quad 0\leqslant i\leqslant I,k\in\{k\mid 0\leqslant k,k\leqslant\lfloor L/I\rfloor\}\} \tag{3.3}$$

式中,上标 p 表示故障概率的相关数据,p 表示故障概率数据,k 表示第 k 次的划分间隔。

$$\mu^p=\{\mu_k^p \mid \mu_k^p=\sum_{i=0}^{I}(p_{i+I\cdot k})/(I+1),k\in\{k\mid 0\leqslant k,k\leqslant\lfloor L/I\rfloor\}\} \tag{3.4}$$

$$\sigma^p=\{\sigma_k^p \mid \sigma_k^p=\sqrt{\frac{1}{I+1}\sum_{i=0}^{I}(p_{i+I\cdot k}-\mu_k^p)^2},k\in\{k\mid 0\leqslant k,k\leqslant\lfloor L/I\rfloor\}\} \tag{3.5}$$

式(3.2)中第一项表示沿因素轴方向数据的规律性。由于空间故障树理论相关实例主要研究使用温度和使用时间对元件或系统的可靠性影响,所以这里只针对使用温度和使用时间进行讨论。根据本章参考文献[5]可得第一项可拟合的函数形式,如式(3.6)所示,相应参数定义参见本章参考文献[5]。温度与可靠性数据的关系为正弦;时间与可靠性数据的关系为指数。

$$f(\boldsymbol{x})=\begin{cases}\sin(\dfrac{c-c_0}{C}\times 2\pi)+A,\text{温度拟合}\\ 1-\mathrm{e}^{-\lambda t},\text{时间拟合}\end{cases} \tag{3.6}$$

式(3.2)中第二项 $f^{\wedge}(\boldsymbol{x})$ 表示 $f(\boldsymbol{x})$ 与实际数据之间的残差波动。该项主要体现数据的随机性,用多项式残差拟合完成,如式(3.7)所示。

$$f^{\wedge}(\boldsymbol{x})=a_nx^n+a_{n-1}x^{n-1}+\cdots+a_1x^1+a_0 \tag{3.7}$$

式中,x 表示因素变量值。

SFT 中的特征函数可以是初等函数、分段函数等,如式(3.8)所示。

$$P_i=1-\prod_{q=1}^{n}(1-P_i^q) \tag{3.8}$$

式中，i 表示第 i 个元件，P_i^q 表示受因素 q 影响的故障概率变化。

式(3.8)中的 P_i^q 就是第 i 个元件受第 q 个因素影响的故障概率变化的特征函数，与随机变量分解式等价表示为式(3.9)。

$$P_i^q = \xi_i^q = f_i^q(x) + f_i^{q\wedge}(x) + \delta_i^{q^p} \tag{3.9}$$

如果可确定多个因素分别对同一元件可靠性的影响，得到多个因素的特征函数，便可通过式(3.8)确定该元件在多维因素空间内的故障概率分布特点。

进一步地，确定系统中每一个元件的 P_i，那么可以通过事故树结构分析得到整个系统的多维因素空间的故障概率分布特点，如式(3.10)所示。

$$P(T) = \sum_{r=1}^{K} \prod_{x_i \in E_r} q_i - \sum_{1 \leqslant r \leqslant s \leqslant k} \prod_{x_i \in E_r} q_i + \cdots + (-1)^{k-1} \prod_{\substack{r=1 \\ x_i \in E_1 \cup \cdots \cup E_k}}^{k} q_i \tag{3.10}$$

3.2.3　实例分析

分析实例与图 2.4 相同，为系统中元件 X_1 的故障发生情况，以及其与使用时间和使用温度的关系。在图 2.4 中分别沿着使用时间 t 轴和使用温度 c 轴进行投影，得到元件故障对于使用时间 t 的分布和元件故障对于使用温度 c 的分布，见本章参考文献[8]。图 3.4 是元件故障对于使用温度 c 的分布图的一部分，下文也给出了通过上述方法分析并得到温度影响可靠性数据的随机变量分解式过程。对应地，这里设 $I=3$，$L=[2,29]$，分辨率为 11.1%（分辨率需大于 3.7%），根据式(3.3)～式(3.5)，得到的计算结果如表 3.4 所示。

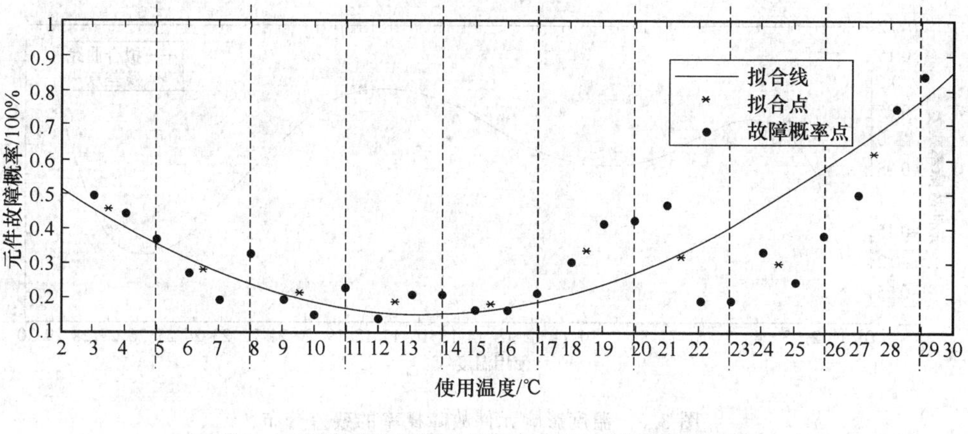

图 3.4　温度影响可靠性数据的随机变量分解式过程

表 3.4 温度对可靠性数据的随机变量分解式参数

k	0	1	2	3	4	5	6	7	8
x 范围	2～5	5～8	8～11	11～14	14～17	17～20	20～23	23～26	26～29
$\overline{x}_k^p$	3.500 0	6.500 0	9.500 0	12.500 0	15.500 0	18.500 0	21.500 0	24.500 0	27.500 0
μ_k^p	0.458 3	0.284 7	0.215 3	0.187 5	0.180 5	0.333 4	0.319 4	0.298 6	0.618 0
σ_k^p	0.063 7	0.060 2	0.060 2	0.030 3	0.013 9	0.092 2	0.126 6	0.084 2	0.167 1

根据表 3.4 和式(3.2)可将温度影响可靠性数据的随机变量分解式表示为式(3.11)。带入式(3.3),可求得分解式第三项 δ。

$$\xi = f(\boldsymbol{x}) + f^{\wedge}(\boldsymbol{x}) + \delta = \xi(8, 3, \delta(\mu^p, \sigma^p)) \tag{3.11}$$

其中：

$$\mu^p = \{0.458\,3, 0.284\,7, 0.215\,3, 0.187\,5, 0.180\,5, 0.333\,4, 0.319\,4, 0.298\,6, 0.618\,0\}$$

$$\sigma^p = \{0.063\,7, 0.060\,2, 0.060\,2, 0.030\,3, 0.013\,9, 0.092\,2, 0.126\,6, 0.084\,2, 0.167\,1\}$$

求分解式第二项,拟合点为$\{(x,p)\mid x=\overline{x}_k^p, p=\mu_k^p, k\in\{k\mid 0\leqslant k, k\leqslant 8\}\}$,根据式(3.6)中第一式进行最小二乘法拟合,得到的拟合曲线为 $f(x)=\sin(\frac{x-34.01}{81.8}\times 2\pi)+1.15$,如图 3.4 所示拟合线。

根据上述得到的拟合曲线,将实际数据点对应值与拟合曲线值做差,得到温度影响元件故障概率的残差分布图,如图 3.5 所示。

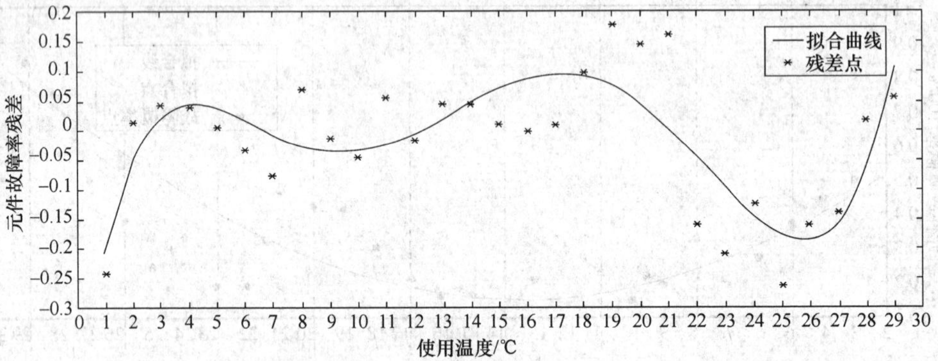

图 3.5 温度影响元件故障概率的残差分布

根据图 3.5 中所给残差点坐标和公式(3.7),采用多项式拟合确定残差变化规律。理论上多项式次数越高,越能体现数据变化规律。这里采用 6 次拟合方式,主要由于随着次数的升高,首相系数逐渐趋于 0,而 6 次已满足精度需要。这样得到的残差拟合多项式函数为 $f^{\wedge}(\boldsymbol{x})=-4\times10^{-8}x^6+6\times10^{-6}x^5-3\times10^{-4}x^4+0.007x^3-0.074x^2+0.328x^1-0.463$，如图 3.5 所示(拟合曲线)。

将上述 3 项结合，表示使用温度 c 对元件 X_1 的可靠性影响，将式(3.11)改写为式(3.12)。

$$
\begin{aligned}
P_1^c &= \xi_1^c \\
&= f_1^c(x)+f_1^{c\wedge}(x)+\delta_1^{c^p} \\
&= \sin\left(\frac{x-34.01}{81.8}\times2\pi\right)+1.15-4\times10^{-8}x^6+6\times10^{-6}x^5-3\times10^{-4}x^4+ \\
&\quad 0.007x^3-0.074x^2+0.328x^1-0.463+\frac{1}{\sqrt{2\pi}}\mathrm{e}^{-\frac{(p^c-\mu_k^p)^2}{2\sigma_k^{p^2}}}(k\in\{k|0\leqslant k,k\leqslant8\}, \\
&\quad i\in\{i|0\leqslant i,i\leqslant3\},\ p\in\{p|0\leqslant p,p\leqslant1\})
\end{aligned}
\tag{3.12}
$$

式(3.12)中，前两项表示使用温度变化对元件可靠性数据分布变化的影响，第三项表示在分辨率内的可靠性数据变化特征。上述分辨率为 11.1%，其意义为如果数据特征 I 大于 3，那么该分辨率不能较好地识别数据特征；如果小于则分辨较好。关于适合的分辨率这里不进一步分析。

下面来确定使用时间影响可靠性数据的随机变量分解式过程。首先根据 2.2 节的表述，数据出现了一定的周期性变化(50 d)，为了提高数据利用率，使用如下方法对数据进行整合。在故障概率变化分布图中，将数据根据其 50 d 的周期进行合并。合并方法是按 50 d 划分图中数据为 10 部分，即 1～50 d 为第一部分，51～100 d 为第二部分，…，451～500 d 为第十部分。第二部分 51 d 的数据向前平移 50 d，第十部分 451 d 的数据向前平移 450 d。根据第一份 0～50 d 最大故障数将这段时间的故障次数归一化，得图 3.6 所示的故障概率点。

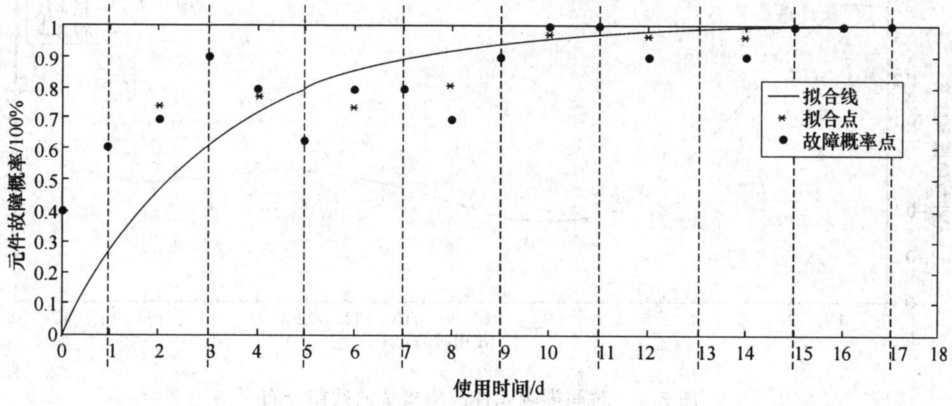

图 3.6　时间影响可靠性数据的随机变量分解式过程

图 3.6 显示了上述方法对时间影响元件可靠性的分析过程。对应地，这里设

$I=2, L=[1,17]$，分辨率为 12.5%（分辨率需大于 6.25%），根据式(3.3)～式(3.5)，得到的计算结果如表 3.5 所示。

表 3.5　时间对可靠性数据的随机变量分解式参数

k	0	1	2	3	4	5	6	7
x 范围	1～3	3～5	5～7	7～9	9～11	11～13	13～15	15～17
$\bar{x}_k^p$	2.000 0	4.000 0	6.000 0	8.000 0	10.000 0	12.000 0	14.000 0	16.000 0
μ_k^p	0.733 3	0.766 7	0.733 3	0.800 0	0.966 7	0.966 7	0.966 7	1.000 0
σ_k^p	0.124 7	0.124 7	0.094 3	0.081 6	0.047 1	0.047 1	0.047 1	0

根据表 3.5 和式(3.2)可将时间影响可靠性数据的随机变量分解式表示为式(3.13)。带入式(3.3)可求得分解式第三项 δ。

$$\xi=f(\boldsymbol{x})+f^{\wedge}(\boldsymbol{x})+\delta=\xi(7,2,\delta(\mu^p,\sigma^p)) \tag{3.13}$$

其中：

$$\mu^p=\{0.733\,3,0.766\,7,0.733\,3,0.800\,0,0.966\,7,0.966\,7,0.966\,7,1.000\,0\}$$

$$\sigma^p=\{0.124\,7,0.124\,7,0.094\,3,0.081\,6,0.047\,1,0.047\,1,0.047\,1,0\}$$

拟合点为 $\{(x,p)\mid x=\bar{x}_k^p, y=\mu_k^p, k\in\{k\mid 0\leqslant k, k\leqslant 7\}\}$，根据式(3.6)中第二式进行最小二乘法拟合，得到的拟合曲线为 $f(x)=1-\mathrm{e}^{-0.32t}$，如图 3.6 所示（拟合线）。

根据图 3.7 中所给残差点坐标和公式(3.7)，这样得到的残差拟合多项式函数为 $f^{\wedge}(\boldsymbol{x})=-7\times10^{-7}x^6+5.5\times10^{-5}x^5-1.5\times10^{-3}x^4+0.019x^3-0.098x^2+0.086x^1+0.372$，如图 3.7 所示（拟合曲线）。

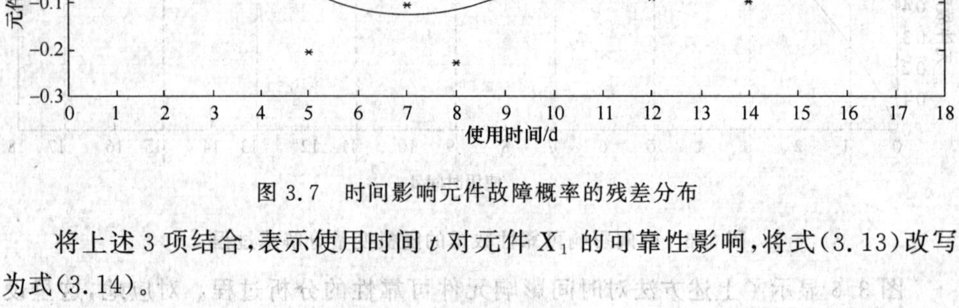

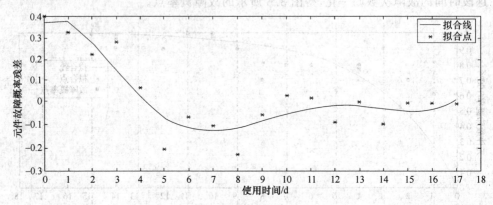

图 3.7　时间影响元件故障概率的残差分布

将上述 3 项结合，表示使用时间 t 对元件 X_1 的可靠性影响，将式(3.13)改写为式(3.14)。

$$P_1^t = \xi_1^t$$
$$= f_1^t(x) + f_1^{t\wedge}(x) + \delta_1^{t^p}$$
$$= 1 - e^{-0.32x} - 7\times10^{-7}x^6 + 5.5\times10^{-5}x^5 - 1.5\times10^{-3}x^4 + 0.019x^3 -$$
$$0.098x^2 + 0.086x^1 + 0.372 + \frac{1}{\sqrt{2\pi}}e^{-\frac{(p^t-\mu_k^p)^2}{2\sigma_k^{p^2}}}$$
$$(k\in\{k|0\leqslant k, k\leqslant 7\}, i\in\{i|0\leqslant i, i\leqslant 2, p\in\{p|0\leqslant p, p\leqslant 1\}) \tag{3.14}$$

根据式(3.8)、式(3.12)和式(3.14)可得到该元件受使用温度和使用时间两因素影响的故障概率变化情况，如式(3.15)所示。为区别使用时间 t 和使用温度 c 的变量，在式(3.15)中将 P_c^q 中的 x 用 c 代替，将 P_t^q 中的 x 用 t 代替，并对算式的表示进行了化简。

$$P_i = 1 - \prod_{q=1}^{n}(1-P_i^q)$$
$$= 1-(1-P_c^q)(1-P_t^q)$$
$$= 1-(1-f_1^c(c)-f_1^{c\wedge}(c)-\delta_1^{c^p})(1-f_1^t(t)-f_1^{t\wedge}(t)-\delta_1^{t^p})$$
$$= 1-(1-f_1^c-f_1^{c\wedge})(1-f_1^t-f_1^{t\wedge})+(1-f_1^t-f_1^{t\wedge})\delta_1^{c^p}+$$
$$(1-f_1^c-f_1^{c\wedge})\delta_1^{t^p}-\delta_1^{c^p}\delta_1^{t^p} \tag{3.15}$$

设 $c=10$ ℃，$t=4$ d，则 $f_1^c=0.187\,2$，$f_1^{c\wedge}=-0.035\,6$，$f_1^t=0.722\,0$，$f_1^{t\wedge}=0.032\,8$。$\delta_1^{c^p}=\frac{1}{\sqrt{2\pi}}e^{-\frac{(p-\mu_k^p)^2}{2\sigma_k^{p^2}}}$，由于 $c=10$，所以 $c\in x=[8,11]$，$\mu_k^p=0.215\,3$，$\sigma_k^p=0.060\,2$，$\delta_1^{c^p}=\frac{1}{\sqrt{2\pi}}e^{-\frac{(p_c-0.215\,3)^2}{2\times0.060\,2^2}}$；同理，$\delta_1^{t^p}=\frac{1}{\sqrt{2\pi}}e^{-\frac{(p_t-0.766\,7)^2}{2\times0.124\,7^2}}$。那么当 $c=10$ ℃，$t=4$ d 时，元件 X_1 受使用时间和使用温度因素影响的故障发生概率如式(3.16)所示。

$$P_1 = 0.792\,0 + 0.245\,2\times\frac{1}{\sqrt{2\pi}}e^{-\frac{(p_c-0.215\,3)^2}{2\times0.060\,2^2}} + 0.848\,4\times$$
$$\frac{1}{\sqrt{2\pi}}e^{-\frac{(p_t-0.766\,7)^2}{2\times0.124\,7^2}} - \frac{1}{\sqrt{2\pi}}e^{-\left(\frac{(p_c-0.215\,3)^2}{2\times0.060\,2^2}+\frac{(p_t-0.766\,7)^2}{2\times0.124\,7^2}\right)} \tag{3.16}$$

式(3.16)对于两个因素组成的相空间而言，其分辨率为 11.1%×12.5%=1.38%，理论分辨率大于 3.7%×6.25%=0.23%。可见因素越多，可区别的能力却强，分辨率越小。

由式(3.16)可知，首项是确定的数，表示故障发生概率的必然性，第二项和第三项分别表示温度和时间在各自分辨率下附加在必然性之上的随机性，第四项去掉重复考虑的两因素随机性的同时作用。对于系统的计算，可先确定系统中全部元件的故障概率 $P_{1\sim i}$，再通过式(3.10)确定系统故障概率的表达式。

下面补充说明上述算法的不足，上述算法主要是针对像可靠性数据这样，具有一定的整体规律性和局部随机及离散性的数据。但由于一些技术问题上述算法仍存在一定缺陷,这些缺陷不是来自算法本身,而是相关技术问题。

① 拟合方法带来的不精确性。由于式(3.2)中的第一项和第二项均来源于拟合,且第二项源于第一项结果,所以拟合误差相对较大。经过测试的计算结果最大误差小于6%,即故障发生概率可能为1.06>1。

② 分辨率的实际物理意义。如何确定适合的分辨率也是有待考察的问题。

③ 当所求因素值恰好在分割边界时的处理方法。一种是重新构建分割方案,比较麻烦;二是合并相邻的两个分割区域,但分辨率扩大。

本节的研究贡献在于具体实现了随机变量分解式用于表示可靠性数据的方法。可靠性数据表示的分解式可分为3项:第一项表示数据整体趋势;第二项表示数据波动;第三项表示局部数据不确定性。构造后的分解式可作为空间故障树的特征函数使用。本节分析了该算法的不足之处:①拟合方法带来的不精确性;②分辨率的实际物理意义;③当设置的因素值恰好在分割边界时的处理方法。

3.3 故障与因素背景关系分析

故障数据分析是安全系统工程研究的主要问题之一。对于故障数据的分析是困难的:一是来源于现场的故障数据掺杂着大量人为因素,难以进行定量化处理;二是现场数据多是时间长、范围广的大数据,目前分析方法难以适应并计算机化;三是分析因素之间背景关系的智能推理方法不成熟;四是现场技术人员对数学方法的抵触。这些原因中人为因素难以处理,但针对故障数据本身的数学方法是可以进一步研究的。

将影响故障因素设为影响因素,将故障概率设为目标因素,通过建立相空间,制定背景关系状态对应表来分析背景空间,计算因素边缘分布,最终得到影响因素对目标因素的影响情况。该方法可在定性分析后,根据故障状态频率定量得到影响因素对目标因素的影响程度。最后通过实例分析得到元件使用时间和使用温度对故障概率的影响情况,并给出分析的具体过程。

3.3.1 故障与因素背景关系分析方法

针对故障数据与影响故障因素在变化时造成的影响来分析故障概率与使用温度和使用时间的关系。构建基于背景关系的故障及其影响因素关系分析方法,步骤如下。

① 针对空间故障树的数据特点,设数据的论域为$U=\{u_1, u_2, \cdots, u_m\}$,$m$为对象状态个数。设故障状态中包含$n$个因素,其中前$n-1$个因素为影响因素

$f_{1\sim n-1}$，最后一个为目标因素 f_n，算法中目标因素专指故障概率。划分每个因素的定性相 $X(f_i)=\{K_1,K_2,\cdots\}$，$K_i$ 表示因素 f_i 对应的相，定性相对应的数值表示范围 $D(f_i)=\{(a_1,a_2],\cdots,(a_{k-1},a_k]\}$。

② 建立因素相空间的笛卡儿积相空间。在 U 上的 n 个因素的定性相空间 $X=X(f_1)\times\cdots\times X(f_n)$，状态指 $\boldsymbol{a}=(a_1,\cdots,a_n)\in X$。去除虚状态，得到 U 上的 n 个因素组成的背景关系 R。

③ 根据背景关系 R，构建因素背景关系状态对应表。表内容包括状态 $U=\{u_1,u_2,\cdots,u_m\}$、影响因素相、目标因素相、相组合对应状态的频数 q、频数对应的频率 q'。频数通过对应的工程实例故障数据并参照因素相的数值划分归类来确定。频率为频数除以频数总和 Q。

④ 在因素背景关系状态对应表的基础上，根据影响因素和目标因素得到背景空间分布，按照频率递减排序，并用频率状态法进行表示。商空间 U^* 中的某状态的频数表示如式(3.17)所示。

$$p^*(\boldsymbol{a},u_i)=q_i'=\frac{qu_i}{Q} \tag{3.17}$$

⑤ 计算各因素的边缘分布，如式(3.18)所示。

$$P_{k'}^{n'}=p^*(X_{k'}(f_{n'}))=\sum p^*(X(f_1)\times\cdots\times X(f_n)\mid X_{k'}(f_{n'})=X(f_{n'}),u_i) \tag{3.18}$$

式中：n' 代表因素序号，$n'=[1,n]$；k' 代表相序号，$k'=[1,k-1]$；u_i 代表对应的状态。边缘分布 $\boldsymbol{p}^{n'}=(P_1^{n'},P_2^{n'},\cdots,P_k^{n'})$。

⑥ 影响因素对目标因素的影响分析。设 $f_{n'}$ 为影响因素，f_n 为目标因素，则通过比较 p^* 和 $\boldsymbol{p}^n$ 的关系来了解影响因素对目标因素在某种状态的概率。其中，$\boldsymbol{p}^n$ 如式(3.19)所示，p^* 如式(3.20)所示。

$$\boldsymbol{p}^n=(p^*(X(f_1)),p^*(X(f_2)),\cdots,p^*(X(f_{k-1}))) \tag{3.19}$$

$$\begin{aligned}p^*(F_{n'\to n}(u^*)=&X(f_1)\times\cdots\times X(f_{n'-1})\times *\times X(f_{n'+1})\times\cdots\times X(f_n)\mid\\&f_n(u^*)=X_{k'}(f_n))\\=&p^*(F_{n'\to n}(u^*)=X(f_1)\times\cdots\times X(f_{n'-1})\times *\times X(f_{n'+1})\times\cdots\times\\&X(f_n))/f_n(u^*)=X_{k'}(f_n))\end{aligned} \tag{3.20}$$

式中：$F_{n'\to n}(u^*)=\{F_{n'\to n}(u^*)\mid f_{n'}(u^*)=X_{k'}(f_{n'})$ 且 $f_n(u^*)=X_{k'}(f_n)\}$；$p^*(F_{n'\to n}(u^*)=X(f_1)\times\cdots\times X(f_{n'-1})\times *\times X(f_{n'+1})\times\cdots\times X(f_n))$。

上述过程涉及一些因素空间理论的定义，同时作者根据需要加入了新定义。

定义 3.16　影响因素 $f_{1\sim n-1}$ 和目标因素 f_n：根据空间故障树分析特点，分析最终目标为元件或系统的故障发生概率，所以定义目标因素为故障概率；将影响元件或系统故障发生概率的因素定义为影响因素；影响因素有 $n-1$ 个，目标因素为最后一个因素。

定义 3.17 映射 $f: U \to X(f)$ 叫作一个因素，其中 U 是一类事物的集合，叫作它的定义域或论域，$X(f)$ 是它从事物所映照出来的属性或状态（统称为相）的集合，叫作它的相空间。

定义 3.18 在相空间中，每一个组成相空间中的相的匹配都叫作状态。

定义 3.19 给定 U 上的因素集 $F=\{f_1,\cdots,f_n\}$，已知 f_j 具有相空间 $X(f_j)$ $(j=1,\cdots,n)$，取 $X=X(f_1)\times\cdots\times X(f_n)$。对任意 $\boldsymbol{a}=(a_1,\cdots,a_n)\in X$，如式(3.21)所示。

$$[\boldsymbol{a}]=F^{-1}(\boldsymbol{a})=\{u\in U \mid F(u)=\boldsymbol{a}\} \tag{3.21}$$

$[\boldsymbol{a}]$可能是空集，若$[\boldsymbol{a}]\neq\varnothing$，则称 $\boldsymbol{a}$ 是一个原子内涵。全体实相的集合如式(3.22)所示。

$$R=F(U)=\{\boldsymbol{a}=(a_1,\cdots,a_n)\in X \mid \exists u\in U;\ f_1(u)=a_1,\cdots,f_n(u)=a_n\} \tag{3.22}$$

叫作因素 $F=\{f_1,\cdots,f_n\}$的背景关系 R，也叫作 $f_1,\cdots,f_n$的实际笛卡儿乘积空间。

定义 3.20 频率状态法如式(3.23)所示。

$$p=\sum_{i=1}^{m}q'_i=\sum_{i=1}^{m}\frac{qu_i}{Q} \tag{3.23}$$

其中：分子表示频率，分母表示对象。则 $\sum\{\cdots\sum\{q'_{(1)\cdots(n)} \mid (n)=1,\cdots,c_n\}\cdots \mid (1)=1,\cdots,c_1\}=1$。

定义 3.21 对于给定的因素 f_j，记 $p_i^j=\sum\{p_{(1)\cdots(n)} \mid (j)=i\}(i=1,\cdots,c_j)$，称 $\{p_i^j \mid i=1,\cdots,c_j\}$为因素 f_j的边缘相分布。显然有 $p_i^j=\sum\{p_i^j \mid i=1,\cdots,c_j\}=1$。

3.3.2 实例分析

步骤 1:

以第 2 章提供的电气系统实例作为分析背景，即一个电气元件的故障分析案例。设故障状态组成论域 $U=\{u_1,u_2,\cdots,u_{21}\}$，$m=21$。在故障状态中包含 3 个因素，其中两个影响因素为使用时间 f_1 和使用温度 f_2，一个目标因素为元件故障概率 f_3。

划分每个因素的定性相及对应的数值表示范围：

$X(f_1)=X$(使用时间)$=\{K_1,K_2,K_3\}=\{$短，中，长$\}$

$D(f_1)=\{[a_1,a_2],(a_2,a_3],(a_3,a_4]\}=\{[0,15]\text{d},(15,30]\text{d},(30,50]\text{d}\}$

$X(f_2)=X$(使用温度)$=\{K_1,K_2,K_3\}=\{$低，中，高$\}$

$D(f_2)=\{[a_1,a_2],(a_2,a_3],(a_3,a_4]\}$

$=\{[0,15]℃,(15,25]℃,(25,40]℃\}$

$X(f_3)=X$(故障概率)$=\{K_1,K_2,K_3\}=\{$低，中，高$\}$

$D(f_3)=\{[a_1,a_2],(a_2,a_3],(a_3,a_4]\}$
$=\{[0,30]\%,(30,60]\%,(60,100]\%\}$

步骤 2：

3 个因素分别为 f_1＝使用时间，f_2＝使用温度，f_3＝故障概率，它们构成因素相空间的笛卡儿积相空间：

$X=X(f_1)\times X(f_2)\times X(f_3)$
＝{短低低，短低中，短低高，短中低，短中中，短中高，短高低，短高中，短高高，中低低，中低中，中低高，中中低，中中中，中中高，中高低，中高中，中高高，长低低，长低中，长低高，长中低，长中中，长中高，长高低，长高中，长高高}

X 被分为 27 个格子。

可根据常识性知识去除虚状态，比如在本例中，元件故障概率随使用时间的增加而增加，当 $X(f_1)$＝长时，则 $X(f_3)\neq$低或中。所以，状态[长＊低]和[长＊中]是虚状态，其中＊＝ $X(f_2)$。相空间中的虚状态有{长低低，长低中，长中低，长中中，长高低，长高中}，为 6 个格子。去除上述 6 个格子，剩余具有物理逻辑意义的状态有{短低低，短低中，短低高，短中低，短中中，短中高，短高低，短高中，短高高，中低低，中低中，中低高，中中低，中中中，中中高，中高低，中高中，中高高，长低高，长中高，长高高}，为 21 个格子，构成背景关系 R。

步骤 3：

根据上述确定的相空间中状态来统计本章参考文献[8]中的故障数据，形成因素背景关系状态对应表，如表 3.6 所示。

表 3.6　因素背景关系状态对应表

U	u_1	u_2	u_3	u_4	u_5	u_6	u_7	u_8	u_9	u_{10}	u_{11}
使用时间	短	短	短	短	短	短	短	短	短	中	中
使用温度	低	低	低	中	中	中	高	高	高	低	低
故障概率	低	中	高	低	中	高	低	中	高	低	中
频数 q	4	20	234	16	33	107	1	17	222	0	0
频率 q'	0.001 9	0.009 7	0.113 2	0.007 7	0.016 0	0.051 8	0.000 5	0.008 2	0.107 4	0	0
U	u_{12}	u_{13}	u_{14}	u_{15}	u_{16}	u_{17}	u_{18}	u_{19}	u_{20}	u_{21}	
使用时间	中	中	中	中	中	中	中	长	长	长	
使用温度	低	中	中	中	高	高	高	低	中	高	
故障概率	高	低	中	高	低	中	高	高	高	高	
频数 q	240	0	0	150	0	0	225	316	190	292	
频率 q'	0.116 1	0	0	0.072 6	0	0	0.108 9	0.152 9	0.091 9	0.141 3	

步骤 4:

$Q=\sum q=2067$,表 3.6 为论域 U 的商空间 U^*,将频数除以 q 得到各状态出现的频率 q'。考虑影响因素和目标因素得到背景空间分布,按降序排列。

p^*(长低高,u_{19})=0.1529;p^*(长高高,u_{21})=0.1413;

p^*(中低高,u_{12})=0.1161;p^*(短低高,u_3)=0.1132;

p^*(中高高,u_{18})=0.1089;p^*(短高高,u_9)=0.1074;

p^*(长中高,u_{20})=0.0919;p^*(中中高,u_{15})=0.0726;

p^*(短中高,u_6)=0.0518;p^*(短中中,u_5)=0.0160;

p^*(短低中,u_2)=0.0097;p^*(短高中,u_8)=0.0082;

p^*(短中低,u_4)=0.0077;p^*(短低低,u_1)=0.0019;

p^*(短高低,u_7)=0.0005;

p^*(中低低,u_{10})=p^*(中低中,u_{11})=p^*(中中低,u_{13})=
p^*(中中中,u_{14})=p^*(中高低,u_{16})=p^*(中高中,u_{17})=0

用频率状态法进行表示:

$$p=0.1529/u_{19}+0.1413/u_{21}+0.1161/u_{12}+0.1132/u_3+0.1089/u_{18}+0.1074/u_9+0.0919/u_{20}+0.0726/u_{15}+0.0518/u_6+0.0160/u_5+0.0097/u_2+0.0082/u_8+0.0077/u_4+0.0019/u_1+0.0005/u_7$$

其中,分子表示频率,分母表示对象。

步骤 5:

计算各因素的边缘分布。

(1) f_1=使用时间

$p_1^1=p^*$(短)
=p^*(短低高,u_3)+p^*(短高高,u_9)+p^*(短中高,u_6)+p^*(短中中,u_5)+p^*(短低中,u_2)+p^*(短高中,u_8)+p^*(短中低,u_4)+p^*(短低低,u_1)+p^*(短高低,u_7)
=0.1132+0.1074+0.0518+0.0160+0.0097+0.0082+0.0077+0.0019+0.0005
=0.3164

$p_2^1=p^*$(中)
=p^*(中低高,u_{12})+p^*(中高高,u_{18})+p^*(中中高,u_{15})
=0.1161+0.1089+0.0726
=0.2976

$p_3^1=p^*$(长)
=p^*(长低高,u_{19})+p^*(长高高,u_{21})+p^*(长中高,u_{20})
=0.1529+0.1413+0.0919
=0.3861

影响因素使用时间的边缘分布是 $p^1=(0.3164, 0.2976, 0.3861)$。

(2) f_2=使用温度

$p_1^2=p^*$(低)

$=p^*$(长低高，u_{19})$+p^*$(中低高，u_{12})$+p^*$(短低高，u_3)$+$

p^*(短低中，u_2)$+p^*$(短低低，u_1)

$=0.1529+0.1161+0.1132+0.0097+0.0019$

$=0.3938$

$p_2^2=p^*$(中)

$=p^*$(长中高，u_{20})$+p^*$(中中高，u_{15})$+p^*$(短中高，u_6)$+$

p^*(短中中，u_5)$+p^*$(短中低，u_4)

$=0.0919+0.0726+0.0518+0.0160+0.0077$

$=0.2400$

$p_3^2=p^*$(高)

$=p^*$(长高高，u_{21})$+p^*$(中高高，u_{18})$+p^*$(短高中，u_8)$+$

p^*(短高高，u_9)$+p^*$(短高低，u_7)

$=0.1413+0.1089+0.0082+0.1074+0.0005$

$=0.3663$

影响因素使用温度的边缘分布是 $p^2=(0.3938, 0.2400, 0.3663)$。

(3) f_3=故障概率

$p_1^3=p^*$(低)

$=p^*$(短中低，u_4)$+p^*$(短低低，u_1)$+p^*$(短高低，u_7)

$=0.0077+0.0019+0.0005$

$=0.0101$

$p_2^3=p^*$(中)

$=p^*$(短中中，u_5)$+p^*$(短低中，u_2)$+p^*$(短高中，u_8)

$=0.0160+0.0097+0.0082$

$=0.0339$

$p_3^3=p^*$(高)

$=p^*$(长低高，u_{19})$+p^*$(长高高，u_{21})$+p^*$(中低高，u_{12})$+$

p^*(短低高，u_3)$+p^*$(中高高，u_{18})$+p^*$(短高高，u_9)$+$

p^*(长中高，u_{20})$+p^*$(中中高，u_{15})$+p^*$(短中高，u_6)

$=0.1529+0.1413+0.1161+0.1132+0.1089+0.1074+0.0919+$

$0.0726+0.0518$

$=0.9561$

目标因素故障概率的边缘分布是 $p^3=(0.0101, 0.0339, 0.9561)$。

步骤 6:

影响因素对目标因素的影响分析。

(1) f_1 =使用时间与 f_3 =故障概率的关系

$$F_{1\to3}(u^*)=\{F_{1\to3}(u^*)\mid f_1(u^*)=短且f_3(u^*)=低\}$$
$$=短低低+短中低+短高低$$

$$p^*(F_{1\to3}(u^*)=短*低)=p^*(短低低,u_1)+p^*(短中低,u_4)+p^*(短高低,u_7)$$
$$=0.0019+0.0077+0.0005$$
$$=0.0101$$

$$p^*(F_{1\to3}(u^*)=短*低|f_3(u^*)=低)=p^*(F_{1\to3}(u^*)=短*低)/p^*(f_1(u^*)=短)$$
$$=0.0101/0.3164$$
$$=0.0319$$

同理:

$$p^*(F_{1\to3}(u^*)=中*低|f_3(u^*)=低)=p^*(F_{1\to3}(u^*)=中*低)/p^*(f_1(u^*)=中)$$
$$=0/0.2976$$
$$=0$$

$$p^*(F_{1\to3}(u^*)=长*低|f_3(u^*)=低)=p^*(F_{1\to3}(u^*)=长*低)/p^*(f_1(u^*)=长)$$
$$=0/0.3861$$
$$=0$$

$$p^*(F_{1\to3}(u^*)=短*中|f_3(u^*)=中)=p^*(F_{1\to3}(u^*)=短*中)/p^*(f_1(u^*)=短)$$
$$=0.0339/0.3164$$
$$=0.1071$$

$$p^*(F_{1\to3}(u^*)=中*中|f_3(u^*)=中)=p^*(F_{1\to3}(u^*)=中*中)/p^*(f_1(u^*)=中)$$
$$=0/0.2976$$
$$=0$$

$$p^*(F_{1\to3}(u^*)=长*中|f_3(u^*)=中)=p^*(F_{1\to3}(u^*)=长*中)/p^*(f_1(u^*)=长)$$
$$=0/0.3861$$
$$=0$$

$$p^*(F_{1\to3}(u^*)=短*高|f_3(u^*)=高)=p^*(F_{1\to3}(u^*)=短*高)/p^*(f_1(u^*)=短)$$

$$=0.2724/0.3164$$
$$=0.8609$$

$$p^*(F_{1\to3}(u^*)=\text{中}*\text{高}\,|\,f_3(u^*)=\text{高})=p^*(F_{1\to3}(u^*)=\text{中}*\text{高})/p^*(f_1(u^*)=\text{中})$$
$$=0.2976/0.2976$$
$$=1$$

$$p^*(F_{1\to3}(u^*)=\text{长}*\text{高}\,|\,f_3(u^*)=\text{高})=p^*(F_{1\to3}(u^*)=\text{长}*\text{高})/p^*(f_1(u^*)=\text{长})$$
$$=0.3861/0.3861$$
$$=1$$

$p^3=(p^*(\text{低}),p^*(\text{中}),p^*(\text{高}))=(0.0101,0.0339,0.9561)$，说明在使用时间短的状态影响下，元件故障概率为低和中的概率分别变为 0.010 1→0.031 9，0.033 9→0.107 1，发生对应情况的概率提高了 2 倍左右。这说明使用时间短非常有益于元件故障保持在较低状态，使用时间中和长的状态对故障概率低和中的概率无影响，即 0.010 1→0，0.033 9→0。

使用时间短、中、长状态影响故障概率高状态的概率变化为 0.956 1→0.860 9，0.956 1→1，0.956 1→1，这些影响有增有降，但幅度并不大。使用时间短影响故障概率高的程度略减，使用时间中和长完全导致了故障概率高的状态。

使用时间与故障概率的关系总结为：使用时间短影响故障概率低、中的状态概率较大，影响故障概率高的状态概率较小；使用时间中和长对故障概率低和中状态无影响；使用时间中和长完全导致了故障概率高的状态。

(2) f_2＝使用温度与 f_3＝故障概率的关系

$$p^*(F_{2\to3}(u^*)=*\text{低低}\,|\,f_3(u^*)=\text{低})=p^*(F_{2\to3}(u^*)=*\text{低低})/p^*(f_2(u^*)=\text{低})$$
$$=0.0019/0.3938$$
$$=0.0048$$

$$p^*(F_{2\to3}(u^*)=*\text{中低}\,|\,f_3(u^*)=\text{低})=p^*(F_{2\to3}(u^*)=*\text{中低})/p^*(f_2(u^*)=\text{中})$$
$$=0.0077/0.2400$$
$$=0.0321$$

$$p^*(F_{2\to3}(u^*)=*\text{高低}\,|\,f_3(u^*)=\text{低})=p^*(F_{2\to3}(u^*)=*\text{高低})/p^*(f_2(u^*)=\text{高})$$
$$=0.0005/0.3663$$
$$=0.0014$$

$$p^*(F_{2\to3}(u^*)=*\text{低中}\,|\,f_3(u^*)=\text{中})=p^*(F_{2\to3}(u^*)=*\text{低中})/p^*(f_2(u^*)=\text{低})$$

$$
\begin{aligned}
&= 0.0097/0.3938 \\
&= 0.0246
\end{aligned}
$$

$$
\begin{aligned}
p^*(F_{2\to3}(u^*)=*\text{中中}\mid f_3(u^*)=\text{中}) &= p^*(F_{2\to3}(u^*)=*\text{中中})/ \\
&\quad p^*(f_2(u^*)=\text{中}) \\
&= 0.0160/0.2400 \\
&= 0.0667
\end{aligned}
$$

$$
\begin{aligned}
p^*(F_{2\to3}(u^*)=*\text{高中}\mid f_3(u^*)=\text{中}) &= p^*(F_{2\to3}(u^*)=*\text{高中})/ \\
&\quad p^*(f_2(u^*)=\text{高}) \\
&= 0.0082/0.3663 \\
&= 0.0224
\end{aligned}
$$

$$
\begin{aligned}
p^*(F_{2\to3}(u^*)=*\text{低高}\mid f_3(u^*)=\text{高}) &= p^*(F_{2\to3}(u^*)=*\text{低高})/ \\
&\quad p^*(f_2(u^*)=\text{低}) \\
&= 0.3822/0.3938 \\
&= 0.9705
\end{aligned}
$$

$$
\begin{aligned}
p^*(F_{2\to3}(u^*)=*\text{中高}\mid f_3(u^*)=\text{高}) &= p^*(F_{2\to3}(u^*)=*\text{中高})/ \\
&\quad p^*(f_2(u^*)=\text{中}) \\
&= 0.2163/0.2400 \\
&= 0.9013
\end{aligned}
$$

$$
\begin{aligned}
p^*(F_{2\to3}(u^*)=*\text{高高}\mid f_3(u^*)=\text{高}) &= p^*(F_{2\to3}(u^*)=*\text{高高})/ \\
&\quad p^*(f_2(u^*)=\text{高}) \\
&= 0.3576/0.3663 \\
&= 0.9762
\end{aligned}
$$

$p^3=(p^*(\text{低}), p^*(\text{中}), p^*(\text{高}))=(0.0101, 0.0339, 0.9561)$,从上述结果可看出使用温度对故障概率的影响是普遍的。使用温度低、中、高使故障概率低的概率分别变为 $0.0101\to0.0048$,$0.0101\to0.0321$,$0.0101\to0.0014$,说明使用时间低和高都不利于故障概率低的状态,使用温度中使故障概率为低的状态概率提高 2 倍。

同上,使用温度为低和中均导致故障概率中的概率降低,但幅度较上述情况减小,即 $0.0339\to0.0246$,$0.0339\to0.0224$。使用温度中导致故障概率中的概率提高了一倍,即 $0.0339\to0.0667$,是有利的情况。

使用温度低和高使故障概率中状态的概率略有升高,$0.9561\to0.9705$,$0.9561\to0.9762$,说明使用时间低和中导致了故障概率高。使用温度中使故障概率高的概率下降,$0.9561\to0.9013$。

使用温度与故障概率的关系总结为:使用温度中使故障概率低和中状态的概率最大,而使用温度低和高主要使故障概率中和高的概率最大,前者为有利状态,后者为不利状态。

本节的研究贡献在于根据故障数据特点制订了故障及影响因素的背景关系分析法。将因素分为影响因素和目标因素,从故障数据中分析其关联性。方法主要包括制订论域,建立因素相空间的笛卡儿积相空间,构建因素背景关系状态对应表,分析背景空间,计算各因素的边缘分布,影响因素对目标因素的影响分析。方法可分析大数据量级的故障数据,分析导致故障发生的因素与故障本身的关系。基于因素空间理论使得方法便于计算机实现,同时也为空间故障树理论添加了智能推理方法。方法可定性分析故障与因素之间的关系,并通过故障统计次数来定量反映各因素对故障发生概率的影响。

3.4　故障与因素的因果关系

因果概念的逻辑推理在现实应用领域目前并不常见,这种现象的主要原因可归结为如下几点。①相关理论不成熟。在数学上对于因素间因果关系的推理方法不成熟,这也是智能科学发展的不足,目前的方法要么过于复杂,要么不切合实际。②现场缺乏应用条件。智能科学的这些推理方法一般需要专业性较强的人员进行操作,一般人员难以实现。③现今对数据的分析是对大数据的分析,人工难以实现,所以不但研究的算法要合理,而且要易于在计算机中进行这样的推理。上述几点造成了因果关系推理发展的障碍,但作为智能科学重要的问题之一,是研究人员必须面对的问题,也是实际工程中大数据分析必须解决的问题。

作者在研究空间故障树框架的过程中,发现来源于实际现场的故障数据与一些因素有关,并且这些关系难以定量地分析出来。对于故障数据与其影响因素之间的因果分析,可以提供因素化简、故障变化趋势分析、故障影响因素挖掘等依据,所以故障数据与影响因素之间的定性因果关系分析是极其重要的。此外,来源于现场的故障数据一般经过日积月累后属于大数据量级,但目前的空间故障树框架中缺乏相应的因果推理且适合大数据的计算机算法。所以这里根据因素空间的基本思想,将同样分析因素影响的空间故障树所分析的现场故障数据进行因果概念的分析和提取。分析元件故障概率与影响因素之间的因果关系,挖掘出适合故障分析和计算机处理的因果概念,从而丰富空间故障树理论和提高因素空间的实际应用价值。

3.4.1　因果概念提取方法

根据空间故障树和因素空间理论的特点,制订如下方法来分析 SFT 中故障概率与影响故障因素之间的因果概念。步骤如下。

① 针对空间故障树数据特点,设数据的论域为 $U=\{u_1, u_2, \cdots, u_m\}$,$m$ 为对

象个数。设故障状态中包含 n 个因素，其中前 $n-1$ 个因素为影响因素 $f_{1\sim n-1}$，最后一个为目标因素 f_n，算法中目标因素专指故障概率。划分每个因素的定性相 $X(f_i)=\{K_1,K_2,\cdots\}$，$K_i$ 表示因素 f_i 对应的相，定性相对应的数值表示范围 $D(f_i)=\{(a_1,a_2],\cdots,(a_{k-1},a_k]\}$。

② 建立因素相空间的笛卡儿积相空间。在 U 上的 n 个因素的定性相空间 $X=X(f_1)\times\cdots\times X(f_n)$，状态指 $\boldsymbol{a}=(a_1,\cdots,a_n)\in X$。去除虚状态，得到 U 上的 n 个因素组成的背景关系 R。

③ 根据背景关系 R 形成原子内涵，根据论域 U 形成具有对合性的原子概念。

④ 计算各因素的分辨度，并根据分辨度对因素进行排序。

⑤ 根据因素分辨度排序，依次按照因素对论域 U 进行对象分类。首先按最高分辨度 $d_{\text{Max}}=d_{f_Q}=\text{Max}\{d_{f_1},d_{f_2},\cdots,d_{f_n}\}$ 的因素 f_{Max} 的定性相 $X(f_{\text{Max}})=\{K_1,K_2,\cdots\}$ 划分论域 $U=\{u_1,u_2,\cdots,u_m\}$ 的对象，并根据相 $(K_1,K_2,\cdots)$ 出现的顺序对 U 中对象进行分类 $\{C_k=(u_{k,1},\cdots,u_{k,n(k)})\}_{(k=1,\cdots,K)}$，形成分类排序后的新论域 U_1，得到基本概念 β_k。之后对第二高分辨度 $d_{\text{Max}}=\text{Max}\{d_{f_1},d_{f_2},\cdots,d_{f_{Q-1}},d_{f_{Q+1}},\cdots,d_{f_n}\}$ 的因素 f_{Max} 进行分类，在上次对 U_1 对象分类顺序的基础上按照第二高分辨度 d_{Max} 的因素 f_{Max} 的定性相 $X(f_{\text{Max}})=\{K_1,K_2,\cdots\}$ 划分 $U_1=\{u_1,u_2,\cdots,u_m\}$ 的对象；根据相 $K_1,K_2,\cdots$ 出现的顺序对 U_1 中对象进行分类 $\{C_k=(u_{k,1},\cdots,u_{k,n(k)})\}_{(k=1,\cdots,Q-1,Q+1,\cdots,K)}$，形成论域 U_2，得到基本概念 β_{k+1}。依次类推，直至分析全部因素，得到全部基本概念 $\{\beta\}$。

⑥ 绘制基本概念半格图，分辨出真概念。

上述过程涉及的概念如下。

定义 3.22 给定因素空间 $(U,X(F))$，设 R 是因素 $F_0=\{f_1,\cdots,f_n\}$ 的背景关系，则对任意 $a\in R$，称 $\boldsymbol{\alpha}=(a,[a])$ 为原子概念，a 和 $[a]$ 分别叫作概念 $\boldsymbol{\alpha}$ 的原子内涵和原子外延；对任意 $A\subseteq R$，记 $[A]=\bigcup\{[a]\mid a\in A\}$，$\Gamma=\{\gamma=(A,[A])\mid A\subseteq R\}$，称 $\gamma=(A,[A])$ 是分别以 $A,[A]$ 为内涵和外延的概念，称 $\Gamma=(\Gamma,\vee,\wedge,\neg)$ 是由 $(U,X(F))$ 所生成的概念布尔代数。

a 和 $[a]$ 都是原子，由于 F 是从 $H(U,F)$ 到 R 的同构映射，所以它们一定满足 Wille 的对合性。由原子概念取并可生成整个概念代数，理论上极其简单。

定义 3.23 从实例中根据对象状态和对象关系确定的概念叫作基本概念 β。所有基本概念形成一个半格，叫作基本概念半格。

定义 3.24 设 $H(U,F)=\{C_k=(u_{k,1},\cdots,u_{k,n(k)})\}_{(k=1,\cdots,K)}$，$d_f=1-[n(1)(n(1)-1)+\cdots+n(K)(n(K)-1)]/m(m-1)$，叫作因素 f 对 U 中对象的分辨度。

定义 3.25 原子概念是从背景关系中得到的概念内涵和外延的统一，基本概念是从实际情况中得到的概念内涵和外延的统一，当原子概念等价或被包含于基本概念时，称之为真概念。

真概念可用于实际问题的因果关系推理，因为在理论和实际上进行了内涵和外延的统一。

定义 3.26　在形成的因素相空间的笛卡儿积相空间中，有一些状态组合（即因素的相的组合）是不符合常理的，这样的 a 称为一个虚状态 a'。

上述涉及的因素空间理论详见本章参考文献[1,9-16]。

3.4.2　实例分析

根据 SFT 理论一贯使用的例子，本小节介绍了一个简单的电气系统，该电气系统的可靠性或故障概率与其使用时间和使用温度有关。从现场得到的实际数据可了解使用时间和使用温度与故障概率的一般关系。为了研究方便，这里仅对上述电气系统中元件 X_1 的故障特征进行分析。该元件使用的环境条件范围是 0～50 d，0～40 ℃，在此工作环境范围内对故障情况进行统计。总结现场操作人员给出的定性判断得到：使用时间长短可分为短、中、长 3 种状态，分别对应 0～15 d、16～30 d、31～50 d；使用温度可分为低、中、高 3 种状态，分别对应 0～15 ℃、16～25 ℃、25～40 ℃；故障概率可分为低、中、高 3 种状态，分别对应 0～30%、31～60%、61～100%。将现场数据结合操作人员的上述定性评价，选取 20 个故障状态，如表 3.7 所示，分析元件故障概率与使用时间和使用温度之间的因果关系。

表 3.7　基本状态信息表

故障状态	a	b	c	d	e	f	g	h	i	j	k	l	m	n	o	p	q	r	s	t
使用时间	短	短	短	短	短	短	中	中	中	中	中	中	中	长	长	长	长	长	长	长
使用温度	低	低	中	中	高	高	低	低	低	中	中	高	高	低	低	低	中	中	高	高
故障概率	高	中	低	中	高	中	高	高	高	高	中	高	高	高	高	高	高	高	高	高

下面使用上述方法进行实例分析。

步骤 1：

根据上述实例，设 20 个故障状态组成论域 $U=\{a,b,\cdots,t\}$，$m=20$。在故障状态中包含 3 个因素，其中两个影响因素为使用时间 f_1 和使用温度 f_2，一个目标因素为元件故障概率 f_3。

划分每个因素的定性相及对应的数值表示范围：

$X(f_1)=X(\text{使用时间})=\{K_1,K_2,K_3\}=\{\text{短},\text{中},\text{长}\}$

$D(f_1)=\{(a_1,a_2],(a_2,a_3],(a_3,a_4]\}=\{(0,15]\text{d},(15,30]\text{d},(30,50]\text{d}\}$

$X(f_2)=X(\text{使用温度})=\{K_1,K_2,K_3\}=\{\text{低},\text{中},\text{高}\}$

$D(f_2)=\{(a_1,a_2],(a_2,a_3],(a_3,a_4]\}=\{(0,15]℃,(15,25]℃,(25,40]℃\}$

$X(f_3)=X(\text{故障概率})=\{K_1,K_2,K_3\}=\{\text{低},\text{中},\text{高}\}$

$D(f_3)=\{(a_1,a_2],(a_2,a_3],(a_3,a_4]\}=\{(0,30]\%,(30,60]\%,(60,100]\%\}$

步骤 2:

3 个因素分别为 f_1＝使用时间，f_2＝使用温度，f_3＝故障概率，它们构成因素相空间的笛卡儿积相空间：

$X = X(f_1) \times X(f_2) \times X(f_3)$

＝{短低低，短低中，短低高，短中低，短中中，短中高，短高低，短高中，短高高，中低低，中低中，中低高，中中低，中中中，中中高，中高低，中高中，中高高，长低低，长低中，长低高，长中低，长中中，长中高，长高低，长高中，长高高}

X 被分为 27 个格子。

可根据常识性知识去除虚状态，比如在本例中，元件故障概率随使用时间的增加而增加，当 $X(f_1)$＝长时，则 $X(f_3) \neq$ 低或中。所以，状态[长 * 低]和[长 * 中]是虚状态，其中 * ＝ $X(f_2)$。相空间中的虚状态有{长低低，长低中，长中低，长中中，长高低，长高中}，为 6 个格子。

步骤 3:

去除上述 6 个格子，剩余具有物理逻辑意义的状态有{短低低，短低中，短低高，短中低，短中中，短中高，短高低，短高中，短高高，中低低，中低中，中低高，中中低，中中中，中中高，中高低，中高中，中高高，长低高，长中高，长高高}，为 21 个格子。

上述 21 个状态就是原子的内涵，对应于表 3.7 得到原子概念：[短低低]＝$\{\Phi\}$，[短低中]＝$\{b\}$，[短低高]＝$\{a\}$，[短中低]＝$\{c\}$，[短中中]＝$\{d\}$，[短中高]＝$\{\Phi\}$，[短高低]＝$\{\Phi\}$，[短高中]＝$\{f\}$，[短高高]＝$\{e\}$，[中低低]＝$\{\Phi\}$，[中低中]＝$\{\Phi\}$，[中低高]＝$\{g,h,i\}$，[中中低]＝$\{\Phi\}$，[中中中]＝$\{k\}$，[中中高]＝$\{j\}$，[中高低]＝$\{\Phi\}$，[中高中]＝$\{\Phi\}$，[中高高]＝$\{l,m\}$，[长低高]＝$\{n,o,p\}$，[长中高]＝$\{q,r\}$，[长高高]＝$\{s,t\}$。其中，[短低低]＝$\{\Phi\}$，[短中高]＝$\{\Phi\}$，[短高低]＝$\{\Phi\}$，[中低低]＝$\{\Phi\}$，[中低中]＝$\{\Phi\}$，[中中低]＝$\{\Phi\}$，[中高低]＝$\{\Phi\}$，[中高中]＝$\{\Phi\}$只有内涵而没有外延，不能构成原子概念。

α_1＝([短低中]，$\{b\}$)，α_2＝([短低高]，$\{a\}$)，α_3＝([短中低]，$\{c\}$)，α_4＝([短中中]＝$\{d\}$)，α_5＝([短高中]，$\{f\}$)，α_6＝([短高高]，$\{e\}$)，α_7＝([中低高]，$\{g,h,i\}$)，α_8＝([中中中]，$\{k\}$)，α_9＝([中中高]，$\{j\}$)，α_{10}＝([中高高]，$\{l,m\}$)，α_{11}＝([长低高]，$\{n,o,p\}$)，α_{12}＝([长中高]，$\{q,r\}$)，α_{13}＝([长高高]，$\{s,t\}$)既具有内涵，也有外延，形成 13 个具有对合性的原子概念。

步骤 4:

计算因素分辨度：$m=20$。

f_1＝使用时间，$n(1)=6$，$n(2)=7$，$n(3)=7$，$d_{f_1}=1-(6\times5+7\times6+7\times6)/(20\times19)=0.7$。

f_2=使用温度,$n(1)=8$, $n(2)=6$, $n(3)=6$,$d_{f_2}=1-(8\times7+6\times5+6\times5)/(20\times19)=0.6947$。

f_3=故障概率,$n(1)=1$, $n(2)=4$, $n(3)=15$,$d_{f_3}=1-(1\times0+4\times3+15\times14)/(20\times19)=0.4158$,有 $d_{f_1}>d_{f_2}>d_{f_3}$。

步骤 5:

① 根据因素分辨度的排序进行对象划分。已知 $d_{\text{Max}}=d_{f_1}=\text{Max}\{d_{f_1},d_{f_2},d_{f_3}\}$,$f_{\text{Max}}=f_1$,$X(f_{\text{Max}})=\{$短,中,长$\}$,对 $U=\{a,b,\cdots,t\}$进行划分,得新分类排序论域 U_1,如表 3.8 所示。

表 3.8　f_1 划分的状态信息表

U	a	b	c	d	e	f	g	h	i	j	k	l	m	n	o	p	q	r	s	t
使用时间	短	短	短	短	短	短	中	中	中	中	中	中	中	长	长	长	长	长	长	长
使用温度	低	低	中	中	高	高	低	低	低	中	中	高	高	低	低	低	中	中	高	高
故障概率	高	中	低	中	高	中	高	高	高	高	中	高	高	高	高	高	高	高	高	高

f_1 划分后 $U_1=C_1\{a,b,c,d,e,f\}+C_2\{g,h,i,j,k,l,m\}+C_3\{n,o,p,q,r,s,t\}$。

根据 f_1 的内涵与外延分类对应,得到 3 个基本概念:β_1=(短,C_1),β_2=(中,C_1),β_3=(长,C_3)。

② 已知 $d_{\text{Max}}=d_{f_2}=\text{Max}\{d_{f_1},d_{f_2},d_{f_3}\}$,$f_{\text{Max}}=f_2$,$X(f_{\text{Max}})=\{$低,中,高$\}$,对 $C_1\{a,b,c,d,e,f\}+C_2\{g,h,i,j,k,l,m\}+C_3\{n,o,p,q,r,s,t\}$进行划分,得新分类排序论域 U_2,如表 3.9 所示。

表 3.9　f_2 划分的状态信息表

U	a	b	c	d	e	f	g	h	i	j	k	l	m	n	o	p	q	r	s	t
使用时间	短	短	短	短	短	短	中	中	中	中	中	中	中	长	长	长	长	长	长	长
使用温度	低	低	中	中	高	高	低	低	低	中	中	高	高	低	低	低	中	中	高	高
故障概率	高	中	低	中	高	中	高	高	高	高	中	高	高	高	高	高	高	高	高	高

f_2 划分后 $C_1\{a,b,c,d,e,f\}$得:$C_1\{a,b,c,d,e,f\}=C_{11}\{a,b\}+C_{12}\{c,d\}+C_{13}\{e,f\}$。

根据 f_1,f_2 的内涵与外延分类对应,得到 3 个基本概念:β_{11}=(短低,C_{11}),β_{12}=(短中,C_{12}),β_{13}=(短高,C_{13})。

f_2 划分后 $C_2\{g,h,i,j,k,l,m\}$得:$C_2\{g,h,i,j,k,l,m\}=C_{21}\{g,h,i\}+C_{22}\{j,k\}+C_{23}\{l,m\}$。

根据 f_1,f_2 的内涵与外延分类对应,得到 3 个基本概念:β_{21}=(中低,C_{21}),β_{22}=(中中,C_{22}),β_{23}=(中高,C_{23})。

f_2 划分后 $C_3\{n,o,p,q,r,s,t\}$ 得：$C_3\{n,o,p,q,r,s,t\}=C_{31}\{n,o,p\}+C_{32}\{q,r\}+C_{33}\{s,t\}$。

根据 f_1，f_2 的内涵与外延分类对应，得到 3 个基本概念：$\beta_{31}=$（长低，C_{21}），$\beta_{32}=$（长中，C_{22}），$\beta_{33}=$（长高，C_{23}）。

③ 已知 $d_{\text{Max}}=d_{f_3}=\text{Max}\{d_{f_1},d_{f_2},d_{f_3}\}$，$f_{\text{Max}}=f_3$，$X(f_{\text{Max}})=\{$低，中，高$\}$，对 $C_{11}\{a,b\}$，$C_{12}\{c,d\}$，$C_{13}\{e,f\}$，$C_{22}\{j,k\}$ 进行划分，得新分类排序论域 U_3，如表 3.10 所示。

表 3.10　f_3 划分的状态信息表

U	a	b	c	d	e	f	g	h	i	j	k	l	m	n	o	p	q	r	s	t
使用时间	短	短	短	短	短	短	中	中	中	中	中	中	中	长	长	长	长	长	长	长
使用温度	低	低	中	中	高	高	低	低	低	中	中	高	高	低	低	低	中	中	高	高
故障概率	高	中	低	中	高	中	高	高	高	高	中	高	高	高	高	高	高	高	高	高

f_3 划分后 $C_{11}\{a,b\}$ 得：$C_{11}\{a,b\}=C_{111}\{a\}+C_{112}\{b\}$。

根据 f_1，f_2，f_3 的内涵与外延分类对应，得到两个基本概念：$\beta_{111}=$（短低高，C_{111}），$\beta_{112}=$（短低中，C_{112}）。

f_3 划分后 $C_{12}\{c,d\}$ 得：$C_{12}\{c,d\}=C_{121}\{c\}+C_{122}\{d\}$。

根据 f_1，f_2，f_3 的内涵与外延分类对应，得到两个基本概念：$\beta_{121}=$（短中低，C_{121}），$\beta_{122}=$（短中中，C_{122}）。

f_3 划分后 $C_{12}\{c,d\}$ 得：$C_{13}\{e,f\}=C_{131}\{e\}+C_{132}\{f\}$。

根据 f_1，f_2，f_3 的内涵与外延分类对应，得到两个基本概念：$\beta_{131}=$（短高高，C_{131}），$\beta_{132}=$（短高中，C_{132}）。

f_3 划分后 $C_{12}\{c,d\}$ 得：$C_{22}\{j,k\}=C_{221}\{j\}+C_{222}\{k\}$。

根据 f_1，f_2，f_3 的内涵与外延分类对应，得到两个基本概念：$\beta_{221}=$（中中高，C_{221}），$\beta_{222}=$（中中中，C_{222}）。

上述得到的基本概念共有 $\beta_1=$（短，C_1），$\beta_2=$（中，C_1），$\beta_3=$（长，C_3），$\beta_{11}=$（短低，C_{11}），$\beta_{12}=$（短中，C_{12}），$\beta_{13}=$（短高，C_{13}），$\beta_{21}=$（中低，C_{21}），$\beta_{22}=$（中中，C_{22}），$\beta_{23}=$（中高，C_{23}），$\beta_{31}=$（高低，C_{21}），$\beta_{32}=$（高中，C_{22}），$\beta_{33}=$（高高，C_{23}），$\beta_{111}=$（短低高，C_{111}），$\beta_{112}=$（短低中，C_{112}），$\beta_{121}=$（短中低，C_{121}），$\beta_{122}=$（短中中，C_{122}），$\beta_{131}=$（短高高，C_{131}），$\beta_{132}=$（短高中，C_{132}），$\beta_{221}=$（中中高，C_{221}），$\beta_{222}=$（中中中，C_{222}）。

步骤 6：

根据上述分析得到的基本概念绘制基本概念半格图，如图 3.8 所示。

从图 3.8 中可以看出 3 种不同的概念：不可再分的基本概念、中间基本概念、不包含故障概率相的概念。

不可再分的基本概念：$\beta_{21}=$（中低，C_{21}），$\beta_{23}=$（中高，C_{23}），$\beta_{31}=$（长低，C_{21}），$\beta_{32}=$

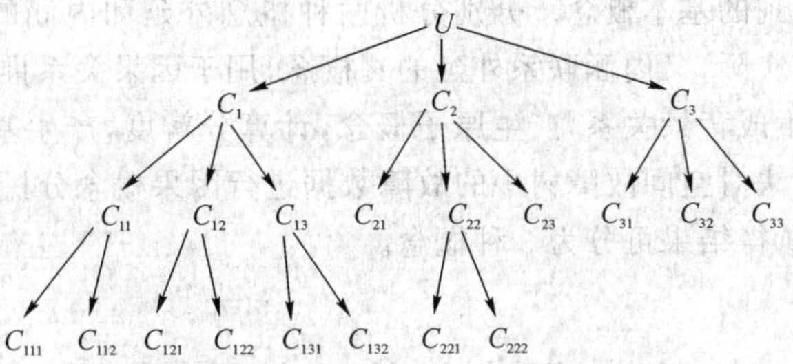

图 3.8　基本概念半格图

(长中,C_{22}),β_{33}＝(长高,C_{23}),β_{111}＝(短低高,C_{111}),β_{112}＝(短低中,C_{112}),β_{121}＝(短中低,C_{121}),β_{122}＝(短中中,C_{122}),β_{131}＝(短高高,C_{131}),β_{132}＝(短高中,C_{132}),β_{221}＝(中中高,C_{221}),β_{222}＝(中中中,C_{222})。

$\beta_{111}\Leftrightarrow\alpha_2$,$\beta_{112}\Leftrightarrow\alpha_1$,$\beta_{121}\Leftrightarrow\alpha_3$,$\beta_{122}\Leftrightarrow\alpha_4$,$\beta_{131}\Leftrightarrow\alpha_6$,$\beta_{132}\Leftrightarrow\alpha_5$,$\beta_{221}\Leftrightarrow\alpha_9$,$\beta_{222}\Leftrightarrow\alpha_8$ 形成了 8 组等价关系,即代表背景关系中原子概念的内涵和外延等价于实例概念半格分析的内涵和外延。背景关系来源于相空间的组合,概念半格分析源于实际例子,所以上述等价关系表明了理论与实际概念的外延和内涵的统一,所以上述基本概念是真概念,可用于理论联系实际的实例因果关系分析。

$\alpha_7\subset\beta_{21}$,$\alpha_{10}\subset\beta_{23}$,$\alpha_{11}\subset\beta_{31}$,$\alpha_{12}\subset\beta_{32}$,$\alpha_{13}\subset\beta_{33}$形成了 5 组包含关系,前件的原子概念的内涵有 3 个因素,后件的基本概念的内涵有两个概念,所以原子概念对应基本概念的一种特例,但它们的外延相同,所以 α_7,α_{10},α_{11},α_{12},α_{13}是可用于因果关系判断的真概念。

中间基本概念:β_1＝(短,C_1),β_2＝(中,C_1),β_3＝(长,C_3),β_{11}＝(短低,C_{11}),β_{12}＝(短中,C_{12}),β_{13}＝(短高,C_{13}),β_{22}＝(中中,C_{22})。中间基本概念在概念半格中是承上启下的,是过渡性的概念。这些基本概念可对对象进行分类,但依据是影响因素,不是目标因素,所以对故障数据的因果概念分析无效。

不包含故障概率相的概念:β_1＝(短,C_1),β_2＝(中,C_1),β_3＝(长,C_3),β_{11}＝(短低,C_{11}),β_{12}＝(短中,C_{12}),β_{13}＝(短高,C_{13}),β_{21}＝(中低,C_{21}),β_{22}＝(中中,C_{22}),β_{23}＝(中高,C_{23}),β_{31}＝(高低,C_{21}),β_{32}＝(高中,C_{22}),β_{33}＝(高高,C_{23})。这些基本概念不包含目标因素,对因果分析无效,但可进行对象分类。

上述结论是通过推理得到的因果关系,与以往 SFT 得到的定量关系不能直接进行比较,但这些因果关系所反映的规律符合 SFT 对该例分析得到的已有特征。上述方法也为 SFT 向具有推理功能方向发展提供了基础。

本节的研究贡献在于应用因素空间理论处理空间故障树中故障数据的因果关系,分析元件故障概率与使用时间和使用温度之间的因果概念。本节构建了针对空间故障树中故障数据的因果概念分析方法。该方法的特点在于,一方面考虑从理论层面的背景关系中分析得到的原子概念,另一方面考虑从实际例子的基本概念半格中分析得到的基本概念。分别分析两种概念外延和内涵的对应关系,从而找出既理论联系实际,又内涵联系外延的真概念,用于因果关系推理。该方法主要包括构建论域,生成背景关系,产生原子概念,计算分辨度,产生基本概念,辨别真概念。应用该方法对空间故障树中的故障数据进行因果概念分析。将原子概念和基本概念配对,所得结果可分为3种概念。

3.5 因素与故障数据压缩

大数据的发展日新月异,是工程科学研究中不可回避的问题。在安全科学中,安全系统工程是研究可靠性或故障概率的一门重要科学。一般在实际生产过程中,积累的故障数据都是较多的,有人员经验、仪器仪表记录,也有经过一些方法分析得到的故障数据。这些数据日积月累,仅对于一个简单的元件,其故障数据的记录已较多,那么对于一整套设备的故障数据,便可视为大数据量级。对于大数据的处理,在安全科学范畴内是没有专门进行研究的,但对实际的故障分析是必要的,特别是在安全系统工程领域,更是迫在眉睫,我们需要一种能适合安全系统工程分析,适应大数据要求,并具有一定的数据压缩和推理能力的方法。

但这对于安全系统工程领域难有借鉴意义。其原因在于不同领域的数据特征不同,数据表象和内在联系也是差别较大的。有一些因素之间只是简单的线性或是其他关系。但安全系统工程研究的故障数据一方面存在着内在因果联系,另一方面也具有人为因素和随机性等不确定特征,所以急需一种有效的故障数据处理方法。

作者借鉴因素空间的相关研究,通过因素空间的背景集和内点判定定理,构建了满足上述要求的故障数据处理方法。

3.5.1 故障概率分布计算的压缩

SFT 中对基础故障数据的表示有很多种方法,CSFT 处理的数据关注于实验条件下的规整数据;而 DSFT 处理的数据关注于实际生产过程中得到的故障数据。实际中的故障数据掺杂着一定的人为因素和随机性,处理此类数据的方法应具有包含不确定数据兼容的能力;另外实际故障数据一般数据量较大,处理方法也应包含全部的有效信息,对数据进行压缩,同时具备一定的推理能力。原有安全学科中的故障数据表示方法显然不满足上述要求,应借鉴智能科学的数学方法并加以利用。

SFT 研究可靠性与影响可靠性因素之间的关系,例如使用时间和使用温度变化对系统或元件可靠性变化的影响。来自实际生产中的可靠性数据主要分两类：一是具有实际生产经验的人员给出的评述；二是相关监测仪器给出的记录数据。前者必然受人因的影响；后者也受到机器随机因素的影响。在这些故障数据中必然有一些数据是不正确的，剔除这些数据后仍有冗余数据。目前 SFT 分析故障的基础数据可表示为使用时间、使用温度、故障概率组成的值对，使用时间和使用温度影响故障概率。那么在这里要解决的问题是，如何在众多值对中保留那些最重要的值对，将冗余的值对剔除，以进行故障数据压缩，找到不同故障概率的特征区域（故障概率分布）。

这里使用因素空间理论处理上述 SFT 故障数据压缩及故障概率分布问题。首先给出因素空间中的背景集概念和内点判定定理。

定义 3.27[24]　给定因素空间 $\psi=(U,X(F))$，$F=\{f_1,\cdots,f_n,g\}$，设所有因素的相空间都有序，而且可以用整数来作为相的记号，这样的相空间叫作托架空间。

定义 3.28[25]　若背景关系 R 在托架空间中是凸集，记 R 的所有顶点所成之集为 $B=B(R)=\{P|P$ 是 R 的顶点$\}$，叫作背景基。将 R 换作样本 S，记 B 的所有顶点所成之集为 $B(S)=\{P|P$ 是 S 的顶点$\}$，叫作样本背景基。

背景基可以生成背景关系，它是背景关系的无信息损失的压缩。无论数据量多大，样本背景基的数量始终保持在低维度上。每输入一个新的数据，都要判断它是否是样本背景基的内点，若是，则删除此数据，否则将它纳入样本背景基。

汪陪庄先生给出了内点判定定理。

定义 3.29　内点判定定理：P 是 S 的一个内点当且仅当在 S 中存在一点 Q，使射线 PQ 与射线 Po 形成钝角，亦即 $(Q-P,\ o-P)<0$.

例 3.1　在图 3.9 中，给定 S 包含 $a=(1,5)$，$b=(2,0)$，$c=(5,4)$ 3 点，问 $d=(2,2)$ 和 $e=(1,0)$ 是否在 S 内。

解

$o=(a+b+c)/3=(2.7,\ 3)$

$(o-d,\ a-d)=(0.7,\ 1)(-1,\ 3)=2.3>0$

$(o-d,\ b-d)=(0.7,\ 1)(0,\ -2)=-2<0$

$(o-d,\ c-d)=(0.7,\ 1)(3,\ 2)=4.1>0$

有负值，d 是 S 的内点。

$(o-e,\ a-e)=(1.7,\ 3)(0,\ 5)=15>0$

$(o-e,\ b-e)=(1.7,\ 3)(1,\ 0)=1.7>0$

$(o-e,\ c-e)=(1.7,\ 3)(4,\ 5)=15>0$

均为正值，e 不是 S 的内点。

上述内容给出了对故障数据进行压缩的基本方法，下面给出故障概率分布计算新方法的具体过程。

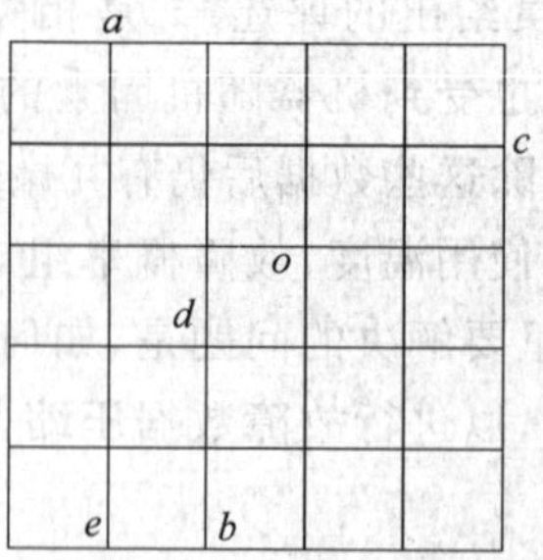

图 3.9　内点判定算例图

步骤 1　设故障数据值对为$(f_1,\cdots,f_n,g)$，$f_1,\cdots,f_n$表示影响故障概率，为影响因素；g 表示故障概率，为目标因素。

步骤 2　将实际故障数据表示为多个不同的故障数据值对$(f_1,\cdots,f_n,g)_k$，k 为收集数据数量。

步骤 3　将目标因素值域进行划分，$Z(g)=\{z_1(g),\cdots,z_m(g)\mid z_1(g)\cap\cdots\cap z_m(g)=1$ 且由小到大分配$\}$，其中目标因素值域为$[0,1]$。将目标因素 g 的取值范围划分为 m 个子范围 $z_1(g),\cdots,z_m(g)$。

步骤 4　根据 $Z(g)$的划分将故障数据值对$(f_1,\cdots,f_n,g)_k$划分为$\Gamma_1,\cdots,\Gamma_m$，$\Gamma_1=\{(f_1,\cdots,f_n,g)_{k1}\mid g\in z_1(g)\},\cdots,\Gamma_m=\{(f_1,\cdots,f_n,g)_{km}\mid g\in z_m(g)\}$。

步骤 5　将各个划分 $\Gamma_1,\cdots,\Gamma_m$使用内点判定定理去掉冗余值对，形成对应的值对集合 $\Omega_1,\cdots,\Omega_m$，并根据 $\Omega_1,\cdots,\Omega_m$绘制故障概率分布 $A_1,\cdots,A_m$，初始点可选前 3 个值对或任选 3 个，其结果相同。

步骤 6　分析故障概率分布，确定各划分下的故障概率分布关系。根据 SFT 的研究基础，并考虑内点判定定理只适用于凸集，在生成的各划分下故障概率分布可能存在覆盖现象，即大于等于两个划分下的分布产生了重叠，在重叠的区域内影响因素可造成目标因素属于两种不同的划分的情况，这是不符合逻辑的。SFT 中所研究的可靠性数据和元件特点都是故障概率（目标因素）小的故障概率分布小，大的分布大，即故障概率大的分布可能覆盖故障概率小的分布。这里给定不同划分下故障概率分布重叠时的处理方法：优先满足故障概率小的分布，即如果 $A_i\cap A_j\neq\varnothing$，且 $i<j$，则 $A_i\cap A_j=A_{i\cap j}\in A_i$ 而 $A_i\cap A_j=A_{i\cap j}\notin A_j$。去掉重复覆盖范围后的不同划分下的故障概率分布用 $Z_1,\cdots,Z_m$ 表示，一般地，$Z_m=A_m\cap\overline{(A_1\cup\cdots\cup A_{m-1})}$。

3.5.2　实例分析

分析实例来源于本章参考文献[9]中离散型空间故障树的故障统计数据，是针对一个电气元件故障的统计信息，包括使用时间、使用温度和故障概率，来源是操作人员和仪表记录。在实际生产中元件更新的频率设为 13 d，使用温度理论上为 0～40 ℃。现场统计得到的信息为 81 条，数据形式为{(使用时间，使用温度，故障概率)}={(3,5,81%)，(5,7,88%)，(10,5,发生)，…}。使用上述方法对故障数据进行压缩并绘制不同划分下的故障概率分布。

步骤 1　设故障数据值对(使用时间，使用温度，故障概率)=(f_1，f_2，g)，影响因素 f_1=使用时间，影响因素 f_2=使用温度，目标因素 g=故障概率。

步骤 2　将实际故障数据表示为值对，共 81 个，$k=81$，即$(3,5,81\%)_1$，$(5,7,88\%)_2$，…，$(2,16,12\%)_{81}$。

步骤 3　将目标因素值域进行划分，$Z(g)=\{z_1(g), z_2(g), z_3(g), z_4(g)\}=\{[0,30\%), [30,60\%), [60,80\%), [80,100\%]\}$，语义分别表示{一般不发生，可能发生，经常发生，发生}，$m=4$。

步骤 4　根据 $Z(g)$的划分对故障数据值对$(f_1,\cdots,f_n,g)_k$进行划分。

Γ_4={(3,5)，(5,7)，(10,5)，(10,10)，(10,20)，(10,30)，(10,35)，(13,10)，(13,15)，(13,25)，(13,35)，(5,35)，(5,40)，(4,35)，(6,6)，(8,5)，(6,33)，(6,38)，(8,35)}，共 19 个值对。因为上述值对中的 $g\in z_4(g)=[80,100\%]$，所以将 g 从值对括号中提出来，以简化表示，下同。

Γ_3={(1,8)，(3,10)，(3,8)，(5,9)，(5,15)，(7,12)，(7,28)，(9,16)，(9,25)，(10,21)，(1,40)，(3,28)，(3,32)，(1,35)，(2,32)，(2,38)，(3,11)，(3,30)，(4,11)，(4,29)，(5,20)，(5,25)，(5,30)，(6,14)，(6,20)，(7,15)，(7,19)，(8,15)，(8,25)，(9,16)，(9,23)}，共 31 个值对，$g\in z_3(g)=[60,80\%)$。

Γ_2={(1,9)，(1,14)，(1,27)，(1,32)，(3,11)，(3,28)，(2,10)，(2,16)，(2,26)，(2,31)，(5,15)，(5,26)，(6,21)，(1,12)，(1,28)，(3,13)，(3,30)，(3,27)，(3,19)，(4,17)，(4,20)，(4,25)，(4,27)}，共 23 个值对，$g\in z_2(g)=[30,60\%)$。

Γ_1={(1,14)，(1,16)，(1,27)，(2,17)，(2,24)，(1,20)，(2,20)，(2,16)}，共 8 个值对，$g\in z_1(g)=[0,30\%)$。

将上述 Γ_1，Γ_2，Γ_3，Γ_4 包含的故障数据值对绘制在坐标系中，横坐标代表使用时间，纵坐标代表使用温度，不同的符号代表不同的故障概率范围，如图 3.10 所示。

从图 3.10 中可以看出，从实际中得来的故障数据是杂乱无章的，存在着数据重复现象。虽然是原始数据样本，但对信息的处理和压缩是极其不方便的，导致难以得到有效的故障概率分析结果，也造成了 SFT 难以用于实际问题处理的弊病。

步骤 5　使用内点判定定理对 Γ_1，Γ_2，Γ_3，Γ_4 进行化简，化简过程与例 3.1 类

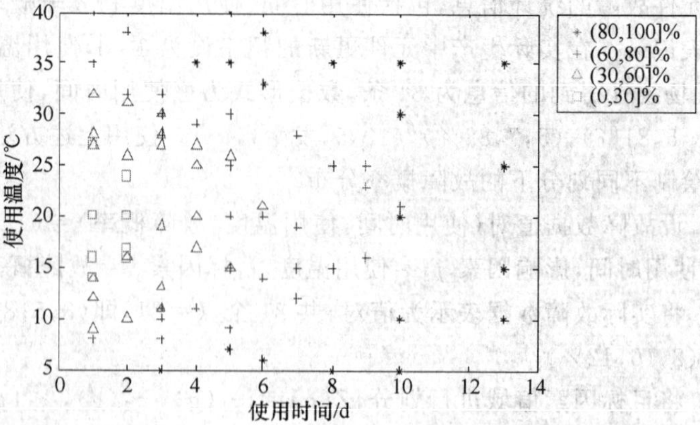

图 3.10　故障概率数据图

似,这里不再给出。化简后得到的 $\Omega_1,\Omega_2,\Omega_3,\Omega_4$ 分别如下:

$\Omega_4=\{(5,40),(4,35),(3,5),(10,5),(13,10),(13,35)\}$,化简后共 6 个值对,$g\in z_4(g)=[80,100\%]$,压缩了 68%。

$\Omega_3=\{(1,40),(1,8),(3,8),(5,9),(7,12),(9,16),(10,21),(9,25)\}$,化简后共 8 个值对,$g\in z_3(g)=[60,80\%)$,压缩了 74%。

$\Omega_2=\{(1,32),(1,9),(3,11),(5,15),(6,21),(5,26),(3,30)\}$,化简后共 7 个值对,$g\in z_2(g)=[30,60\%)$,压缩了 67%。

$\Omega_1=\{(1,27),(1,14),(2,16),(2,24)\}$,化简后共 4 个值对,$g\in z_1(g)=[0,30\%)$,压缩了 50%。

全部数据压缩了 56 条(69%)。可见上述方法对故障数据的压缩是合理且可行的。另外通过上述方法压缩的数据可表示原数据集的信息,是无损形式压缩。下面来分析压缩后故障数据值对构成的故障概率分布。

步骤 6　分析故障概率分布,确定不同划分下故障概率分布关系。

图 3.11 中给出了不同使用时间和使用温度影响下元件的故障概率分布。根据步骤 5 进行化简,得到图中蓝色线围成的区域 A_4 为 $g\in z_4(g)=[80,100\%]$;红色线围成的区域 A_3 为 $g\in z_3(g)=[60,80\%)$;紫色线围成的区域 A_2 为 $g\in z_2(g)=[30,60\%)$;绿色线围成的区域 A_1 为 $g\in z_1(g)=[0,30\%)$。由于内点判定适用于凸集,所以图 3.11 中出现了分布覆盖的现象。根据覆盖处理方法,最终得到的不同划分下故障概率分布为:故障概率为[0,30%)的 $Z_1=A_1$;故障概率为[30,60%)的 $Z_2=A_2\cap\overline{A_1}$;故障概率为[60,80%)的 $Z_3=A_3\cap\overline{(A_1\cup A_2)}$;故障概率为[80,100%]的 $Z_4=A_4\cap\overline{(A_1\cup A_2\cup A_3)}$。绘制无覆盖不同划分下的故障概率分布,如图 3.12 所示。

图 3.12 为去掉覆盖后的故障概率分布,从图中可知不同的使用时间和使用温

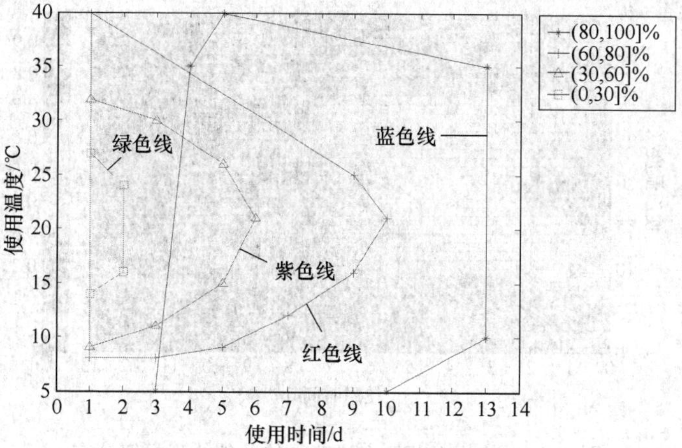

图 3.11　不同划分下的故障概率分布

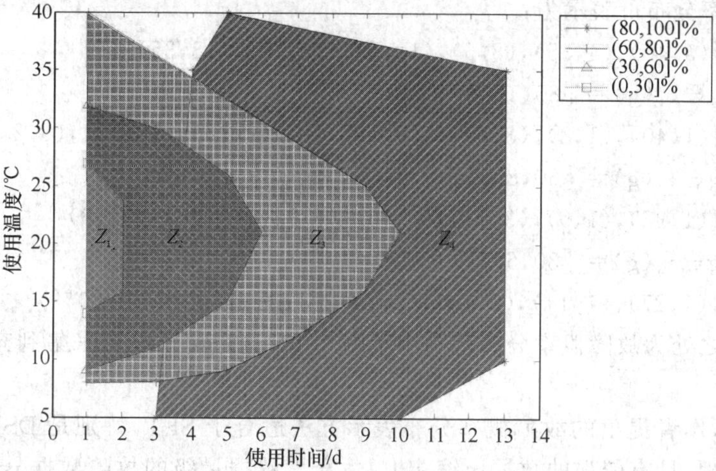

图 3.12　去掉覆盖后的故障概率分布

度将使元件故障概率的变化不同。不同颜色代表了不同的故障概率变化范围，其中图中无颜色区域为无有效故障数据值对区域。在一些故障数据压缩后也可能存在数据孤岛，但上述方法可将数据孤岛表示出来。

图 3.13 为本章参考文献[9]中通过 DSFT 的相关方法获得的该元件故障概率分布，是通过实际故障数据特征，根据神经网络方法进行处理生成的故障概率分布。方法本身虽反映全面，但存在着固有问题。比如：需要的数据量较大，即 14×41 个数据对；计算过程较为复杂，需通过神经网络进行分析；不能适应大数据进行数据有效压缩；必须通过 MATLAB 图表示故障概率分布。本节的方法在上述 3 点上进行了有效改进，数据量为本章参考文献[9]方法的 14%；计算较为简单，为

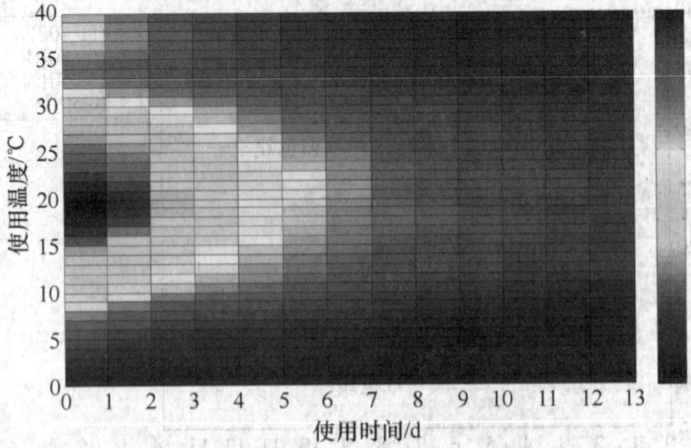

图 3.13　使用 DSFT 方法获得的元件故障概率分布

乘、加法；可进行较为有效的数据压缩；对故障概率分布的表示形式简单，本例所得的故障概率分布可表示为：

$\Omega_4=\{(5,40),(4,35),(3,5),(10,5),(13,10),(13,35)\}$，

$g\in z_4(g)=[80,100\%]$

$\Omega_3=\{(1,40),(1,8),(3,8),(5,9),(7,12),(9,16),(10,21),(9,25)\}$，

$g\in z_3(g)=[60,80\%)$

$\Omega_2=\{(1,32),(1,9),(3,11),(5,15),(6,21),(5,26),(3,30)\}$，

$g\in z_2(g)=[30,60\%)$

$\Omega_1=\{(1,27),(1,14),(2,16),(2,24)\}$，$g\in z_1(g)=[0,30\%)$

不足之处为故障概率分布范围小于图 3.13，这是由于没有采集到充分的数据信息。

综上，作者提出的故障概率分布表示方法适合于 SFT，特别是 DSFT 对故障数据的处理，具有较强的数据压缩能力，适合大数据量级的故障数据分析，可简单地表示为故障概率分布，为 SFT 基础故障数据的化简提供了新方法。

本节的研究贡献在于构建 SFT 故障概率分布表示方法。针对 SFT 数据特点，将因素分为影响因素和目标因素并组成值对；先划分目标因素，然后根据目标因素的划分对值对进行划分，形成不同划分的集合；使用内点法化简集合，用化简后集合绘制故障概率分布，根据区域重叠处理方法得到无重叠的故障概率分布。使用本章参考文献[8]的数据，应用上述方法进行分析。故障数据压缩为原始数据的 31%，与本章参考文献[8]中得到的故障概率分布相比有较高的一致性。方法的优点在于：所需原始数据量较小；计算较为简单；可进行有效的数据压缩；故障概率分布表示简单。

3.6 故障影响因素降维

空间故障树的核心是表示故障概率与影响故障因素之间的变化关系，那么需要将所有影响因素作为维度，组成坐标空间，故障概率是在这高维空间内的分布点。故障概率占一维，当影响因素大于两个时，系统的整体维度大于三维，这时一般方法难以表示。另外，高维的影响因素对空间故障树的构建也造成较大困难，使基本事件状态增多，树状结构变得复杂，其增长是几何量级的。这导致了空间故障树难以处理较多的影响因素，进而影响实际应用。

一般情况下，实际的现场故障记录数据是多样的。记录故障的同时也记录了一些相应的参数，也许包括时间、温度、湿度、电压、负荷等。这些参数与故障数据组成向量来表示某一特定状态下的故障特征。这些参数也是区分和辨别故障数据的依据，但这些参数代表的影响因素并不一定影响故障发生。这是由于一些因素易于观察和测量而被记录，而另一些因素可能导致故障发生但不可知或不可测。所以在空间故障树的构建过程中应分析影响因素对目标因素的影响程度和分布，分析是否存在可能去掉或合并的影响因素，以降低空间故障树的复杂程度。针对上述问题，借鉴因素空间信息增益方法，在空间故障树理论框架内作者提出了化简影响因素的方法，根据影响因素对目标因素的信息增益程度来判断是否降维。

3.6.1 故障影响因素降维方法

① 针对空间故障树数据的特点，设数据的论域为 $U=\{u_1, u_2, \cdots, u_m\}$，$m$ 为对象状态个数。设故障状态中包含 n 个因素，其中前 $n-1$ 个因素为影响因素 $f_{1\sim n-1}$，最后一个为目标因素 f_n，算法中目标因素专指故障概率。划分每个因素的定性相 $X(f_i)=\{K_1, K_2, \cdots\}$，$K_i$ 表示因素 f_i 对应的相，定性相对应的数值表示范围 $D(f_i)=\{(a_1, a_2], \cdots, (a_{k-1}, a_k]\}$。

② 建立因素相空间的笛卡儿积相空间。在 U 上的 n 个因素的定性相空间 $X=X(f_1)\times\cdots\times X(f_n)$，状态指 $\boldsymbol{a}=(a_1, \cdots, a_n)\in X$。去除虚状态，得到 U 上的 n 个因素组成的背景关系 R。

③ 根据背景关系 R，构建因素背景关系状态对应表。表内容包括状态 $U=\{u_1, u_2, \cdots, u_m\}$、影响因素相、目标因素相、相组合对应状态的频数 q、频数对应的频率 q'。频数通过对应的工程实例故障数据参照因素相的数值划分归类确定。频率为频数除以频数总和 Q。

④ 计算各因素的边缘分布，如式(3.24)所示。

$$P_{k'}^{n'} = p^*(X_{k'}(f_{n'})) = \sum p^*(X(f_1)\times\cdots\times X(f_n) \mid X_{k'}(f_{n'}) = X(f_{n'}),\ u_i) \tag{3.24}$$

式中：n'代表因素序号，$n'=[1,n]$；k'代表相序号，$k'=[1,k-1]$；u_i代表对应的状态。边缘分布 $\boldsymbol{p}^{n'}=(P_1^{n'},P_2^{n'},\cdots,P_k^{n'})$。

⑤ 影响因素对目标因素的影响分析。设 $f_{n'}$ 为影响因素，f_n 为目标因素，则通过比较 p^* 和 $\boldsymbol{p}^n$ 的关系来了解影响因素对目标因素在某种状态的概率。其中，$\boldsymbol{p}^n$ 如式(3.25)所示，p^* 如式(3.26)所示。

$$\boldsymbol{p}^n = (p^*(X(f_1)),\ p^*(X(f_2)),\cdots,p^*(X(f_{k-1}))) \tag{3.25}$$

$$p^*(F_{n'\to n}(u^*) = X(f_1)\times\cdots\times X(f_{n'-1})\times * \times X(f_{n'+1})\times\cdots\times X(f_n) \mid f_n(u^*) = X_{k'}(f_n)) \tag{3.26}$$

式中，$F_{n'\to n}(u^*)=\{F_{n'\to n}(u^*) \mid f_{n'}(u^*)=X_{k'}(f_{n'})$ 且 $f_n(u^*)=X_{k'}(f_n)\}$；$p^*(F_{n'\to n}(u^*)=X(f_1)\times\cdots\times X(f_{n'-1})\times * \times X(f_{n'+1})\times\cdots\times X(f_n))$。

⑥ 构建影响因素对目标因素的条件分布表。表中数据来源于步骤⑤的计算结果。表列分别为 $p^*(X(f_n)\mid X(f_1)),f_1,p^*(X(f_n)\mid X(f_2)),f_2,\cdots,p^*(X(f_n)\mid X(f_{n-1})),f_{n-1}$；表行为 $X(f_i)=\{K_1,K_2,\cdots\}$。条件为 $\boldsymbol{p}^n=p^*(X(f_n))$。构建不同目标因素状态下的条件分布表，数量与 $X(f_n)=\{K_1,K_2,\cdots\}$的相的数量相同。

⑦ 计算影响因素对故障概率的信息增益。对于目标因素 f_n来说，其边缘相分布 $p^n=\{p_1^n,\cdots,p_k^n\}$ 是一个有限分布列，其熵如式(3.27)所示。

$$H(X(f_4)) = -\sum_k p_k^n \ln p(p_k^n) \tag{3.27}$$

可求条件概率 $p(X(f_n)\mid X(f_k))$ 对于 k 也是一个有限分布列，记其熵如式(3.28)所示。

$$H(X(f_n)\mid X(f_k)) = -\sum_k p(X(f_n)\mid X(f_k)) \ln p(X(f_n)\mid X(f_k)) \tag{3.28}$$

这个熵是因素 f_n固定在相 $X(f_n)$时结果因素相分布的商，其数学期望如式(3.29)所示，叫影响因素 f_k对目标因素 f_n的条件熵。

$$H(X(f_n)\mid X(f_k)) = \sum_l H(X(f_n)\mid X(f_k))p(X(f_k)) \tag{3.29}$$

影响因素 f_k对目标因素 f_n的信息增益如式(3.30)所示。

$$\Delta H(f_k) = H(f_n) - H(f_n \mid f_k) \tag{3.30}$$

⑧ 分析影响因素对目标因素的信息增益情况，根据可降维因素的判断标准，选择适合的影响因素进行降维。

更为详尽的定义及描述请见本章参考文献[1,9-16]。

3.6.2 实例分析

步骤 1：

根据第 2 章所提供的实例背景，下面介绍一个电气元件的故障分析案例。在故障状态中包含 4 个因素，其中 3 个影响因素为使用时间 f_1、使用温度 f_2 和使用湿度 f_3，一个目标因素为元件故障概率 f_4。

划分每个因素的定性相及对应的数值表示范围：

$X(f_1)=X$(使用时间)$=\{K_1,K_2,K_3\}=$\{短，中，长\}

$D(f_1)=\{[a_1,a_2],(a_2,a_3],(a_3,a_4]\}=\{[0,15]\text{d},(15,30]\text{d},(30,50]\text{d}\}$

$X(f_2)=X$(使用温度)$=\{K_1,K_2,K_3\}=$\{低，中，高\}

$D(f_2)=\{[a_1,a_2],(a_2,a_3],(a_3,a_4]\}=\{[0,15]℃,(15,25]℃,(25,40]℃\}$

$X(f_3)=X$(使用湿度)$=\{K_1,K_2,K_3\}=$\{低，中，高\}

$D(f_3)=\{[a_1,a_2],(a_2,a_3],(a_3,a_4]\}$

$=\{[0,60]\%,(60,85]℃,(85,100]℃\}$

$X(f_4)=X$(故障概率)$=\{K_1,K_2,K_3\}=$\{低，中，高\}

$D(f_4)=\{[a_1,a_2],(a_2,a_3],(a_3,a_4]\}$

$=\{[0,30]\%,(30,60]\%,(60,100]\%\}$

步骤 2：

4 个因素分别为 $f_1=$使用时间，$f_2=$使用温度，$f_3=$使用湿度，$f_4=$故障概率，构成因素相空间的笛卡儿积相空间：$X=X(f_1)\times X(f_2)\times X(f_3)\times X(f_4)=$\{短低低低，短低低中，短低低高，短中低低，短中低中，短中低高，短高低低，短高低中，短高低高，中低低低，中低低中，中低低高，中中低低，中中低中，中中低高，中高低低，中高低中，中高低高，长低低低，长低低中，长低低高，长中低低，长中低中，长中低高，长高低低，长高低中，长高低高，…\}，被省略的因素相为上述相中第三项 $X(f_3)=$低改为中和高所对应的相，X 被分为 81 个格子。

可根据常识性知识去除虚状态，比如在本例中，元件故障概率随使用时间的增加而增加，当 $X(f_1)=$长时，$X(f_3)\neq$低或中。所以，状态[长 * * 低]和[长 * * 中]是虚状态，其中 $**=X(f_2)\ X(f_2)$。相空间中的虚状态有\{长低低低，长低低中，长中低低，长中低中，长高低低，长高低中，…\}，为 18 个格子。去除上述 18 个格子，剩余具有物理逻辑意义的状态有\{短低低低，短低低中，短低低高，短中低低，短中低中，短中低高，短高低低，短高低中，短高低高，中低低低，中低低中，中低低高，中中低低，中中低中，中中低高，中高低低，中高低中，中高低高，长低低高，长中低高，长高低高\}，为 63 个格子，构成背景关系 R。

步骤 3：

根据上述确定的相空间中状态来统计本章参考文献[8]中的故障数据，形成因素背景关系状态对应表，如表 3.11 所示。$Q=\sum q=2\,101$，表 3.11 为论域 U 的商空间 U^*，将频数除以 q 得到各状态出现的频率 q'。

步骤 4：

计算各因素的边缘分布，如表 3.12 所示。

步骤 5：

影响因素对目标因素的影响分析如表 3.13 所示。

步骤 6：

构建影响因素对目标因素的条件分布表。故障概率为低、中、高的条件分布表分别如表 3.14、表 3.15、表 3.16 所示。

表 3.11　因素背景关系状态对应表

U	u_1	u_2	u_3	u_4	u_5	u_6	u_7	u_8	u_9	u_{10}	u_{11}	u_{12}	u_{13}	u_{14}	u_{15}
使用时间 f_1	短	短	短	短	短	短	短	短	短	中	中	中	长	长	长
使用温度 f_2	低	低	低	中	中	中	高	高	高	低	中	高	低	中	高
使用湿度 f_3	低	低	中	低	中	高	低	低	高	高	高	高	高	中	高
故障概率 f_4	低	中	高	低	中	高	低	中	高	高	高	高	高	高	高
频数 q	6	18	222	20	38	110	1	14	220	250	160	230	339	170	303
频率 q'	0.002 9	0.008 6	0.105 7	0.009 5	0.018 1	0.052 4	0.000 5	0.006 7	0.104 7	0.119 0	0.076 2	0.109 5	0.161 4	0.080 9	0.144 2

表 3.12　各因素的边缘分布计算结果

因　素	f_1＝使用时间	f_2＝使用温度	f_3＝使用湿度	f_4＝故障概率
边缘分布	$p_1^1=p^*$(短)＝0.309 1	$p_1^2=p^*$(低)＝0.397 6	$p_1^3=p^*$(低)＝0.028 2	$p_1^4=p^*$(低)＝0.012 9
	$p_2^1=p^*$(中)＝0.304 7	$p_2^2=p^*$(中)＝0.237 1	$p_2^3=p^*$(中)＝0.204 7	$p_2^4=p^*$(中)＝0.033 4
	$p_3^1=p^*$(长)＝0.386 5	$p_3^2=p^*$(高)＝0.365 6	$p_3^3=p^*$(高)＝0.767 4	$p_3^4=p^*$(高)＝0.954 0

表 3.13　影响因素对目标因素的影响

因　素	f_1 的各种条件概率	f_2 的各种条件概率	f_3 的各种条件概率
影响因素对目标因素的影响	$p^*(F_{1\to4}(u^*))=0.0417$	$p^*(F_{2\to4}(u^*))=0.0073$	$p^*(F_{2\to4}(u^*))=0.0073$
	$p^*(F_{1\to4}(u^*))=0$	$p^*(F_{2\to4}(u^*))=0.0401$	$p^*(F_{3\to4}(u^*))=0$
	$p^*(F_{1\to4}(u^*))=0$	$p^*(F_{2\to4}(u^*))=0.0014$	$p^*(F_{3\to4}(u^*))=0$
	$p^*(F_{1\to4}(u^*))=0.1081$	$p^*(F_{2\to4}(u^*))=0.0216$	$p^*(F_{3\to4}(u^*))=0.5426$
	$p^*(F_{1\to4}(u^*))=0$	$p^*(F_{2\to4}(u^*))=0.0763$	$p^*(F_{3\to4}(u^*))=0.0884$
	$p^*(F_{1\to4}(u^*))=0$	$p^*(F_{2\to4}(u^*))=0.0183$	$p^*(F_{3\to4}(u^*))=0$
	$p^*(F_{1\to4}(u^*))=0.8502$	$p^*(F_{2\to4}(u^*))=0.9711$	$p^*(F_{3\to4}(u^*))=0$
	$p^*(F_{1\to4}(u^*))=1$	$p^*(F_{2\to4}(u^*))=0.8836$	$p^*(F_{3\to4}(u^*))=0.9116$
	$p^*(F_{1\to4}(u^*))=1$	$p^*(F_{2\to4}(u^*))=0.9803$	$p^*(F_{3\to4}(u^*))=1$

表 3.14　故障概率为低的条件分布表

$p^*(X(f_4)=低\mid X(f_1))$	使用时间	$p^*(X(f_4)=低\mid X(f_2))$	使用温度	$p^*(X(f_4)=低\mid X(f_3))$	使用湿度
$X(f_1)=短$	0.041 7	$X(f_2)=低$	0.007 3	$X(f_3)=低$	0.007 3
$X(f_1)=中$	0	$X(f_2)=中$	0.040 1	$X(f_3)=中$	0
$X(f_1)=长$	0	$X(f_2)=高$	0.001 4	$X(f_3)=高$	0
$p_1^4=p^*(低)=0.012\,9$					

表 3.15　故障概率为中的条件分布表

$p^*(X(f_4)=中\mid X(f_1))$	使用时间	$p^*(X(f_4)=中\mid X(f_2))$	使用温度	$p^*(X(f_4)=中\mid X(f_3))$	使用湿度
$X(f_1)=短$	0.108 1	$X(f_2)=低$	0.021 6	$X(f_3)=低$	0.542 6
$X(f_1)=中$	0	$X(f_2)=中$	0.076 3	$X(f_3)=中$	0.088 4
$X(f_1)=长$	0	$X(f_2)=高$	0.018 3	$X(f_3)=高$	0
$p_2^4=p^*(中)=0.033\,4$					

表 3.16　故障概率为高的条件分布表

$p^*(X(f_4)=高\mid X(f_1))$	使用时间	$p^*(X(f_4)=中\mid X(f_2))$	使用温度	$p^*(X(f_4)=中\mid X(f_3))$	使用湿度
$X(f_1)=短$	0.850 2	$X(f_2)=低$	0.971 1	$X(f_3)=低$	0
$X(f_1)=中$	1	$X(f_2)=中$	0.883 6	$X(f_3)=中$	0.911 6
$X(f_1)=长$	1	$X(f_2)=高$	0.980 3	$X(f_3)=高$	1
$p_3^4=p^*(高)=0.954\,0$					

步骤 7：

$p^4=(p^*(低),p^*(中),p^*(高))=(0.012\,9,0.033\,4,0.954\,0)$，计算目标因素的熵值，$H(X(f_4))=0.309\,6$。表 3.13～表 3.15 中的 0 值不参加计算。

$f_1=$使用时间的信息增益计算：

$$
\begin{aligned}
H(X(f_4)\mid X(f_1)=短)=&-p^*(X(f_4)=低\mid X(f_1)=短)\times\\
&\ln p^*(X(f_4)=低\mid X(f_1)=短)-p^*(X(f_4)=中\mid X(f_1)=短)\times\\
&\ln p^*(X(f_4)=中\mid X(f_1)=短)-p^*(X(f_4)=高\mid X(f_1)=短)\times\\
&\ln p^*(X(f_4)=高\mid X(f_1)=短)\\
=&-0.041\,7\times\ln 0.041\,7-0.108\,1\times\ln 0.108\,1-0.850\,2\times\ln 0.850\,2\\
=&\,0.737\,2
\end{aligned}
$$

其余同理，如表 3.17 所示。

表 3.17 信息增益计算

因素	f_1=使用时间	f_2=使用温度	f_3=使用湿度
信息增益	$H(X(f_4)\mid X(f_1)=短)=0.7372$ $H(X(f_4)\mid X(f_1)=中)=0$ $H(X(f_4)\mid X(f_1)=高)=0$ $H(X(f_4)\mid X(f_1))=0.0095$	$H(X(f_4)\mid X(f_2)=短)=0.2124$ $H(X(f_4)\mid X(f_2)=中)=0.6271$ $H(X(f_4)\mid X(f_2)=高)=0.1470$ $H(X(f_4)\mid X(f_2))=0.1639$	$H(X(f_4)\mid X(f_3)=短)=0.5304$ $H(X(f_4)\mid X(f_3)=中)=0.4311$ $H(X(f_4)\mid X(f_3)=高)=0$ $H(X(f_4)\mid X(f_3))=0.0212$
信息增益	$\Delta H(f_1)=0.3001$	$\Delta H(f_2)=0.1457$	$\Delta H(f_3)=0.2884$

步骤 8:

分析影响因素对目标因素的信息增益情况,选择适合的影响因素进行降维。

使用时间、使用温度和使用湿度对故障概率的信息增益分别为 0.300 1、0.145 7、0.288 4,即使用时间对故障概率的影响最大,使用湿度其次,使用温度最小。

使用时间和使用湿度对故障概率的影响程度相近,但影响的分布是不同的。当故障概率为低时,使用时间短和使用湿度低对其影响方式相同,但程度不同。即使用时间中长和使用湿度中高对故障概率低的概率无影响;而使用时间短和使用湿度低对故障概率低均有影响,但前者影响较后者大得多,是后者的 0.041 7/0.007 3=5.7 倍。当故障概率为中时,使用时间长和使用湿度高均对故障概率中无影响,其余对应状态的影响程度差别较大。当故障概率为高时,使用时间长和使用湿度高完全决定了故障状态高,其余对应状态的影响程度差别较大。所以尽管使用时间和使用湿度对故障概率的影响程度接近,但影响分布不同,两者影响不能相互代替,即不能通过去掉使用时间或使用湿度来进行影响因素降维。

使用温度对故障概率的影响最小,根据上段分析思路,可知使用温度在故障概率为低中高的状态下,其影响分布最广泛。在故障概率低中时使用温度影响较小,在故障概率高时使用温度影响较大。这些特征与使用时间和使用湿度影响分布差别较大。所以也不能通过去掉该因素进行降维。

综上,得到可通过去掉影响因素进行空间故障树降维的条件为:①该影响因素对目标因素的信息增益较小,根据概率分布特点,一般小于 0.05 的增益因素可被删除,即可忽略情况;②当两个影响因素对目标因素的信息增益差小于 0.05,且这两个影响因素对目标因素的影响分布(条件概率分布)基本相同时,可通过因素合并减少影响因素,即可等同情况。基本相同指在所有目标因素状态下两影响因素对应状态的条件概率值差小于 0.05,满足这样的状态数占总状态数的比例大于 0.95。上述两种情况均为可去掉影响因素进行降维的情况。

本节的研究贡献在于根据因素空间理论中的因素增益法,制订了空间故障树中的影响因素降维方法。方法的基本思路为：当两个影响因素对目标因素的信息增益相近或很小时，可将该影响因素替换或直接删除，来达到降低空间故障树中影响因素组成的故障空间维度。方法步骤包括构建论域，形成背景关系，编制因素背景关系状态对应表，计算因素边缘分布，影响因素对目标因素的影响分析，构建影响因素对目标因素的条件分布表，计算影响因素对故障概率的信息增益，分析是否可以降维。

3.7 本章小结

本章的主要内容是使用因素空间已有研究成果处理空间故障树理论中的因素与故障数据关系问题。将因素空间理论与空间故障树理论融合，当然因素空间理论中的方法并不能完全适应系统可靠性。因此作者根据空间故障树理论及故障数据特点，增加了必要的定义，修改了一些原有定义和方法。

从研究的过程和实例分析可知，因素空间和空间故障树理论的结合是成功的，进行了有效的系统故障数据和可靠性研究，也为相关领域借鉴这两个理论提供了样本和途径。本章内容部分参考了本章参考文献[17-22]，如读者在阅读过程中存在问题，请查阅这些文献。

本章参考文献

[1] 汪培庄. 因素空间与因素库[J]. 辽宁工程技术大学学报(自然科学版)，2013,32(10):1-8.

[2] 李雨明. 不确定数据的挖掘算法研究[D]. 上海：上海交通大学，2015.

[3] 汤克明. 不确定数据流中频繁数据挖掘研究[D]. 南京：南京航空航天大学，2012.

[4] 董俊. 不确定数据中数据挖掘方法的研究[D]. 秦皇岛：燕山大学，2012.

[5] 崔铁军，马云东. 多维空间故障树构建及应用研究[J]. 中国安全科学学报，2013，23(4):32-37.

[6] 崔铁军，马云东. 基于模糊结构元的 SFT 概念重构及其意义[J]. 计算机应用研究，2016，33(7):1957-1960.

[7] 李莎莎，崔铁军，马云东，等. SFT 下的云化故障概率分布变化趋势研究[J]. 中国安全生产科学技术，2015,11(11):18-24.

[8] 崔铁军，李莎莎，马云东，等. 基于 ANN 求导的 DSFT 中故障概率变化趋

势研究[J]. 计算机应用研究，2017,34(2):449-452.
[9] 汪培庄. 因素空间与概念描述[J]. 软件学报,1992(1):30-40.
[10] 汪培庄,李洪兴. 知识表示的数学理论[M]. 天津:天津科技出版社，1994.
[11] 汪华东，汪培庄，郭嗣琮. 因素空间中改进的因素分析法[J]. 辽宁工程技术大学学报(自然科学版),2015,34(4):539-544.
[12] 汪培庄. 因素空间与数据科学[J]. 辽宁工程技术大学学报(自然科学版),2015,34(2):273-280.
[13] 汪华东,郭嗣琮. 因素空间反馈外延包络及其改善[J]. 模糊系统与数学,2015,29(1):83-90.
[14] 包研科,茹慧英,金圣军. 因素空间中知识挖掘的一种新算法[J]. 辽宁工程技术大学学报(自然科学版)，2014,33(8):1141-1144.
[15] 汪培庄,郭嗣琮,包研科,等. 因素空间中的因素分析[J]. 辽宁工程技术大学学报(自然科学版)，2014,33(7):1-6.
[16] 汪培庄，Sugeno M. 因素场与模糊集的背景结构[J]. 模糊数学,1982 (2):45-54.
[17] 李莎莎，崔铁军，马云东，等. SFT 中故障及其影响因素的背景关系分析[J]. 计算机应用研究，2017，34(11):3277-3280.
[18] 李莎莎，崔铁军，马云东，等. SFT 中因素间因果概念提取方法研究[J]. 计算机应用研究. 2017,34(10) : 2997-3000.
[19] 陈烜，沈玉志，崔铁军. 故障概率与影响因素因果关系的推理方法研究[J]. 计算机应用研究，2017,34(12):3656-3659.
[20] 崔铁军,李莎莎,韩光,等. 基于信息增益的 SFT 中故障影响因素降维方法研究[J]. 安全与环境学报,2018,18(5):1686-1691.
[21] 崔铁军，马云东. 基于因素空间的煤矿安全情况区分方法的研究[J]. 系统工程理论与实践，2015,35(11):2891-2897.
[22] 崔铁军,李莎莎. 空间故障树理论改进与应用[M]. 沈阳：辽宁科技出版社，2019.

第 4 章 因素分析与系统可靠性

因素是空间故障树理论和因素空间理论的共同基础。本章以因素为基础，提出了一些系统可靠性分析方法。这些方法存在于空间故障树理论框架内，同时借助因素空间中的部分思想，完成系统可靠性分析。

4.1 宏观因素与元件重要性分析

在实际对系统安全性的研究中，系统可能是复杂的，使用者并不清楚其内部结构，无法使用定量的如事故树等方法对系统安全性进行定量分析。系统由大量元件组成，是个复杂组合，元件的可靠性本身就是个问题，是个统计值。系统中各种元件对系统的可靠性影响不同，研究时应该主要关注那些经常故障被换掉的元件。元件的可靠性在系统工作环境变化中对于不同元件是不同的。如第 2 章的实例系统，在该系统使用环境下，其元件可靠度是不同的，导致整个系统在不同的使用温度和使用时间下的可靠度不同。这个系统是较简单的，可以使用空间事故树理论进行可靠性分析，但是对于大型系统，这样的方法显得很困难。

作者从实际研究出发，收集了一个电器系统的维修资料，包括系统的故障次数、维修时更换的零件(种类及数量)，以及发生故障的时间和环境温度，试图从宏观统计分析的角度解决元件与系统可靠性之间的关系。作者基于因素空间理论构建了系统，使用元件可靠性敏感的使用时间和使用温度组成因素集，使用维修资料来研究那些被更换过的元件种类在不同条件下对系统的重要性，并进行排序，从而为现场使用人员确定不同环境状态下元件的重要性提供依据，解决在不同环境下预测系统的故障问题，提前为确定更换元件种类和数量等方面提供保障。

4.1.1 元件重要性分析方法

将因素空间与空间事故树理论作为基础，构建系统 $T=\{U,C,D\}$，将元件作为研究对象集合 U，将系统工作的宏观环境作为因素集 C，将元件重要性排序集作为 D。对宏观环境中的工作时间 a_1 和温度 a_2 进行划分，形成不同的状态区域 S_q，计算在 S_q 中元件 x_j 的失效权重 $\gamma(A_{S_q}(x_j))$和在 S_q 中系统 T 的失效权重 $\delta(A_{S_q}(T))$，从而得到 x_j 在 S 状态下的等效失效权重 $Z(A_{S_q}(x_j))$，以及在研究状态下的原件重要性排序 D_η。具体定义和解释如下。

定义 4.1 系统 $T=\{U,C,D\}$为考虑宏观环境下元件重要性的决策系统；$U=\{x_j\}$，$j=1,\cdots,J$ 为系统中元件对象集，x_j 表示一个元件，J 为系统中元件的数量；$C=\{a_i\}$，$i=1,\cdots,I$ 为影响系统可靠性的宏观因素集，a_i 为宏观因素，I 为系统宏观环境因素量，D 为元件重要性排序。

定义 4.2 设 $p(a_i)$为对于因素 a_i 的连续区间域，$P(a_i)$为整个系统的关于 a_i 的研究域，那么 $p(a_i)\subseteq P(a_i)$。设 a_1，a_2 分别表示影响系统的温度和工作时间，系统工作额定温度为 0～40 ℃，每隔 100 天大修一次，可表示为 $P(a_1)=[0,40]$℃，$P(a_2)=[0,100]$d，那么可以 $p(a_1)=[0,10)$℃，$p(a_2)=[0,25)$d。

在研究中必须清晰地划分整个研究环境 $P(a_1)\cdots P(a_I)$。

定义 4.3 对因素 a_i 的作用区域 $P(a_i)$进行划分，将其划分为 n 个子区间，即 $p_1(a_i)\cdots p_n(a_i)$，满足 $p_m(a_i)\cap p_v(a_i)=\varnothing$，$m\neq v$，$m,v\in\{1,\cdots,n\}$且 $P(a_i)=p_1(a_i)\cup p_2(a_i)\cup\cdots\cup p_n(a_i)$。不同 a_i 划分的组合状态域 $S_q=p_\iota(a_1)\diamondsuit p_\iota(a_2)\diamondsuit\cdots\diamondsuit p_\iota(a_I)$，$q\in\{1,\cdots,Q\}$，$\iota$ 为每个 a_i 中的一个划分，◇在文中表示因素共同作用下的环境。那么 S_q 的数量 Q 为每个因素 a_i 划分数量的乘积，S_q 的排序由 a_i 的 i 由小到大表示。设 $S=P(a_1)\diamondsuit\cdots\diamondsuit P(a_I)$，表示整个额定状态。如上例将 a_1 温度域等分为 4 份，$p_1(a_1)=[0,10)$℃，$p_2(a_1)=[10,20)$℃，$p_3(a_1)=[20,30)$℃，$p_4(a_1)=[30,40]$℃；将 a_2 时间域等分为 4 份，$p_1(a_2)=[1,25)$d，$p_1(a_2)=[25,50)$d，$p_1(a_2)=[50,75)$d，$p_1(a_2)=[75,100]$d，那么 $Q=4\times4=16$，$S_1=p_1(a_1)\diamondsuit p_1(a_2)$，$S_5=p_1(a_1)\diamondsuit p_2(a_2)$。

定义 4.4 $A_{S_q}(X)$表示系统 T 在因素 S_q 的影响下，各元件和系统表现出来的特征值，即系统和元件的失效次数，$X\in\{x_1,\cdots,x_J,T\}$。在 $S_1=p_1(a_1)\diamondsuit p_1(a_2)$条件下，元件 x_1 的失效次数可表示为 $A_{S_1}(x_1)=3$，$A_{S_1}(T)=5$ 表示在该条件下，系统失效次数为 5。

定义 4.5 $\gamma(A_{S_q}(X))$，$X\in\{x_1,\cdots,x_J\}$为系统 T 在 S_q 状态的影响下某一元件 x_j 的失效权重，如式(4.1)所示。

$$\gamma(A_{S_q}(x_j))=\frac{A_{S_q}(x_j)}{\sum_{ii=1}^{J}A_{S_q}(x_{ii})} \tag{4.1}$$

定义 4.6　$\delta(A_{S_q}(T))$为系统 T 在 S_q 状态影响下的失效权重，如式(4.2)所示。

$$\delta(A_{S_q}(T))=\frac{A_{S_q}(T)}{\sum_{q=1}^{Q}A_{S_q}(T)} \tag{4.2}$$

定义 4.7　$Z(A_{S_q}(X)),X\in\{x_1,\cdots,x_J\}$为元件 x_j 在 S_q 状态影响下失效权重换算成在 S 状态下的等效失效权重，如式(4.3)所示。

$$Z(A_{S_q}(x_j))=\gamma(A_{S_q}(x_j))\times\delta(A_{S_q}(T)) \tag{4.3}$$

定义 4.8　$D_\eta=\{\nabla x_j\}$表示系统在 $\eta=\Diamond S_q,q\in\{1,\cdots,Q\}$的环境中全部原件的重要性排序，$\nabla$表示降序。

4.1.2　实例分析

根据收集的一个电器系统的维修资料，包括系统的故障次数、维修时更换的零件及发生故障的时间和环境温度，建立系统 $T=\{U,C,D\}$，$U=\{x_1,x_2,x_3,x_4\}$为系统中元件对象集，x_1,x_2,x_3,x_4 表示这个系统维修时更换过的 4 种元件；$C=\{a_1,a_2\}$为影响系统可靠性的宏观因素集，a_1,a_2 分别表示系统工作温度(℃)和工作时间(d)；D 为元件重要性排序。

由于维修资料统计数据较多，使用表的结构化形式进行罗列，图 4.1 为研究区域 S_1(使用温度为 0～10 ℃且使用时间在 0～25 d)的信息表，表中数据显示了对应的符号表示，具体计算见式(4.1)～式(4.3)。图 4.2 是由 16 个具有图 4.1 形式的表组成的，由于篇幅所限，这里只给出数据，不标注对应的符号。

	$p_1(a_1)=[0,10)$℃		
$p_1(a_2)=[0,25)$d	$A_{S_q}(x_1)=3$	$\gamma(A_{S_q}(x_1))=0.2727$	$Z(A_{S_q}(x_1))=0.0142$
	$A_{S_q}(x_2)=3$	$\gamma(A_{S_q}(x_2))=0.2727$	$Z(A_{S_q}(x_2))=0.0142$
	$A_{S_q}(x_3)=2$	$\gamma(A_{S_q}(x_3))=0.1818$	$Z(A_{S_q}(x_3))=0.0142$
	$A_{S_q}(x_4)=3$	$\gamma(A_{S_q}(x_4))=0.2727$	$Z(A_{S_q}(x_4))=0.0142$
	$A_{S_q}(T)=5$	$\delta(A_{S_q}(T))=0.0521$	$q=1$

图 4.1　研究区域 S_1 的信息表

	$p_1(a_1)=[0,10)$℃			$p_2(a_1)=[10,20)$℃			$p_3(a_1)=[20,30)$℃			$p_4(a_1)=[30,40]$℃		
$p_1(a_2)=$[0,25)d	3	0.272 7	0.014 2	3	0.375 0	0.015 6	5	0.454 5	0.019 0	5	0.312 5	0.022 8
	3	0.272 7	0.014 2	2	0.250 0	0.010 4	2	0.181 8	0.007 6	3	0.187 5	0.013 7
	2	0.181 8	0.009 5	1	0.125 0	0.005 2	1	0.090 9	0.003 8	4	0.250 0	0.018 2
	3	0.272 7	0.014 2	2	0.250 0	0.010 4	3	0.272 7	0.011 4	4	0.250 0	0.018 2
	5	0.052 1	1	4	0.041 7	2	4	0.041 7	3	7	0.072 9	4
$p_2(a_2)=$[25,50)d	3	0.300 0	0.015 6	3	0.333 3	0.013 9	4	0.363 6	0.018 9	5	0.277 8	0.020 3
	2	0.200 0	0.010 4	3	0.333 3	0.013 9	2	0.181 8	0.009 5	4	0.222 2	0.016 2
	2	0.200 0	0.010 4	1	0.111 1	0.004 6	2	0.181 8	0.009 5	4	0.222 2	0.016 2
	3	0.300 0	0.015 6	2	0.222 2	0.009 3	3	0.272 7	0.014 2	5	0.277 8	0.020 3
	5	0.052 1	5	4	0.041 7	6	5	0.052 1	7	7	0.072 9	8
$p_3(a_2)=$[50,75)d	3	0.230 8	0.014 4	3	0.272 7	0.014 2	5	0.384 6	0.024 0	5	0.250 0	0.020 8
	2	0.153 8	0.009 6	3	0.272 7	0.014 2	2	0.153 8	0.009 6	4	0.200 0	0.016 7
	4	0.307 7	0.019 2	2	0.181 8	0.009 5	3	0.230 8	0.014 4	5	0.250 0	0.020 8
	4	0.307 7	0.019 2	3	0.272 7	0.014 2	3	0.230 8	0.014 4	6	0.300 0	0.025 0
	6	0.062 5	9	5	0.052 1	10	6	0.062 5	11	8	0.083 3	12
$p_4(a_2)=$[75,100]d	5	0.312 5	0.022 8	4	0.266 7	0.019 4	5	0.294 1	0.021 4	6	0.260 9	0.024 5
	3	0.187 5	0.013 7	3	0.200 0	0.014 6	4	0.235 3	0.017 2	6	0.260 9	0.024 5
	4	0.250 0	0.018 2	4	0.266 7	0.019 4	3	0.176 5	0.012 9	5	0.217 4	0.020 4
	4	0.250 0	0.018 2	4	0.266 7	0.019 4	5	0.294 1	0.021 4	6	0.260 9	0.024 5
	7	0.072 9	13	7	0.072 9	14	7	0.072 9	15	9	0.093 8	16

图 4.2 研究区域 S 的信息表

图 4.2 中底纹较深部分的数据就是该方法形成的最终数据，也是下一步分析的基础。这些数据显示了在某个环境 $S_q=p_{\iota\in\{1,2,3,4\}}(a_1)\cap p_{\iota\in\{1,2,3,4\}}(a_2)$ 下，某个元件 x_j 的失效对系统 T 失效作用的权重。

计算 $D_\eta=\{\nabla x_j\}$，这里 x_j 的排序值为 $\sum Z(A_{S_q}(x_j))$，$S_q\subset\eta$，即在指定环境下 x_j 的等效失效权重之和。

整个系统额定工作范围：使用温度为 0～40 ℃且使用时间在 0～100 d。对于导致系统 T 失效的元件 x_j，重要度排序可表示为：$\eta=S$，$D_\eta=\{x_1=0.301\,8,x_4=0.269\,9,x_2=0.216\,0,x_3=0.212\,2\}$。说明在整个额定状态下工作，$x_1$ 失效导致系统失效的概率为 30.18%，x_2 为 21.6%，x_3 为 21.22%，x_4 为 26.99%，x_1 在该环境范围内对系统失效的影响最大，元件重要性依次为 $x_1>x_4>x_2>x_3$。

那么不同环境范围工作的系统，其元件失效对系统失效的作用是相同的吗？下面列举了 3 个不同环境区域的元件重要性排序：

$\eta_1=S_9\diamondsuit S_{10}\diamondsuit S_5\diamondsuit S_6$

$D_{\eta_1}=\{x_4=0.058\,3,x_1=0.058\,1,x_2=0.048\,1,x_3=0.043\,7\}$

$\eta_2=S_6\diamondsuit S_7\diamondsuit S_{10}\diamondsuit S_{11}$

$D_{\eta_2}=\{x_1=0.071\,0,x_4=0.052\,1,x_2=0.047\,2,x_3=0.038\,0\}$

$\eta_3 = S_{15} \Diamond S_{16} \Diamond S_{11} \Diamond S_{12}$

$D_{\eta_3} = \{x_1 = 0.0907, x_4 = 0.0853, x_3 = 0.0685, x_2 = 0.0680\}$

可见在不同工作条件下,对哪种元件导致系统失效的关注是不一样的,也就是说哪种元件最容易导致系统失效在不同环境下是不一样的。在实际中可根据图 4.2 具体确定某一工作环境条件下的元件重要度。

利用图 4.2 也可以分析各元件 x_j 对 a_i 的敏感性。可将图 4.2 中底纹较深的部分相对位置不变地组成另一个表,设为表 σ。对表 σ 进行处理形成相对温度的敏感性数据表 k_1,如图 4.3 所示。

0	0.162 8	0.558 1	1.000 0
1.000 0	0.424 2	0	0.924 2
0.395 8	0.097 2	0	1.000 0
0.487 2	0	0.128 2	1.000 0
0.265 6	0	0.781 3	1.000 0
0.134 3	0.656 7	0	1.000 0
0.500 0	0	0.422 4	1.000 0
0.572 7	0	0.445 5	1.000 0
0.020 4	0	1.000 0	0.673 5
0	0.647 9	0	1.000 0
0.858 4	0	0.433 6	1.000 0
0.463 0	0	0.018 5	1.000 0
0.666 7	0	0.392 2	1.000 0
0	0.083 3	0.324 1	1.000 0
0.706 7	0.866 7	0	1.000 0
0	0.190 5	0.507 9	1.000 0

图 4.3　相对温度的敏感性数据表

对表 σ 进行处理,形成相对温度的敏感性元件决策表,如图 4.4 所示。图 4.5 与图 4.4 的处理方法相同,只是把统计的重点转移到了时间因素上。

	$p_1(a_1)=$ [0,10)℃	$p_2(a_1)=$ [10,20)℃	$p_3(a_1)=$ [20,30)℃	$p_4(a_1)=$ [30,40]℃
x_1	0.225 0	0	0.731 7	1.000 0
x_2	0.225 1	0.413 3	0	1.000 0
x_3	0.510 5	0.034 3	0	1.000 0
x_4	0.349 8	0	0.238 8	1.000 0

图 4.4　相对温度的敏感性元件决策表

	$p_1(a_2)=$ [0,25)d	$p_1(a_2)=$ [25,50)d	$p_1(a_2)=$ [50,75)d	$p_1(a_2)=$ [75,100]d
x_1	0.074 0	0.967 4	0	1.000 0
x_2	1.000 0	0.407 6	0.255 6	0
x_3	0	0.397 4	0.739 6	1.000 0
x_4	0.249 5	1.000 0	0	0.404 1

图 4.5　相对时间的敏感性元件决策表

从图 4.4 中可以看出，元件 x_1 和 x_4 适合在 10～20 ℃范围内工作，x_2 和 x_3 适合在 20～30 ℃范围内工作，它们的失效对系统失效影响不大，即分别在这些环境下 x_1 和 x_4 与 x_2 和 x_3 对系统是不重要的，维修时可以少储备这些元件；在 30～40 ℃范围内工作，x_1，x_2，x_3 和 x_4 对系统都很重要，这种环境下运行系统要充足地准备这些元件。从整体上看，这个系统适合在 10～30 ℃范围内工作。

从图 4.5 中可以看出，系统在工作 25～50 d 期间内的故障较多，这段时间应多存储备用元件。50～75 d 期间内系统故障较少。图 4.5 中 0 的出现看上去不符合常理，因为 0～25 d 期间是大修完成后的时间，这时的元件应该是质量最好的，不应发生失效，即表中数值应为 0，同理 75～100 d 期间内数值应为 1。其实根据维修记录，有时系统故障的元件定位不准，一次系统失效可能更换很多元件，同时也可能把正常的元件更换掉；而且大修并不是全部更换新元件，大修是全面检测系统运行，以减少可能的故障，大量临近失效的元件仍在系统中，可能随时失效。所以造成了图 4.5 中 0 的分布，但是这个分布在长时间的统计过程中基本上是循环出现的。

综上，系统在 10～30 ℃且 50～75 d 环境下工作的可靠性是最高的。其余时间可以按照对图 4.4 和图 4.5 的分析准备不同类型的元件，以便系统故障时更换，保证系统正常运行。

本节的研究贡献在于构建了对系统中元件重要性的分析方法。该方法的特点在于，在不知道系统结构的情况下，通过日常系统维修资料来确定系统中元件失效导致系统失效的可能性，可得到系统在不同环境条件下工作时元件重要性的排序，并可得到不同工作环境下元件对系统的重要程度是不同的的结论。在不同的工作环境下，根据元件失效对系统失效的重要程度，存储备用元件。在给定工作环境下，重要性大的元件多储备，重要性小的元件少储备，并指导实际工程。

4.2　状态迁移与系统适应性改造

系统的使用者总是希望系统有较高的可靠性,更重要的是其可靠性的变化不能太大,变化太大会使使用者无从把握系统。为使系统在不同工作环境下的可靠性稳定,就要对系统采取一系列措施进行适应性改造。如何确定这些措施的成本,是在元件或子系统的层面确定,还是在整个系统的层面确定,这些对提前应对环境变化加以准备的工作有指导意义。

本节根据实际工程研究了一个电器系统的改造案例,提炼了系统迁移的几个状态,按照重现原则将系统划分为几个子系统,先确定这几个子系统在不同状态之间迁移适应性改造措施及其成本,根据事故树对系统进行结构化表示,确定整个系统在不同状态之间迁移适应性改造措施集及其成本,从而在可预测的下一个工作环境状态来临前,储备好为适应这个状态采取改造措施的成本。

4.2.1　系统适应性改造成本确定方法

实例为 2.1 节中的电气系统,系统进行化简后的结构表示为 $T=X_1X_2X_3+X_1X_4+X_3X_5$。

系统适应性改造成本确定方法的过程可概括为:考虑事故树基本事件的可重现性,对系统进行划分,将其划分成基本事件(子系统)X_i,进而将系统 T 使用事故树结构化。确定由状态 c_{j_1} 迁移到 c_{j_2},为使 X_i 适应该迁移所采取的措施 f_{ni},得到 X_i 适应状态迁移的措施表 $\Gamma(X_i)$,从而得到系统 T 的由状态 c_{j_1} 迁移到 c_{j_2} 的适应措施集合 $\delta(T,c_1\to c_2)$,化简得 $\gamma(T,c_{j_1}\to c_{j_2})$。根据不同 X_i 与措施 f_n 组成成本对应表,最终得到 X_i 的迁移改造措施成本 $\Psi(X_i,c_{j_1}\to c_{j_2})$和系统措施成本 $\Psi(T,c_{j_1}\to c_{j_2})$。具体定义如下。

定义 4.9　设 T 表示一个系统的结构,这个结构的表示参照事故树表示系统结构的方法,即 $T=\{\prod X_i \mid i\in\{1,\cdots,I\}\}$,其中 X_i 表示简单系统的一个元件,或复杂系统的一个子系统,$\prod$ 表示系统中几个元件或子系统串联(符号省略)或并联(+ 表示)关系,I 表示系统中元件或子系统的个数。用 $X=\{X_1,\cdots,X_I\}$ 表示系统中元件或子系统的集合。对于子系统的划分,一定要是可以重复的结构。如系统 $T=X_1X_2X_3+X_1X_4+X_3X_5$ 表示系统由子系统或元件 $X_{1\sim5}$ 组成,系统结构为 $X_1X_2X_3$ 串联,X_1X_4 串联,X_3X_5 串联,它们之间并联。

定义 4.10　设集合 C 表示系统 T 及其元件或子系统的可能工作环境状态,$C=$

$\{c_1,\cdots,c_J\}$，其中 J 表示工作环境状态的总数。

定义 4.11 设集合 F 表示系统及其元件或子系统从一个工作环境状态到另一个状态时为适应环境采取的措施，$F=\{f_1,\cdots,f_N\}$，N 表示措施的数量。如一共采取了 3 种措施 $F=\{a,b,c\}$(定义中所举例子均为本文实例，下同)。

定义 4.12 设 $\delta(X_i,c_{j_1}\to c_{j_2})=f_{n\ i}\in F$ 表示状态迁移与其适应性改造措施的对应关系，即 X_i 由状态 c_{j_1} 迁移到 c_{j_2}，为使 X_i 适应该迁移所采取的措施为 f_{ni}。$f_{ni}=f_n\in F$，i 表示的是对应的 X_i。当 $j_1=j_2$ 时，表示两个相同的状态之间的迁移 $\delta(X_i,c_{j_1}\to c_{j_1})=-$，不需要措施。状态 c_{j_1} 迁移到 c_{j_2} 指的是单步迁移。

定义 4.13 设 $\Gamma(X_i)$ 表示 X_i 的状态迁移措施表，该表表示 X_i 从 c_{j_1} 迁移到 c_{j_2} 所采取的措施，$j_1,j_2\in\{1,\cdots,J\}$。

定义 4.14 设 $\delta(T,c_{j_1}\to c_{j_2})=\{\Theta f_{ni}\mid\Theta\in\{\cdot,\circ\}\}$ 表示系统由状态 c_{j_1} 迁移到 c_{j_2}，为使 T 适应该迁移所采取的措施集合。例如 $\delta(T,c_1\to c_2)=\delta(X_1,c_1\to c_2)\cdot\delta(X_2,c_1\to c_2)\cdot\delta(X_3,c_1\to c_2)\circ\delta(X_1,c_1\to c_2)\cdot\delta(X_4,c_1\to c_2)\circ\delta(X_3,c_1\to c_2)\cdot\delta(X_5,c_1\to c_2)=a_1\cdot c_2\cdot a_3\circ a_1\cdot c_4\circ a_3\cdot a_5$，措施可用 $\Gamma(X_{1\sim5})$ 表中的对应关系确定。$\cdot$，$\circ$ 分别表示元件或子系统的串行和并行关系。$a_1\cdot c_2\cdot a_3$ 表示串行的 X_1，X_2，X_3 适应迁移采取的措施是 a_1,c_2,a_3，$a_1\cdot c_4$ 和 $a_3\cdot a_5$ 同理，$\circ$ 表示三部分的并联关系。

定义 4.15 设 $\gamma(T,c_{j_1}\to c_{j_2})$ 为 $\delta(T,c_{j_1}\to c_{j_2})$ 的化简式，即 $a_1\cdot c_2\cdot a_3\circ a_1\cdot c_4\circ a_3\cdot a_5=2a_1+2a_3+c_2+c_4+a_5$，$+$ 表示同时需要这些措施。说明要使系统适应改变，使用措施 a 调整两个 X_1，使用措施 a 调整两个 X_3，使用措施 c 调整一个 X_2，使用措施 c 调整一个 X_4，使用措施 a 调整一个 X_5，那么 $\gamma(T,c_1\to c_2)=2a_1+2a_3+c_2+c_4+a_5$。

定义 4.16 设 $\Psi(X_i,c_{j_1}\to c_{j_2})$ 表示 X_i 由状态 c_{j_1} 迁移到 c_{j_2}，为使 X_i 适应该迁移所采取措施 f_{ni} 的成本，并构造 X_i 与措施 f_n 的成本对应表 $\Omega(X_i\to f_n)$。

定义 4.17 设 $\Psi(T,c_{j_1}\to c_{j_2})$ 表示 T 由状态 c_{j_1} 迁移到 c_{j_2}，为使 T 适应该迁移所采取措施集 $\gamma(T,c_1\to c_2)$ 的成本，如 $\Psi(T,c_1\to c_2)=2\times\Psi(X_1,c_1\to c_2)+2\times\Psi(X_3,c_1\to c_2)+\Psi(X_2,c_1\to c_2)+\Psi(X_4,c_1\to c_2)+\Psi(X_5,c_1\to c_2)=2\times100+2\times53+56+98+23=483$。

4.2.2 实例分析

作者根据本章参考文献[1]所研究的电器系统，按照本节的研究方法进行实例化。系统的事故树结构为 $T=X_1X_2X_3+X_1X_4+X_3X_5$。工作环境状态集合 $C=\{c_1,c_2,c_3,c_4,c_5\}$。为适应环境采取的措施集合 $F=\{f_1,f_2,f_3\}$，$f_1=a$，$f_2=b$，$f_3=c$。状态迁移措施表 $\Gamma(X_{1\sim5})$ 如图 4.6 所示。成本对应表 $\Omega(X_i\to f_n)$ 如图 4.7 所示。

	$\Gamma(X_1)$					$\Gamma(X_2)$					$\Gamma(X_3)$					$\Gamma(X_4)$					$\Gamma(X_5)$				
	c_1	c_2	c_3	c_4	c_5	c_1	c_2	c_3	c_4	c_5	c_1	c_2	c_3	c_4	c_5	c_1	c_2	c_3	c_4	c_5	c_1	c_2	c_3	c_4	c_5
c_1	—	a	b	c	a	—	c	b	c	a	—	a	b	a	b	—	c	b	a	c	—	a	b	c	a
c_2	c	—	a	c	b	b	—	a	c	b	b	—	a	c	b	a	—	a	c	b	b	—	b	c	b
c_3	c	b	—	b	a	b	a	—	b	a	a	a	—	c	a	c	b	—	b	c	c	a	—	c	a
c_4	a	a	c	—	c	c	a	b	—	b	b	a	b	—	b	a	c	b	—	a	a	b	a	—	a
c_5	b	c	b	a	—	a	c	c	b	—	c	c	a	c	—	c	c	a	b	—	b	c	b	c	—

图 4.6　状态迁移措施表 $\Gamma(X_{1\sim5})$

从图 4.6 中可以看出，各子系统在不同状态之间的迁移过程中，为保证其可靠性稳定，采取的措施是不同的。当状态不变时 $\delta(X_i, c_{j_1} \to c_{j_1}) = -$。如果 $\delta(X_i, c_{j_1} \to c_{j_2}) = \delta(X_i, c_{j_2} \to c_{j_1}) = f_n$，那么对于 X_i，工作状态 c_{j_2} 和 c_{j_1} 是可逆的，这种情况对 X_i 的影响是不大的，但是对于 T 的影响很大，应注意控制 f_n 的实施，保证整个系统的可靠性稳定。图 4.6 中显示的是单步迁移的适应性改造措施，如 $\delta(X_1, c_1 \to c_3)$ 与 $\delta(X_1, c_1 \to c_2 \to c_3)$ 的意义是不同的，$\delta(X_1, c_1 \to c_3) = b_1$ 表示 X_1 从 c_1 到 c_3 满足可靠性只需要对 X_1 采取措施 b 即可；$\delta(X_1, c_1 \to c_2 \to c_3) = \delta(X_1, c_1 \to c_2) + \delta(X_1, c_2 \to c_3) = a_1 + a_1$ 表示 X_1 先从 c_1 到 c_2 满足可靠性需要对 X_1 采取措施 a，然后 X_1 再从 c_2 到 c_3 满足可靠性需要对 X_1 采取措施 a。虽然达到的结果是相同的，但是途径是不同的，成本也不同。如果状态 $c_1 \to c_2 \to c_3$ 迁移时间较长，那么使用后者，如果相对于 c_1, c_3 状态，c_2 状态时间较短或为瞬态，那么使用前者。本书讨论前者的使用。

	X_1	X_2	X_3	X_4	X_5
$f_1=a$	100	54	53	78	23
$f_2=b$	50	22	44	66	54
$f_3=c$	67	56	78	98	76

图 4.7　成本对应表 $\Omega(X_i \to f_n)$

图 4.7 中显示，对于子系统 $X_{1\sim5}$ 的不同措施，成本是不一样的。图 4.7 中的数值不是具体的成本，而是一个比例值，设 $\Psi(X_1, c_1 \to c_2) = 100$，即 X_1 采取措施 a 的费用是 100，其他按比例求得。

根据图 4.6、图 4.7 和定义 4.14、定义 4.15、定义 4.17 求得图 4.8。图 4.8 中每个单元格内都表示了系统 T 从 $c_{j_1} \to c_{j_2}$ 迁移时为保证其可靠性采取的措施集合。第一行代表措施集合 $\delta(T, c_{j_1} \to c_{j_2})$，第二行代表其化简 $\gamma(T, c_{j_1} \to c_{j_2})$，第三行代表措施成本 $\Psi(T, c_{j_1} \to c_{j_2})$。

T	c_1	c_2	c_3	c_4	c_5
c_1	—	$a_1 \cdot c_2 \cdot a_3 \circ a_1 \cdot c_4 \circ a_3 \cdot a_5$ $=2a_1+2a_3+c_2+c_4+a_5$ $=483$	$b_1 \cdot b_2 \cdot b_3 \circ b_1 \cdot b_4 \circ b_3 \cdot b_5$ $=2b_1+2b_3+b_2+b_4+b_5$ $=330$	$c_1 \cdot c_2 \cdot a_3 \circ c_1 \cdot a_4 \circ a_3 \cdot c_5$ $=2c_1+2a_3+c_2+a_4+c_5$ $=450$	$a_1 \cdot a_2 \cdot b_3 \circ a_1 \cdot c_4 \circ b_3 \cdot a_5$ $=2a_1+2b_3+a_2+c_4+a_5$ $=463$
c_2	$c_1 \cdot b_2 \cdot b_3 \circ c_1 \cdot a_4 \circ b_3 \cdot b_5$ $=2c_1+2b_3+b_2+a_4+b_5$ $=376$	—	$a_1 \cdot a_2 \cdot a_3 \circ a_1 \cdot a_4 \circ a_3 \cdot b_5$ $=2a_1+2a_3+a_2+a_4+b_5$ $=492$	$c_1 \cdot c_2 \cdot c_3 \circ c_1 \cdot c_4 \circ c_3 \cdot c_5$ $=2c_1+2c_3+c_2+c_4+c_5$ $=520$	$b_1 \cdot b_2 \cdot b_3 \circ b_1 \cdot b_4 \circ b_3 \cdot b_5$ $=2b_1+2b_3+b_2+b_4+b_5$ $=330$
c_3	$c_1 \cdot b_2 \cdot a_3 \circ c_1 \cdot c_4 \circ a_3 \cdot c_5$ $=2c_1+2a_3+b_2+c_4+c_5$ $=436$	$b_1 \cdot a_2 \cdot a_3 \circ b_1 \cdot b_4 \circ a_3 \cdot a_5$ $=2b_1+2a_3+a_2+b_4+a_5$ $=349$	—	$b_1 \cdot b_2 \cdot c_3 \circ b_1 \cdot b_4 \circ c_3 \cdot c_5$ $=2b_1+2c_3+b_2+b_4+c_5$ $=420$	$a_1 \cdot a_2 \cdot a_3 \circ a_1 \cdot c_4 \circ a_3 \cdot a_5$ $=2a_1+2a_3+a_2+c_4+a_5$ $=481$
c_4	$a_1 \cdot c_2 \cdot c_3 \circ a_1 \cdot a_4 \circ c_3 \cdot a_5$ $=2a_1+2c_3+c_2+a_4+a_5$ $=513$	$a_1 \cdot a_2 \cdot a_3 \circ a_1 \cdot c_4 \circ a_3 \cdot b_5$ $=2a_1+2a_3+a_2+c_4+b_5$ $=458$	$c_1 \cdot b_2 \cdot b_3 \circ c_1 \cdot b_4 \circ b_3 \cdot a_5$ $=2c_1+2b_3+b_2+b_4+a_5$ $=333$	—	$c_1 \cdot b_2 \cdot b_3 \circ c_1 \cdot a_4 \circ b_3 \cdot a_5$ $=2c_1+2b_3+b_2+a_4+a_5$ $=345$
c_5	$b_1 \cdot a_2 \cdot c_3 \circ b_1 \cdot c_4 \circ c_3 \cdot b_5$ $=2b_1+2c_3+a_2+c_4+b_5$ $=394$	$c_1 \cdot c_2 \cdot c_3 \circ c_1 \cdot c_4 \circ c_3 \cdot c_5$ $=2c_1+2c_3+c_2+c_4+c_5$ $=520$	$b_1 \cdot c_2 \cdot a_3 \circ b_1 \cdot a_4 \circ a_3 \cdot b_5$ $=2b_1+2a_3+c_2+a_4+b_5$ $=394$	$a_1 \cdot b_2 \cdot c_3 \circ a_1 \cdot b_4 \circ c_3 \cdot c_5$ $=2a_1+2c_3+b_2+b_4+c_5$ $=520$	—

图 4.8　状态迁移系统措施成本表 $\Psi(T, c_{j_1} \to c_{j_2})$

为保证系统在一个确定的范围内波动时其维持可靠性的措施成本最低，可应用图 4.8 进行分析。设工作范围由 3 个连续状态构成 $c_{1\to2\to3}$（$c_1 \to c_2 \to c_3$ 的简写，同下），$c_{2\to3\to4}$，$c_{3\to4\to5}$，$c_{4\to5\to1}$ 和 $c_{5\to1\to2}$，分别计算上述 5 个状态的措施成本。例如 $c_{1\to2\to3}$ 的计算，可以认为系统主要在 c_2 状态下工作，由于环境波动，系统会遇到 c_1 到 c_3 的工作环境状态，所以如图 4.8 所示要考虑 c_2 周围区域的措施成本（由于 T 可能会迁移到这些区域），这个区域即图 4.8 中深底纹区，这种情况下的可能总措

施成本为 $\Psi(T,c_1\to c_2)+\Psi(T,c_1\to c_2)+\Psi(T,c_2\to c_1)+\Psi(T,c_2\to c_3)+\Psi(T,c_3\to c_1)+\Psi(T,c_3\to c_2)=483+330+376+492+436+349=2\ 466$。同理其他 4 种情况的可能总措施成本分别为 2 572,2 493,2 685,2 566。可见第一种连续状态总措施成本最小,可将系统安排在 c_2 下的一定状态波动范围内工作,这样维持系统可靠性措施的成本最小。

根据本节的研究可对实际系统在考虑维持其可靠性措施成本的前提下确定其最优工作状态。反过来,也可以在可预测的下一个工作环境状态来临前,确定迁移到该状态并保持系统可靠性的措施成本,以提前做好储备,保证系统可靠运行。

本节的研究贡献在于构造了一套确定系统适应工作环境迁移所需措施成本的方法。

4.3　系统安全性分类决策规则

在研究系统安全性的实际过程中,学者们发现很多影响系统的属性表现出来的是一个范围,如在对某电器系统的安全性进行调研时,对一位操作者提出系统安全性问题后的回答:系统在 12 ℃以下多出现故障,工作七八十天后故障较多,系统严重不稳定。这样的调查信息使一般的信息处理方法无能为力。信息是模糊的,使用温度和使用时间对系统安全性的影响是并行的、同时存在的,对多个操作者,由于他们使用系统的时间和环境都不同,所以给出的安全性描述也是有很大区别的。如何在这些信息中进行归纳总结,识别有用的信息作为系统安全性的决策准则成了关键。

上述例子显然难以解决其可靠性的决策问题,因为它具有如下特点:①例子是一个多因素决策系统;②因素的表达是一个域值,即因素是一个范围;③基础数据来源于多个使用者的经验,不同的工作时间和工作环境使他们对系统的评价基础不同;④基础数据是人的一种对事物的描述,具有模糊性;⑤确定描述的置信度及相互佐证的程度。

针对系统影响因素(即属性)为连续区间范围的情况,并考虑因素对系统的并行作用,本节提出了在多个模糊表述中提炼出划分系统安全性的决策规则,使用该规则处理了一个电气系统安全性在不同使用时间和使用温度下的安全等级划分。

4.3.1　决策准则挖掘方法

定义 4.18　设系统 $T=(U,A,C,D)$ 为决策表,$U=\{x_1,x_2,\cdots,x_m\}$ 为对象集合,m 为对象数量;$C=\{a_1,a_2,\cdots,a_n\}$ 为条件属性集,n 为条件数量,$a_q=a_q(x_i)=[a_{q\min}(x_i),a_{q\max}(x_i)]$ 属性是一个连续的区间,$i,j\in\{1,\cdots,m\}$;$q,p\in\{1,\cdots,n\}$;

$D=\{d_1,d_2,\cdots,d_k\}$，k 为决策数量。

定义 4.19　在系统 T 中，$x_i,x_j\in U$，则定义 $S(x_i,x_j)$ 为 x_i 与 x_j 关于属性 a_q 的相似度。为解释方便，给出具有两条件属性 a_q 和 a_p 的系统 T 的相似度 $S(x_i,x_j)$ 确定方法。

当 $i=j$ 时，$S(x_i,x_j)=1$，表示两个对象相同。

当 $i\neq j$ 时，比较 $a_q(x_i)=[a_{q\min}(x_i),a_{q\max}(x_i)]$ 与 $a_q(x_j)=[a_{q\min}(x_j),a_{q\max}(x_j)]$ 及 $a_p(x_i)=[a_{p\min}(x_i),a_{p\max}(x_i)]$ 与 $a_p(x_j)=[a_{p\min}(x_j),a_{p\max}(x_j)]$ 的相对覆盖区域情况。

当 $[a_{q\min}(x_i),a_{q\max}(x_i)]$ 与 $[a_{q\min}(x_j),a_{q\max}(x_j)]$ 或 $[a_{p\min}(x_i),a_{p\max}(x_i)]$ 与 $[a_{p\min}(x_j),a_{p\max}(x_j)]$ 在数轴上无重叠时，$S(x_i,x_j)=0$，表明两个对象的某一个因素根本不相关。

当 $[a_{q\min}(x_i),a_{q\max}(x_i)]$ 与 $[a_{q\min}(x_j),a_{q\max}(x_j)]$ 和 $[a_{p\min}(x_i),a_{p\max}(x_i)]$ 与 $[a_{p\min}(x_j),a_{p\max}(x_j)]$ 在数轴上有重叠时，根据并行因素对系统的作用得 $S(x_i,x_j)$，如式(4.4)所示。

$$S(x_i,x_j)=1-(1-P(a_q))\times(1-P(a_p)) \tag{4.4}$$

式中：

$$P(a_q)=\left|\frac{\mathrm{MIM}(|a_{q\max}(x_j)-a_{q\min}(x_j)|,|a_{q\max}(x_j)-a_{q\min}(x_i)|,|a_{q\max}(x_i)-a_{q\min}(x_j)|,|a_{q\max}(x_i)-a_{q\min}(x_i)|)}{\mathrm{MAX}(|a_{q\max}(x_j)-a_{q\min}(x_j)|,|a_{q\max}(x_j)-a_{q\min}(x_i)|,|a_{q\max}(x_i)-a_{q\min}(x_j)|,|a_{q\max}(x_i)-a_{q\min}(x_i)|)}\right|$$

$$P(a_p)=\left|\frac{\mathrm{MIM}(|a_{p\max}(x_j)-a_{p\min}(x_j)|,|a_{p\max}(x_j)-a_{p\min}(x_i)|,|a_{p\max}(x_i)-a_{p\min}(x_j)|,|a_{p\max}(x_i)-a_{p\min}(x_i)|)}{\mathrm{MAX}(|a_{p\max}(x_j)-a_{p\min}(x_j)|,|a_{p\max}(x_j)-a_{p\min}(x_i)|,|a_{p\max}(x_i)-a_{p\min}(x_j)|,|a_{p\max}(x_i)-a_{p\min}(x_i)|)}\right|,$$

$0\leqslant S(x_i,x_j)\leqslant 1$

式(4.4)的建立是将 x_i 与 x_j 的相似度看作 a_q 和 a_p 共同作用的结果，相当于条件并联的状态。$P(a_p)$ 的分子表示了 a_p 对于 x_i 与 x_j 的最小属性范围，即 $a_p(x_i)\cap a_p(x_j)$；分母表示了 a_p 对于 x_i 与 x_j 的最大属性范围，即 $a_p(x_i)\cup a_p(x_j)$，$P(a_q)$ 同理，覆盖示意图如图 4.9 所示。

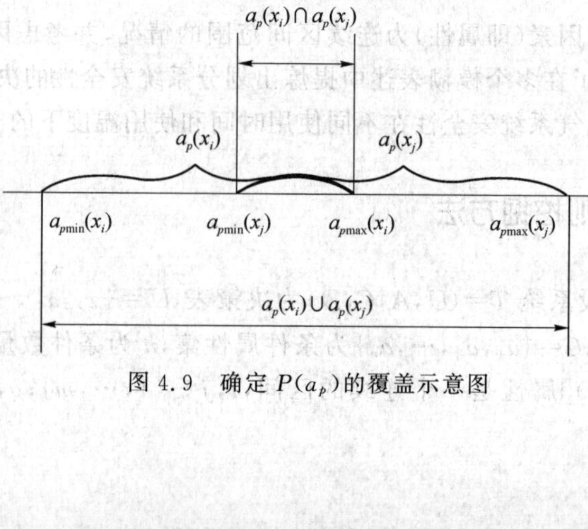

图 4.9　确定 $P(a_p)$ 的覆盖示意图

定义 4.20　在系统 T 中，$C(x_i)$为一种相似聚类，$C(x_i)=\{x_j|S(x_i,x_j)>f,f\in[0,1]\}$，$f$ 为划分 x_i 与 x_j 是否定义为相似的阈值。f 的确定一般在[0.5，0.8]，f 太小聚类的划分变得不可靠，f 太大划分聚类数量较多，聚类内包含的对象较少，失去了划分的意义。

定义 4.21　在系统 T 中，按照 $C(x_i)$的结果对 U 进行聚类的化简，形成 $U=\{X_1,\cdots,X_R\}$，$X_r=C(x_i)$，如果 $C(x_i)\cap C(x_j)=\varnothing$，$i\neq j$，$r\in\{1,\cdots,R\}$，$R$ 为化简聚类数量。该变化旨在合并 $C(x_i)$的重复分类。

为满足划分聚类中元素的唯一性，去除不同聚类含有的相同元素。

定义 4.22　集合$\{L(X_1),\cdots,L(X_R)\}$，使 $U=\{L(X_r)\mid\bigcup L(X_r)=U,L(X_r)\cap L(X_{r'})=\varnothing,r\in\{1,\cdots,R\},r'\in\{1,\cdots,R\}\}$。考虑系统划分聚类的平衡性，如果两个划分类都出现相同的对象，那么将该对象划分给包含对象较少的聚类。该变化旨在消除对象划分奇异。

定义 4.23　在系统 T 中，对决策集 D 进行划分 $\gamma(L(X_r))=\{d_{k'}|x_i\rightarrow d_{k'},x_i\in X_r,d_{k'}\in D,k'\in[1,\cdots,k]\}$，其中 $x_i\rightarrow d_{k'}$ 表示在决策表中对象和决策属性的对应关系。

定义 4.24　$\delta(\gamma(L(X_i))\rightarrow\{d_{k'}\})$表示一个概率，在 $\gamma(L(X_r))\subset D$ 的条件下，$x_i\rightarrow d_{k'}$ 且 $d_{k'}\in\gamma(L(X_r))$的概率。

定义 4.25　决策模式 $D(d_i)=(\bigvee_h a_1(x),\bigvee_h a_2(x),\cdots,\bigvee_h a_m(x),\delta(\gamma(L(X_i))\rightarrow\{d_{k'}\}))$，$h=\{x|x\in L(X_i)\}$，$\bigvee_h a_1(x)$表示关于 $x\in L(X_i)$的第一个属性域的连续区间的并集。

4.3.2　实例分析

作者在进行一个电器系统安全性分析时遇到了使用目前安全性决策方法难以解决的问题。实际上，就系统中元件发生故障概率而言，其影响因素是多样的。比如电器系统中的二极管，它的故障概率就与工作时间的长短、工作温度的大小、通过电流及电压等有直接关系。如果对这个系统进行分析，各个元件的工作时间和工作适应的温度等可能都不一样，随着系统整体的工作时间和环境温度的改变，系统的安全性也是不同的[2]。

对这个系统如果使用事故树等方法进行分析，如此多的元件组成的系统显然是不现实的。此外根据现场调研，以及操作人员普遍反映的情况，系统的安全性主要与温度和系统使用时间的长短有关。综合上述情况，作者认为可对该系统在宏观上的安全性进行决策并制定规则。收集了 7 位长期使用该系统的操作人员对系统安全性的意见，关注于涉及的主要宏观系统环境指标（使用时间和使用温度），进行安全性决策规则制定。该系统一般 100 天大修一次，设定使用时间的域范围为

[0,100]d;使用温度考虑系统位于北方户外且有一定的保护,设定其域范围为[0,40]℃。

根据现场调研情况,如某位操作者的回答为:系统在 12 ℃以下多出现故障,工作七八十天后故障较多,系统严重不稳定(由于篇幅所限,7 个表述不都给出)。定义系统 $T=(U,A,C,D)$,7 位被调查者的描述为对象集合 $U=\{x_1,x_2,\cdots,x_7\}$,x_i 为第 i 位被调查者的意见,$i\in\{1,\cdots,7\}$。系统的使用时间和使用温度为系统的条件属性集合 $C=\{a_1,a_2\}$,a_1 为使用温度,a_2 为使用时间。a_1 和 a_2 是连续的范围值,根据被调查者提供的意见,将 a_1 和 a_2 归一化,如可将该位操作者的回答作为 x_1,定量为使用温度[0,12]℃和使用时间[70,95]d 的安全情况描述,归一化 $a_1(x_1)=[a_{1\min}(x_1),a_{1\max}(x_1)]$,$a_{1\min}(x_1)=(0-0)/(40-0)=0$,$a_{1\max}(x_1)=(12-0)/(40-0)=0.3$,同理 $a_2(x_1)=[0.7,0.95]$。决策等级 $D=\{d_1,d_2,d_3\}$,分别表示安全等级为一到三级(不安全、一般安全、安全)。

通过上述过程形成的基本信息决策表如图 4.10 所示。

U	a_1使用温度	a_2使用时间	D 安全等级
x_1	[0,0.3]	[0.7,0.95]	1 低
x_2	[0,0.4]	[0.8,1]	1
x_3	[0.2,0.7]	[0.5,0.8]	2
x_4	[0.6,0.9]	[0.2,0.6]	3
x_5	[0.25,0.7]	[0.5,0.9]	2
x_6	[0.2,0.8]	[0.3,0.9]	2
x_7	[0.6,0.9]	[0.2,0.4]	3 高

图 4.10 基本信息决策表

基于图 4.10 及定义 4.19,计算得各个对象的两两相似度,如图 4.11 所示。

	x_1	x_2	x_3	x_4	x_5	x_6	x_7
x_1	1	0.875 0	0.333 3	0	0.484 1	0.394 2	0
x_2	0.875 0	1	0	0	0.371 4	0.357 1	0
x_3	0.333 3	0	1	0.285 7	0.982 1	0.916 7	0
x_4	0	0	0.285 7	1	0.274 7	0.591 8	0
x_5	0.484 1	0.371 4	0.982 1	0.274 7	1	0.916 7	0
x_6	0.394 2	0.357 1	0.916 7	0.591 8	0.916 7	1	0.387 8
x_7	0	0	0	0	0	0.387 8	1

图 4.11 各个对象之间的相似程度

根据图 4.11 和定义 4.20,并设 $f=0.5$ 作为相似聚类判断标准,得到的相似

聚类为 $C(x_1)=\{x_1,x_2\}$，$C(x_2)=\{x_1,x_2\}$，$C(x_3)=\{x_3,x_5,x_6\}$，$C(x_4)=\{x_4,x_6\}$，$C(x_5)=\{x_3,x_5,x_6\}$，$C(x_6)=\{x_3,x_5,x_6\}$，$C(x_7)=\{x_7\}$。

根据定义 4.21 和 $C(x_i)$，化简后的分类为 $X_1=\{x_1,x_2\}$，$X_2=\{x_3,x_5,x_6\}$，$X_3=\{x_4,x_6\}$，$X_4=\{x_7\}$。这是对象集合 $U=\{X_1,X_2,X_3,X_4\}$。

根据定义 4.22 和 $U=\{X_1,X_2,X_3,X_4\}$的划分，得 $L(X_1)=\{x_1,x_2\}$，$L(X_2)=\{x_3,x_5\}$，$L(X_3)=\{x_4,x_6\}$，$L(X_4)=\{x_7\}$。这是对象集合 $U=\{L(X_1),L(X_2),L(X_3),L(X_4)\}$。

根据定义 4.23 和 $U=\{L(X_1),L(X_2),L(X_3),L(X_4)\}$的划分，得到决策集的划分为 $\gamma(L(X_1))=\{d_1\}$（表示 $L(X_1)=\{x_1,x_2\}$的 $x_1\rightarrow d_1$，$x_2\rightarrow d_1$），$\gamma(L(X_2))=\{d_2\}$，$\gamma(L(X_3))=\{d_2,d_3\}$，$\gamma(L(X_4))=\{d_3\}$。

根据定义 4.24 决策集 D 的聚类划分得到了 U 划分类到决策集 D 之间的类对应规则：$\delta(\gamma(L(X_1))\rightarrow\{d_1\})=1$（表示 $L(X_1)=\{x_1,x_2\}$的 $x_1\rightarrow d_1$，$x_2\rightarrow d_1$，x_1，x_2 都对应 d_1，概率为 1，即置信度为 1），$\delta(\gamma(L(X_2))\rightarrow\{d_2\})=1$，$\delta(\gamma(L(X_3))\rightarrow\{d_2,d_3\})=0.5$（表示 $L(X_3)=\{x_4,x_6\}$的 $x_4\rightarrow d_3$，$x_6\rightarrow d_2$，即 x_1，x_2 对应正确的概率为 0.5，即置信度 0.5），$\delta(\gamma(L(X_4))\rightarrow\{d_3\})=1$。

根据定义 4.25 得到最后的决策规则：$D(d_1)=([0,0.4],[0.7,1],1)$（表示第一个属性值 $a_1\in[0,0.4]$且第二个属性值 $a_2\in[0.7,1]$时的决策为 d_1，即决策值为 1，该决策规则的置信度为 1），$D(d_2)=([0.2,0.7],[0.5,0.9],1)$，$D(d_2,d_3)=([0.2,0.9],[0.2,0.9],0.5)$，$D(d_3)=([0.2,0.8],[0.3,0.9],1)$。

最后对决策规则进行分析，系统在[0,16]℃且[70,100]d 的情况下为不安全，置信度为 100%；系统在[8,28]℃且[50,90]d 的情况下为一般安全，置信度为 100%；系统在[8,36]℃且[20,90]d 的情况下可能为一般安全或安全，各置信度均为 50%；系统在[8,32]℃且[30,90]d 的情况下为不安全，置信度为 100%。

由于本节以研究为主要目的，系统研究对象，即不同操作者对系统的描述取样只有 7 个，对于实际的工程问题，取样越多分类决策规则越准确。

本节的研究贡献在于描述了一个实际工程系统的安全性分类问题的解决方法。考虑这个系统涉及的宏观作用因素是连续范围的域值，作者提出了一套针对该系统的安全性分类决策规则。这个规则适用于系统对象 U 的信息为模糊信息，影响因素 C 为连续范围的域值，且影响因素是并行对系统施加影响的，特别适用于复杂系统的黑盒宏观安全性分析。得到的结果包含系统特定的工作外部条件域和在该域内的安全情况分级及其置信度。采样数量增大对工程系统的安全性决策有指导意义。

4.4　系统可靠性决策规则发掘方法

与前节研究的问题类似，本节提出一套系统可靠性决策方法。该方法基于现场工作人员对系统可靠性的描述，通过数学方法发掘出其可靠性程度的决策方法并带有置信度。

4.4.1 决策发掘方法

定义 4.26 设系统 $T=(U,A,C,D)$ 为决策表，$U=\{x_1,x_2,\cdots,x_m\}$ 为对象集合，m 为对象数量；$C=\{a_1,a_2,\cdots,a_n\}$ 为条件属性集，n 为条件数量，$a_q=a_q(x_i)=[a_{q\min}(x_i),a_{q\max}(x_i)]$ 属性是一个连续的区间，$i,j\in\{1,\cdots,m\}$，$q,p\in\{1,\cdots,n\}$，后面定义中出现的 x_i,x_j,x_{i1},x_{j1} 等都表示 U 中某一个对象，由于出现在同一个定义里，需加以区别，横 x_i 和纵 x_j 分别表示在表中行方向和列方向；$D=\{d_1,d_2,\cdots,d_k\}$，k 为决策数量。

定义 4.27 构建基础信息决策表 $\Psi(T)$ 表示系统 T。表头集合为 $\{U,C,D\}$，其中，C 中的属性 a_q 必须归一化。设 $a_q(x_i)$ 的真实范围为 $[A,B]$，对于因素 a_q 的研究范围 $[\mathrm{LL},\mathrm{UL}]$，$\mathrm{LL}\leqslant A$，$\mathrm{UL}\geqslant B$，$a_{q\min}(x_i)=(A-\mathrm{LL})/(\mathrm{UL}-\mathrm{LL})$，$a_{q\max}(x_i)=(B-\mathrm{LL})/(\mathrm{UL}-\mathrm{LL})$。

定义 4.28 在系统 T 中，$x_i,x_j\in U$，则定义 $S(x_i,x_j,a_q)$ 为 x_i 与 x_j 关于属性 a_q 的相似度，$S(x_i,x_j,a_q)$ 的确定方法如下：

当 $i=j$ 时，$S(x_i,x_j,a_q)=1$，表示两个对象相同。

当 $i\neq j$ 时，比较 $a_q(x_i)=[a_{q\min}(x_i),a_{q\max}(x_i)]$ 与 $a_q(x_j)=[a_{q\min}(x_j),a_{q\max}(x_j)]$ 的相对覆盖区域情况。

当 $[a_{q\min}(x_i),a_{q\max}(x_i)]$ 与 $[a_{q\min}(x_j),a_{q\max}(x_j)]$ 在数轴上无重叠时，$S(x_i,x_j,a_q)=0$，表明两个对象对于 a_q 因素是不相关的。

当 $[a_{q\min}(x_i),a_{q\max}(x_i)]$ 与 $[a_{q\min}(x_j),a_{q\max}(x_j)]$ 在数轴上有重叠时，根据并行因素对系统的作用得 $S(x_i,x_j,a_q)$，如式(4.5)所示。

$$S(x_i,x_j,a_q)=$$
$$\left|\frac{\mathrm{MIM}(|a_{q\max}(x_j)-a_{q\min}(x_j)|,|a_{q\max}(x_j)-a_{q\min}(x_i)|,|a_{q\max}(x_i)-a_{q\min}(x_j)|,|a_{q\max}(x_i)-a_{q\min}(x_i)|)}{\mathrm{MAX}(|a_{q\max}(x_j)-a_{q\min}(x_j)|,|a_{q\max}(x_j)-a_{q\min}(x_i)|,|a_{q\max}(x_i)-a_{q\min}(x_j)|,|a_{q\max}(x_i)-a_{q\min}(x_i)|)}\right| \tag{4.5}$$

式中，$0\leqslant S(x_i,x_j,a_q)\leqslant 1$。

$S(x_i,x_j,a_q)$ 的分子表示 a_q 对于 x_i 与 x_j 的最小属性范围，即 $a_q(x_i)\cap a_q(x_j)$；分母表示 a_q 对于 x_i 与 x_j 的最大属性范围，即 $a_q(x_i)\cup a_q(x_j)$，覆盖示意图如图 4.12 所示。

定义 4.29 设相似性表 $\Theta(U,C,S)$，表中元素表示 x_i 与 x_j 关于 a_q 的相似性 $S(x_i,x_j,a_q)$。

定义 4.30 相似性阈值 f：f 为划分 x_i 与 x_j 是否定义为相似的阈值。f 的确定一般在[0.5,0.8]，f 太小聚类的划分变得不可靠，f 太大划分聚类数量较多，聚类内包含的对象较少，失去了划分的意义。

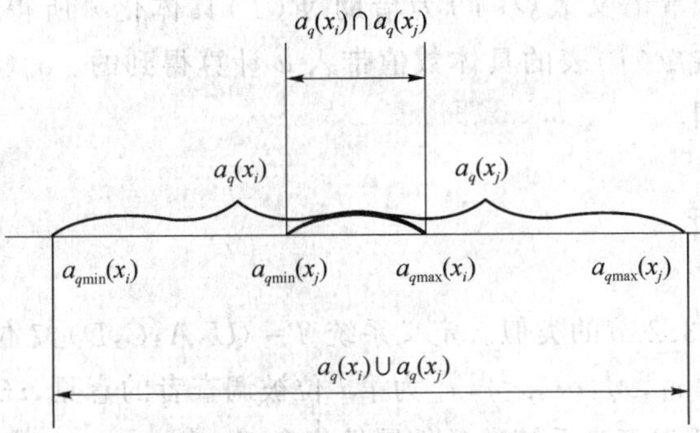

图 4.12　确定 $S(x_i,x_j,a_q)$ 的覆盖示意图

定义 4.31　设相似性表 $\Theta'(U,C',S)$ 为 $\Theta(U,C,S)$ 关于某些因素 $\{a_q,\cdots,a_p\}$ 的化简，其中 $\{a_q,\cdots,a_p\}\cup C'=C$。化简规则为 $\forall S(x_i,x_j,a_q)\leqslant f$。这个不是绝对的，如果在 $S(x_i,x_j,a_q)$ 中只有几个不符合该条件且相差不太大，也可以认为 a_q 被化简掉了。剩下的属性集合为 C'。

定义 4.32　设 $\Omega(\Theta',\theta)$ 为基于 $\Theta'(U,C',S)$ 的模糊二项相似表，θ 为模糊度。表中元素取值规则：如果 $\Theta'(U,C',S)$ 中元素 $S(x_i,x_j,a_q)\leqslant\theta$，则认为不相似，$S(x_i,x_j,a_q)$ 对应在表 $\Omega(\Theta',\theta)$ 中的元素取 1，否则取 0，并将矩阵沿正对角线对称，使矩阵补全。

定义 4.33　设 $\Gamma(\Omega)$ 为区分矩阵，表头为 $\{U,D\}$。$\Gamma(\Omega)$ 为 $\Omega(\Theta',\theta)$ 演化而来，$\Gamma(\Omega)$ 中纵 x_i 与横 x_j 对应元素确定规则是在 $\Omega(\Theta',\theta)$ 表中的 x_i 下 a_q 与 x_j 对应的元素乘以 a_q 的值。

定义 4.34　决策化分组 $\xi=\{\{x_i,\cdots\}\to D_1,\{x_j,\cdots\}\to D_2,\cdots\}$，将 U 划分为若干组，设在 $\Gamma(\Omega)$ 中纵 x_i 与横 x_j 对应的元素为 0，称为无元素；非 0 为有元素。如果两个纵 x_i 与纵 x_j 横向比较的无元素和有元素位置相同，那么 x_i 和 x_j 可划分为 ξ 中的一组。$D_1,D_2\subset D$，为划分组中各纵 x_i 对应的横向有元素 x_j 的决策属性。

定义 4.35　决策项$(d_{k1},\eta_1;d_{k2},\eta_2;\cdots;\sigma)$：首先基于 ξ 的划分，对于划分的各组进行处理。取 ξ 划分的一组进行说明，$\{x_i,x_j\}\in\xi$，纵 x_i、纵 x_j 在表 $\Gamma(\Omega)$ 中的有元素位置对应横 $\{x_{i1},\cdots,x_{j1}\}$。对 $\{x_{i1},\cdots,x_{j1}\}$ 进一步进行分组，在表 $\Gamma(\Omega)$ 中将纵 x_i、纵 x_j 对应横 $\{x_{i1},\cdots,x_{j1}\}$ 的元素相同者划分到一起。这样 $\{x_{i1},\cdots,x_{j1}\}$ 可能被划分为多组，每组形成一个决策项，统计每个组中对应相同决策属性的对象个数，除以该组总对象数，就得到了置信度 η，d_k 表示 η 对应的决策属性，σ 对应的条件属性 $\{a_i,\cdots,a_j\}\subset C$。由于定义复杂，请参见实例进行理解。

定义 4.36　决策归纳表 $\ell(T)$：由决策属性及置信决策项组成。设置信决策项 $(a_q(\varphi),\cdots,a_p(\varphi))\to\eta$，$a_q,\cdots,a_p\in\sigma$，$\varphi=a_q(x_i)\cup\cdots\cup a_p(x_j)$，$x_i,\cdots,x_j$ 为定义 4.35 中 $\{x_{i1},\cdots,x_{j1}\}$ 被划分的其中一组。

定义 4.37 决策语义表$\wp(T)$为借助 $\Psi(T)$具体化ℓ所得。$[a_q(\varphi'),\cdots,a_p(\varphi'),\eta]$中 φ'是将 $\Psi(T)$表的具体数值带入 φ 计算得到的。$a_q(O)$中 $O=[LL,UL]$,表示研究范围。

4.4.2 实例分析

本节实例与 4.3.2 节的类似。定义系统 $T=(U,A,C,D)$,7 位被调查者的描述为对象集合 $U=\{x_1,x_2,\cdots,x_7\}$,x_i 为第 i 位被调查者的意见,$i\in\{1,\cdots,7\}$。系统的使用时间和使用温度为系统的条件属性集合 $C=\{a_1,a_2\}$,a_1 为使用温度,a_2 为使用时间,a_3 为湿度。a_1,a_2 和 a_3 是连续的范围值,根据被调查者提供的意见将 a_1,a_2 和 a_3 归一化,如可将该位操作者的回答作为 x_1,定量为使用温度[0,12]℃,使用时间[70,95]d 和使用湿度的安全情况描述,归一化 $a_1(x_1)=[a_{1\min}(x_1),a_{1\max}(x_1)]$,$a_{1\min}(x_1)=(0-0)/(40-0)=0$,$a_{1\max}(x_1)=(12-0)/(40-0)=0.3$,同理 $a_2(x_1)=[0.7,0.95]$,$a_3(x_1)=[0.2,0.9]$。决策等级 $D=\{d_1,d_2,d_3\}$,分别表示安全等级为一到三级,为“不可靠”“一般可靠”“很可靠”。

通过上述过程形成的基本信息决策表如图 4.13 所示。根据定义 4.28 和定义 4.29构造的相似性表 $\Theta(U,C,S)$如图 4.14 所示。

U	a_1 使用温度	a_2 使用时间	a_3 使用湿度	D 安全等级
x_1	[0,0.3]	[0.7,0.95]	[0.2,0.9]	d_1 低
x_2	[0,0.4]	[0.8,1]	[0.3,0.9]	d_1
x_3	[0.2,0.7]	[0.5,0.8]	[0.1,0.8]	d_2
x_4	[0.6,0.9]	[0.2,0.6]	[0.2,0.8]	d_3
x_5	[0.25,0.7]	[0.5,0.9]	[0.1,0.9]	d_2
x_6	[0.2,0.8]	[0.3,0.9]	[0.3,1]	d_2
x_7	[0.6,0.9]	[0.2,0.4]	[0,0.9]	d_3 高

图 4.13 基础信息决策表 $\Psi(T)$

根据定义 4.30 设相似性阈值 $f=0.6$,在图 4.14 中,$(x_3a_3,x_6)=0.555\,6<0.6$,但是图中其他位置的 a_3 对应的元素值都大于 0.6,且(x_3a_3,x_6)很接近 0.6,所以认为 a_3 条件属性可以被省略,这样条件属性的核为$\{a_1,a_2\}$,说明湿度对系统的影响较使用时间和使用温度两个因素小得多。根据定义 4.31 化简 $\Theta(U,C,S)$,得 $\Theta'(U,C',S)$,如图 4.15 所示。

	x_1			x_2			x_3			x_4		
	a_1	a_2	a_3	a_1	a_2	a_3	a_1	a_2	a_3	a_1	a_2	a_3
x_1	1	1	1									
x_2	0.750 0	0.500 0	0.857 1	1	1	1						
x_3	0.142 9	0.222 2	0.750 0	0	0	0.625 0	1	1	1			
x_4	0	0	0.857 1	0.222 2	0	0.714 3	0.142 9	0.166 7	0.857 1	1	1	1
x_5	0.071 4	0.444 4	0.875 0	0.214 3	0.2	0.750 0	0.900 0	0.750 0	0.875 0	0.153 8	0.142 9	0.750 0
x_6	0.125 0	0.307 7	0.750 0	0.250 0	0.142 9	0.857 1	0.833 3	0.500 0	0.555 6	0.285 7	0.428 6	0.625 0
x_7	0	0	0.888 9	0	0	0.666 7	0.142 9	0	0.777 8	1	0.333 3	0.777 8

	x_5			x_6			x_7					
	a_1	a_2	a_3	a_1	a_2	a_3	a_1	a_2	a_3			
x_1	1	1	1									
x_2												
x_3												
x_4												
x_5	1	1	1									
x_6	0.592 1	0.666 7	0.666 7	1	1	1						
x_7	0.153 8	0	0.888 9	0.285 7	0.142 9	0.600 0	1	1	1			

图 4.14　相似性表 $\Theta(U,C,S)$

	x_1		x_2		x_3		x_4		x_5		x_6		x_7	
	a_1	a_2	a_1	a_2	a_1	a_2	a_1	a_2	a_1	a_2	a_1	a_2	a_1	a_2
x_1	1	1												
x_2	0.750 0	0.500 0	1	1										
x_3	0.142 9	0.222 2	0	0	1	1								
x_4	0	0	0.222 2	0	0.142 9	0.166 7	1	1						
x_5	0.071 4	0.444 4	0.214 3	0.2	0.900 0	0.750 0	0.153 8	0.142 9	1	1				
x_6	0.125 0	0.307 7	0.250 0	0.142 9	0.833 3	0.500 0	0.285 7	0.428 6	0.592 1	0.666 7	1	1		
x_7	0	0	0	0	0.142 9	0	1	0.333 3	0.153 8	0	0.285 7	0.142 9	1	1

图 4.15　化简后的相似性表 $\Theta'(U,C',S)$

根据定义 4.32 设模糊度 $\theta<0.3$，结合图 4.15，得到模糊二项相似表 $\Omega(\Theta',\theta)$，如图 4.16 所示。图 4.15 中元素大于 0.3 的位置，在图 4.16 中对应的位置是 0，图 4.15 中元素小于 0.3 的位置，在图 4.16 中对应的位置为 1。

	x_1		x_2		x_3		x_4		x_5		x_6		x_7	
	a_1	a_2	a_1	a_2	a_1	a_2	a_1	a_2	a_1	a_2	a_1	a_2	a_1	a_2
x_1	0	0	0	0	1	1	1	1	1	0	1	0	1	1
x_2	0	0	0	0	1	1	1	1	1	1	1	1	1	1
x_3	1	1	1	1	0	0	1	1	0	0	0	0	1	1
x_4	1	1	1	1	1	1	0	0	1	1	1	0	0	0
x_5	1	0	1	1	0	0	1	1	0	0	0	0	1	1
x_6	1	0	1	1	0	0	1	0	0	0	0	0	1	1
x_7	1	1	1	1	1	1	0	0	1	1	1	1	0	0

图 4.16　模糊二项相似表 $\Omega(\Theta',\theta)$

根据定义 4.33,结合图 4.16 得到区分矩阵 $\Gamma(\Omega)$,如图 4.17 所示。图 4.16 中 x_1 列下的 a_1,a_2 列 0,1 值分别与表头 a_1,a_2 相乘,填入图 4.17 的对应位置。

U	x_1	x_2	x_3	x_4	x_5	x_6	x_7	D 安全等级
x_1	0	0	a_1a_2	a_1a_2	a_1	a_1	a_1a_2	d_1 低
x_2	0	0	a_1a_2	a_1a_2	a_1a_2	a_1a_2	a_1a_2	d_1
x_3	a_1a_2	a_1a_2	0	a_1a_2	0	0	a_1a_2	d_2
x_4	a_1a_2	a_1a_2	a_1a_2	0	a_1a_2	a_1	0	d_3
x_5	a_1	a_1a_2	0	a_1a_2	0	0	a_1a_2	d_2
x_6	a_1	a_1a_2	0	a_1	0	0	a_1a_2	d_2
x_7	a_1a_2	a_1a_2	a_1a_2	0	a_1a_2	a_1a_2	0	d_3 高

图 4.17　区分矩阵 $\Gamma(\Omega)$

根据图 4.17 和定义 4.34 构造决策化分组 ξ。从图 4.17 中可以看出,x_1,x_2 列下的无元素和有元素位置是一样的,即 x_1,x_2 为无元素,x_3,x_4,x_5,x_6,x_7 为有元素,所以 x_1,x_2 被划分为一组,x_1,x_2 列对应的有元素的行 x_3,x_4,x_5,x_6,x_7 的决策集为$\{d_2,d_3\}$,表示为$\{x_1,x_2\}\to\{d_2,d_3\}$。同理求其他两个划分,得到决策化分组 $\xi=\{\{x_1,x_2\}\to\{d_2,d_3\},\{x_3,x_5,x_6\}\to\{d_1,d_3\},\{x_4,x_7\}\to\{d_1,d_2\}\}$。就上述分析过程,决策属性并没有参与分析,可得到 U 的划分 $U=\{\{x_1,x_2\},\{x_3,x_5,x_6\},\{x_4,x_7\}\}$,即在决策属性参与分析前,可得到 U 的划分 $U=\{\{x_1,x_2\},\{x_3,x_5,x_6\},\{x_4,x_7\}\}$。这个现象说明该方法可以对工作人员描述的现象进行聚类,然后检查聚类内各对象的决策属性是否一致。如果一致证明工作人员描述客观,各个描述可以相互佐证。就本例这个划分,结合 $\Psi(T)$就会惊奇地发现该划分正好

对应 $D=\{d_1,d_2,d_3\}$，说明本例的描述客观，有说服力。但这种方法在不结合决策集 D 的情况下只能进行聚类。

根据定义 4.35 和图 4.17 确定决策项，就 $U=\{\{x_1,x_2\},\{x_3,x_5,x_6\},\{x_4,x_7\}\}$进行论述，如下：

① 对$\{x_1,x_2\}$，x_3,x_4,x_5,x_6,x_7 与 x_1,x_2 有区别（指无元素与有元素的区别，下同），它们的决策属性为 d_2,d_3。在 x_3,x_4,x_5,x_6,x_7 中，x_3,x_4,x_7 与 x_5,x_6 是相区别的（指元素为 a_1a_2 与 a_1 的区别，下同），其决策项分别为（3，66%；2，33%，a_1a_2），（2，100%，a_1）。

② 对$\{x_3,x_5,x_6\}$，x_1,x_2,x_4,x_7 与 x_3,x_5,x_6 有区别，它们的决策属性为 d_1，d_3。在 x_1,x_2,x_4,x_7 中，x_2,x_7；x_1；x_4 相区别，其决策项分别为（1，50%；3，50%，a_1a_2），（1，100%，a_1），（3，100%，a_1）。

③ 对$\{x_4,x_7\}$，x_1,x_2,x_3,x_5,x_6 与 x_4,x_7 有区别，它们的决策属性为 d_1,d_2。在 x_1,x_2,x_3,x_5,x_6 中，x_1,x_2,x_3,x_5；x_6 相区别，其决策项分别为（1，50%；2，50%，a_1a_2），（2，100%，a_1）。

根据定义 4.36 和制订的决策项，形成决策归纳表 $\ell(T)$，如图 4.18 所示。然后根据 $\ell(T)$，$\Psi(T)$及定义 4.37 将决策表进行还原，形成决策语义表 $\mathscr{G}(T)$，如图 4.19 所示，以便工程应用。

D	置信决策项
d_1	$(a_1(x_2)\cup a_1(x_7),a_2(x_2)\cup a_2(x_7))\to 50\%$；$(a_1(x_1))\to 100\%$；$(a_1(x_1)\cup a_1(x_2)\cup a_1(x_3)\cup a_1(x_5),a_2(x_1)\cup a_2(x_2)\cup a_2(x_3)\cup a_2(x_5))\to 50\%$
d_2	$(a_1(x_5)\cup a_1(x_6))\to 100\%$；$(a_1(x_3)\cup a_1(x_4)\cup a_1(x_7),a_2(x_3)\cup a_2(x_4)\cup a_2(x_7))\to 33\%$；$(a_1(x_1)\cup a_1(x_2)\cup a_1(x_3)\cup a_1(x_5),a_2(x_1)\cup a_2(x_2)\cup a_2(x_3)\cup a_2(x_5))\to 50\%$；$(a_1(x_6))\to 100\%$；
d_3	$(a_1(x_3)\cup a_1(x_4)\cup a_1(x_7),a_2(x_3)\cup a_2(x_4)\cup a_2(x_7))\to 67\%$；$(a_1(x_2)\cup a_1(x_7),a_2(x_2)\cup a_2(x_7))\to 50\%$；$(a_1(x_4))\to 100\%$

图 4.18　决策归纳表 $\ell(T)$

在图 4.18 决策因素 d_2 中，$(a_1(x_5)\cup a_1(x_6))\to 100\%$与$(a_1(x_6))\to 100\%$重复，前者包含后者，后者舍掉。

D	置信决策项的数值表达
d_1	$[a_1(0,0.3),a_2(O),100\%]$；$[a_1(0,0.4)\cup(0.6,0.9),a_2(0.2,0.4)\cup(0.8,1),50\%]$；$[a_1(0,0.7),a_2(0.5,1),50\%]$
d_2	$[a_1(0.2,0.8),a_2(O),100\%]$；$[a_1(0.2,0.9),a_2(0.2,0.8),33\%]$；$[a_1(0,0.7),a_2(0.5,1),50\%]$
d_3	$[a_1(0.2,0.9),a_2(0.2,0.8),67\%]$；$[a_1(0,0.4)\cup(0.6,0.9),a_2(0.2,0.4)\cup(0.8,1),50\%]$；$[a_1(0.6,0.9),a_2(O),100\%]$

图 4.19　决策语义表 $\mathscr{G}(T)$

图 4.19 即可工程应用，对于本书系统而言，决策[$a_1(0,0.3)$，$a_2(O)$，100%]表示在工作温度范围(0,0.3)，即 0～12 ℃，无论工作时间多长，总可以确定其决策为 d_1，即系统不可靠，结论绝对可靠(100%)。

本节的研究贡献在于就现场工作人员提供的系统可靠性描述信息的特点，构造了一套从决策经验中提取决策准则的方法。该方法可以对工作人员描述的现象进行聚类，然后检查聚类内各对象的决策属性是否一致。如果一直证明工作人员描述客观，各个描述可以相互佐证。这种方法在不结合决策集的情况下只能进行聚类。

4.5 属性圆定义与对象分类

为进一步研究前节问题，将因素空间对象的属性表示方法进行了修改，以在单位属性圆内可以表示无穷多个属性对对象的影响，进而分析对象的相似性，并转化为相似性的数值表达，得到对象集聚类划分的规则。

4.5.1 属性圆概念及分类方法

图 4.20 为人的因素空间性态表述图。该图能表示因素空间的基本建立思想，即对象集中的某一个对象(一个人)与这个对象属性之间的关系，只要属性确定下来，那么一个实例化的人就确定了。但是在实际问题中，问题的研究对象往往属性较多，使用图 4.3 所示的形式，其属性的大小、方向及它们和属性之间的关系难以确定且不直观，难以进行进一步分析。所以作者提出了属性圆的概念。同时为表述方便，先给出实例中对象 x_1 的属性圆，如图 4.21 所示。

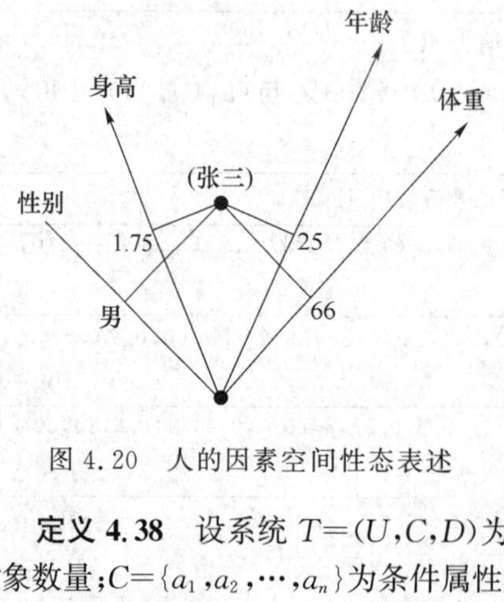

图 4.20　人的因素空间性态表述

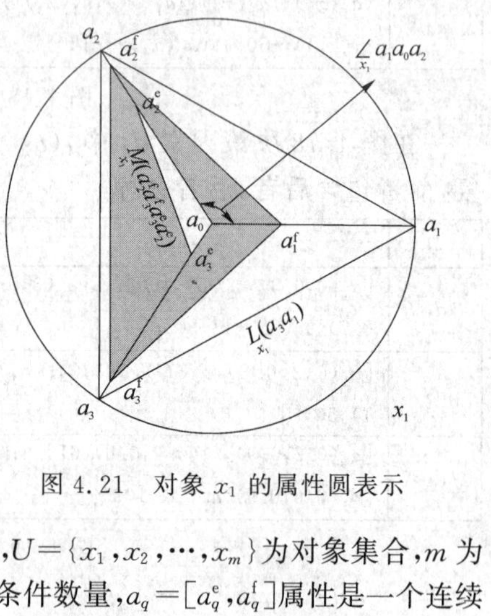

图 4.21　对象 x_1 的属性圆表示

定义 4.38　设系统 $T=(U,C,D)$ 为决策表，$U=\{x_1,x_2,\cdots,x_m\}$ 为对象集合，m 为对象数量；$C=\{a_1,a_2,\cdots,a_n\}$ 为条件属性集，n 为条件数量，$a_q=[a_q^e,a_q^f]$ 属性是一个连续

的区间，$i,j\in\{1,\cdots,m\}$，$q,p\in\{1,\cdots,n\}$；$D=\{d_1,d_2,\cdots,d_k\}$，k 为决策数量。如需区别对象之间的变量概念，在变量下方添加 x_i，如$\underset{x_1}{a_1}$表示对象 x_1 的属性 a_1。

定义 4.39　构建基础信息决策表 $\Psi(T)$表示系统 T。表头集合为$\{U,C,D\}$，其中，C 中的属性 a_q 必须归一化。设$\underset{x_i}{a_q}$的真实范围为$[A,B]$，对于因素$\underset{x_i}{a_q}$的研究范围[LL,UL]，$\mathrm{LL}\leqslant A$，$\mathrm{UL}\geqslant B$，$\underset{x_i}{a_q^{\mathrm{e}}}=(A-\mathrm{LL})/(\mathrm{UL}-\mathrm{LL})$，$\underset{x_i}{a_q^{\mathrm{f}}}=(B-\mathrm{LL})/(\mathrm{UL}-\mathrm{LL})$。

通过上面的定义可知，$\Psi(T)$中的数据是经过归一化的，即 $0\leqslant a_q^{\mathrm{e}}\leqslant 1$，$0\leqslant a_q^{\mathrm{f}}\leqslant 1$，$a_q^{\mathrm{e}}\leqslant a_q^{\mathrm{f}}$，这为属性圆的建立提供了基础。

定义 4.40　属性圆是在坐标系中的一个单位圆，即半径为 1，在这个坐标系统中，属性圆可以表示对象集中的所有对象。属性圆周上某一点 a_q 与圆心 a_0 的连线为属性域线（下文简称“域线”），代表了论域中所有对象在属性上（归一化）的取值范围，域线长为 1。a_q^{e}，a_q^{f} 在域线上，a_q^{e} 表示属性域值的起点，a_q^{f} 表示属性域值的终点。在属性圆中的线段用 $L(\kappa_1,\kappa_2)$表示，κ_1，κ_2 表示属性圆中任意的两个点，如 a_q 域线表示为 $L(a_q,a_0)$。属性角$\underset{x_1}{\angle a_1a_0a_2}$ 为域线 $L(a_q,a_0)$与 $L(a_{q+1},a_0)$之间的夹角。属性圆中的面积使用 $M(\kappa_1,\kappa_2,\cdots,\kappa_o)$表示，$\kappa_1$，$\kappa_2$，$\cdots$，$\kappa_o$ 表示属性圆中任意的多个点，这些点按照出现顺序能组成凸多边形。属性圆定义的规则可总结如式(4.6)所示。

$$\begin{cases}L(a_1,a_0)=L(a_2,a_0)=\cdots=L(a_n,a_0)=1\\ \angle a_1a_0a_2=\angle a_2a_0a_3=\cdots=\angle a_{n-1}a_0a_n\\ \angle a_1a_0a_2+\angle a_2a_0a_3+\cdots+\angle a_{n-1}a_0a_n=360^\circ\\ 0\leqslant a_q^{\mathrm{e}}\leqslant 1,0\leqslant a_q^{\mathrm{f}}\leqslant 1,a_q^{\mathrm{e}}\leqslant a_q^{\mathrm{f}},[a_q^{\mathrm{e}},a_q^{\mathrm{f}}]\subseteq L(a_q,a_0)\end{cases}\tag{4.6}$$

式中参数见定义 4.38 及定义 4.39。

定义 4.41　$L(\underset{x_i}{a_q^{\mathrm{e}}},\underset{x_i}{a_q^{\mathrm{f}}})$或$\underset{x_i}{L}(a_q^{\mathrm{e}},a_q^{\mathrm{f}})$表示对象 x_i 在属性 a_q 上作用的特征范围，$\underset{x_i}{L}(a_q^{\mathrm{e}},a_q^{\mathrm{f}})$越大属性 a_q 对对象 x_i 的影响越小；$\underset{x_i}{L}(a_q^{\mathrm{e}},a_q^{\mathrm{f}})$越小属性 a_q 对对象 x_i 的影响越大。

为进行分类方法的说明，先给出 x_1 与 x_6 的相似性定义图，如图 4.22 所示。首先从几何图示的角度给出对象相似的概念。如图 4.21 所示，$\underset{x_1}{M}(a_2^{\mathrm{f}}a_3^{\mathrm{f}}a_3^{\mathrm{e}}a_2^{\mathrm{e}})$表示一个凸多边形，其意义为同时表示了对象 x_1 在属性 a_2，a_3 上其特征的大小。图 4.22表示 x_1 与 x_6 的属性圆图的重叠图（请注意，x_1 与 x_6 中面积的底纹不同），那么 $\underset{x_1}{M}(a_2^{\mathrm{f}}a_3^{\mathrm{f}}a_3^{\mathrm{e}}a_2^{\mathrm{e}})$与 $\underset{x_6}{M}(a_2^{\mathrm{f}}a_3^{\mathrm{f}}a_3^{\mathrm{e}}a_2^{\mathrm{e}})$的重叠部分可以较大程度地反映 x_1 与 x_6 关于属性 a_2，a_3 的相似程度。

但是明显地使用上述方法确定 x_1 与 x_6 的相似程度存在困难。上述方法 $\underset{x_1}{M}(a_2^{\mathrm{f}}a_3^{\mathrm{f}}a_3^{\mathrm{e}}a_2^{\mathrm{e}})$与 $\underset{x_6}{M}(a_2^{\mathrm{f}}a_3^{\mathrm{f}}a_3^{\mathrm{e}}a_2^{\mathrm{e}})$的重叠部分同时反映了 x_1 与 x_6 关于两个属性 a_2，a_3 的相似程度，不能就单一属性确定。此外 $\underset{x_1}{M}(a_2^{\mathrm{f}}a_3^{\mathrm{f}}a_3^{\mathrm{e}}a_2^{\mathrm{e}})$与 $\underset{x_6}{M}(a_2^{\mathrm{f}}a_3^{\mathrm{f}}a_3^{\mathrm{e}}a_2^{\mathrm{e}})$的重叠部分需要通过复杂的解析手段才能确定。对于工程应用要求简便快捷的特点显然是

不满足的。因此将相似的属性圆思想转化为数值计算方法进行定义和使用。

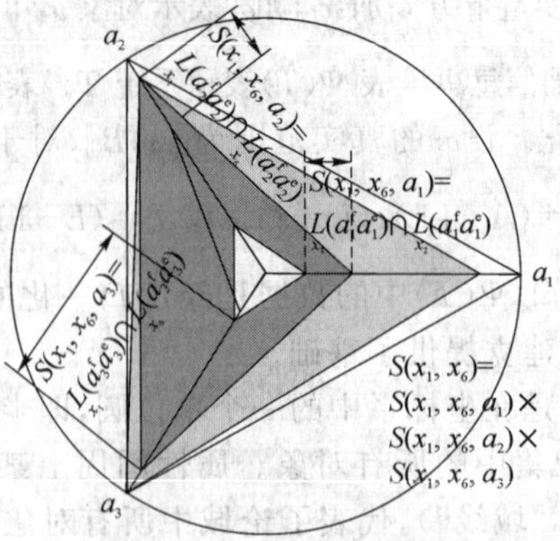

图 4.22 x_1 与 x_6 的相似性定义图

从图 4.22 可以看出，在 a_3 属性上 $\underset{x_1}{L}(a_3^e,a_3^f)$ 和 $\underset{x_6}{L}(a_3^e,a_3^f)$ 有一部分是重叠的，这部分说明 a_3 属性有一个区域($\underset{x_1}{L}(a_3^e,a_3^f)\cap\underset{x_6}{L}(a_3^e,a_3^f)$)，对 x_1 和 x_6 有着相同的影响，也就是说在这个区域中 x_1 和 x_6 是相似的。基于该思想定义相似性。

定义 4.42 在系统 T 中，$x_i,x_j\in U$，则定义 $S(x_i,x_j,a_q)$ 为 x_i 与 x_j 关于属性 a_q 的相似度，$S(x_i,x_j,a_q)$ 的确定方法如下：

(1) 当 $i=j$ 时，$S(x_i,x_j,a_q)=1$，一个对象与自己相比，自身的相似度为 1。

(2) 当 $i\neq j$ 时，比较 $\underset{x_i}{a_q}=[a_q^e,a_q^f]$ 与 $\underset{x_j}{a_q}=[a_q^e,a_q^f]$ 的相对覆盖区域情况。

① 当 $\underset{x_i}{a_q}$ 与 $\underset{x_j}{a_q}$ 在 $L(a_q,a_0)$ 上无重叠时，$S(x_i,x_j,a_q)=0$，表明两个对象对于 a_q 因素是不相关的。

② 当 $\underset{x_i}{a_q}$ 与 $\underset{x_j}{a_q}$ 在 $L(a_q,a_0)$ 上有重叠时，根据重叠情况得 $S(x_i,x_j,a_q)$，如下所示。

$$
\begin{aligned}
S(x_i,x_j,a_q)&=\underset{x_i}{L}(a_q^f a_q^e)\cap\underset{x_j}{L}(a_q^f a_q^e)\\
&=\mathrm{MIN}(|\underset{x_j}{a_q^f}-\underset{x_j}{a_q^e}|,|\underset{x_j}{a_q^f}-\underset{x_i}{a_q^e}|,|\underset{x_i}{a_q^f}-\underset{x_j}{a_q^e}|,|\underset{x_i}{a_q^f}-\underset{x_i}{a_q^e}|)/\\
&\quad\ \mathrm{MAX}(|\underset{x_j}{a_q^f}-\underset{x_j}{a_q^e}|,|\underset{x_j}{a_q^f}-\underset{x_i}{a_q^e}|,|\underset{x_i}{a_q^f}-\underset{x_j}{a_q^e}|,|\underset{x_i}{a_q^f}-\underset{x_i}{a_q^e}|)
\end{aligned}
$$

式中，$0\leqslant S(x_i,x_j,a_q)\leqslant 1$。

定义 4.43 x_i,x_j 的总相似度为 $S(x_i,x_j)$，对于 $C=\{a_1,a_2,\cdots,a_n\}$，$S(x_i,x_j)=\prod_{q=1}^{n}S(x_i,x_j,a_q)$，$a_q\in C$。

上述定义的具体体现可见图 4.22。

定义 4.44 基于 x_i,x_j 的总相似度 $S(x_i,x_j)$ 的分类规则：设 λ_{a_q} 为 x_i,x_j 对于单一属性 a_q 的相似性判断阈值，一般地 $0.4\leqslant\lambda_{a_q}\leqslant 0.6$。$1\geqslant S(x_i,x_j,a_q)\geqslant\lambda_{a_q}$ 意

为相似，$S(x_i,x_j,a_q)=0$ 意为不相似，之间意为模糊相似。所以对于 $S(x_i,x_j)$，$1 \geqslant S(x_i,x_j)=\prod_{q=1}^{n} S(x_i,x_j,a_q) \geqslant \prod_{q=1}^{n} \lambda_{a_q}$ 意为相似，$S(x_i,x_j)=0$ 意为不相似，之间意为模糊相似。

4.5.2　实例分析

本节实例与 4.4.2 节的相同。定义系统 $T=(U,A,C,D)$，7 位被调查者的描述为对象集合 $U=\{x_1,x_2,\cdots,x_7\}$，x_i 为第 i 位被调查者的意见，$i \in \{1,\cdots,7\}$。系统的使用时间、使用温度和使用湿度为系统的条件属性集合 $C=\{a_1,a_2,a_3\}$，a_1 为使用温度，a_2 为使用时间，a_3 为使用湿度。a_1，a_2 和 a_3 是连续的范围值，根据被调查者提供的意见将 a_1，a_2 和 a_3 归一化，如可将该位操作者的回答作为 x_1，定量为使用温度[0,12]℃、使用时间[70,95]d 和使用湿度的安全情况描述，归一化 $\underset{x_1}{a_1}=[a_1^{\mathrm{e}},a_1^{\mathrm{f}}]$，$\underset{x_1}{a_1^{\mathrm{e}}}=(0-0)/(40-0)=0$，$\underset{x_1}{a_1^{\mathrm{f}}}=(12-0)/(40-0)=0.3$，同理 $\underset{x_1}{a_2}=[0.7,0.95]$，$\underset{x_1}{a_3}=[0.2,0.9]$。决策等级 $D=\{d_1,d_2,d_3\}$，分别表示安全等级为一到三级，为"不可靠""一般可靠""很可靠"。得到基础信息决策表 $\Psi(T)$，如图 4.13 所示。撇开决策集 D，研究对象集与属性集的属性圆表示，x_1 的属性圆已给出，$x_2 \sim x_7$ 的属性圆如图 4.23 所示。根据图 4.13、定义 4.42 和定义 4.43，得到对象相似表，如图 4.24 所示。

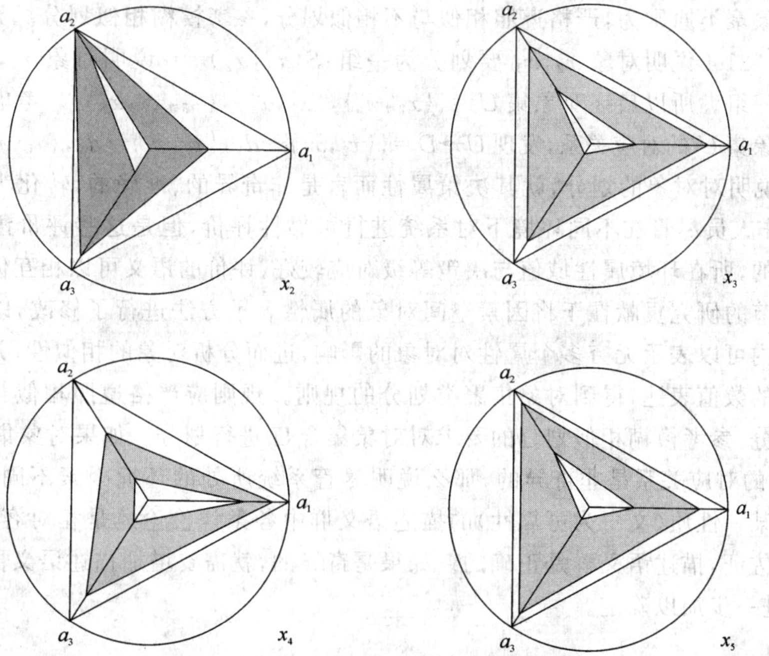

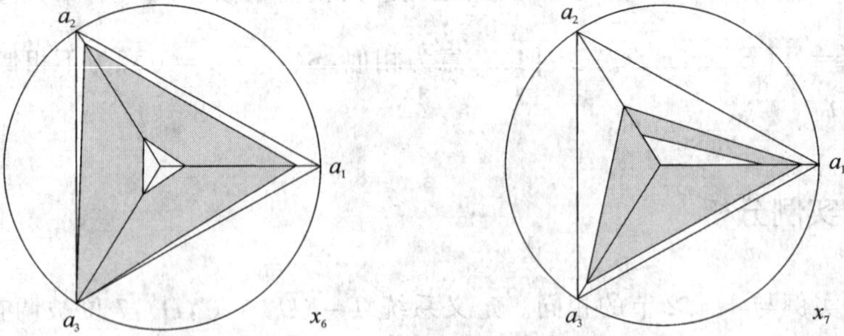

图 4.23　$x_2 \sim x_7$ 的属性圆

为确定对象集合的划分，首先定义 $\lambda_{a_1}=0.5, \lambda_{a_2}=0.5, \lambda_{a_3}=0.5$，$S(x_i, x_j)$ 的相似性划分为{相似，模糊相似，不相似}$=\{[1, 0.125], (0.125, 0), 0\}$。结合图 4.24，得到的相似对象归类如下。

相似：$S(x_2, x_1)=0.3214$，$S(x_5, x_3)=0.5906$，$S(x_6, x_3)=0.2315$，$S(x_6, x_5)=0.2632$，$S(x_7, x_4)=0.2592$。

模糊相似：$S(x_3, x_1)=0.0238$，$S(x_4, x_3)=0.0204$，$S(x_5, x_1)=0.0278$，$S(x_5, x_2)=0.0321$，$S(x_5, x_4)=0.0165$，$S(x_6, x_1)=0.0288$，$S(x_6, x_2)=0.0306$，$S(x_6, x_4)=0.0765$，$S(x_7, x_6)=0.0245$。

不相似：$S(x_3, x_2)=0$，$S(x_4, x_1)=0$，$S(x_4, x_2)=0$，$S(x_7, x_1)=0$，$S(x_7, x_2)=0$，$S(x_7, x_3)=0$，$S(x_7, x_5)=0$。

对象聚类原则为：严格遵照相似与不相似划分，参考模糊相似划分。如 $S(x_2, x_1)=0.3214$ 说明对象 x_2, x_1 要划分为一组；$S(x_3, x_2)=0$ 说明对象 x_3, x_2 不能划分为一组。所以最终对象集 $U=\{\{x_2, x_1\}, \{x_7, x_4\}, \{x_5, x_3, x_6\}\}$。考虑决策集 D 与对象集 U 的对应关系，发现 $U \rightarrow D=\{\{x_2, x_1\} \rightarrow d_1, \{x_7, x_4\} \rightarrow d_3, \{x_5, x_3, x_6\} \rightarrow d_2\}$，这说明对对象的划分，就其决策属性而言是非奇异的、准确的，转化为语义即 7 位操作人员尽管在不同环境下对系统进行可靠性评价，但是这些评价语义是相对客观的，所在环境属性域值与决策等级对应较好，评价的语义可以相互佐证。

本节的研究贡献在于将因素空间对象的属性表示方法进行了修改，以在单位属性圆内可以表示无穷多个属性对对象的影响，进而分析对象的相似性，并转化为相似性的数值表达，得到对象集聚类划分的规则。规则应严格遵照相似与不相似进行划分，参考模糊相似划分的要求对对象集合 U 进行划分。如果对象集 U 与决策集 D 的对应关系是非奇异的，那么说明尽管系统所处的环境因素不同，但是对系统的某一性质（文中为可靠性）的描述语义群中各条评价论述是相对客观的，可以相互佐证，描述语义群是正确的。如果是奇异的，就需要增加描述语义群的评价论述，进一步加以确定。

	x_1			x_2			x_3			x_4			x_5			x_6			x_7		
	a_1	a_2	a_3	a_1	a_2	a_3	a_1	a_2	a_3	a_1	a_2	a_3	a_1	a_2	a_3	a_1	a_2	a_3	a_1	a_2	a_3
x_1	1	1	1																		
	$S(x_1,x_1)=1$																				
x_2	0.750 0	0.500 0	0.857 1	1	1	1															
	$S(x_2,x_1)=0.321\ 4$			$S(x_2,x_2)=1$																	
x_3	0.142 9	0.222 2	0.750 0	0	0	0.625 0	1	1	1												
	$S(x_3,x_1)=0.023\ 8$			$S(x_3,x_2)=0$			$S(x_3,x_3)=1$														
x_4	0	0	0.857 1	0.222 2	0	0.714 3	0.142 9	0.166 7	0.857 1	1	1	1									
	$S(x_4,x_1)=0$			$S(x_4,x_2)=0$			$S(x_4,x_3)=0.020\ 4$			$S(x_4,x_4)=1$											
x_5	0.071 4	0.444 4	0.875 0	0.214 3	0.2	0.750 0	0.900 0	0.750 0	0.875 0	0.153 8	0.142 9	0.750 0	1	1	1						
	$S(x_5,x_1)=0.027\ 8$			$S(x_5,x_2)=0.032\ 1$			$S(x_5,x_3)=0.590\ 6$			$S(x_5,x_4)=0.016\ 5$			$S(x_5,x_5)=1$								
x_6	0.125 0	0.307 7	0.750 0	0.250 0	0.142 9	0.857 1	0.833 3	0.500 0	0.555 6	0.285 7	0.428 6	0.625 0	0.592 1	0.666 7	0.666 7	1	1	1			
	$S(x_6,x_1)=0.028\ 8$			$S(x_6,x_2)=0.030\ 6$			$S(x_6,x_3)=0.231\ 5$			$S(x_6,x_4)=0.076\ 5$			$S(x_6,x_5)=0.263\ 2$			$S(x_6,x_6)=1$					
x_7	0	0	0.888 9	0	0	0.666 7	0.142 9	0	0.777 8	1	0.333 3	0.777 8	0.153 8	0	0.888 9	0.285 7	0.142 9	0.600 0	1	1	1
	$S(x_7,x_1)=0$			$S(x_7,x_2)=0$			$S(x_7,x_3)=0$			$S(x_7,x_4)=0.259\ 2$			$S(x_7,x_5)=0$			$S(x_7,x_6)=0.024\ 5$			$S(x_7,x_7)=1$		

图 4.24　对象相似表

4.6 属性圆对象分类改进

接续前节对属性圆分类方法的研究，本节对该方法进行了改进。原方法是基于线段的相似性确定方法，而本节使用基于面积的相似性确定方法。

4.6.1 对象分类改进方法

从几何图示的角度给出对象相似的概念。如图 4.21 所示，$\underset{x_1}{M}(a_2^{\mathrm{f}}a_3^{\mathrm{f}}a_3^{\mathrm{e}}a_2^{\mathrm{e}})$表示一个凸多边形，其意义为同时表示对象 x_1 在属性 a_2,a_3 上其特征的大小，那么$\underset{x_1}{M}(a_2^{\mathrm{f}}a_3^{\mathrm{f}}a_3^{\mathrm{e}}a_2^{\mathrm{e}})$与$\underset{x_6}{M}(a_2^{\mathrm{f}}a_3^{\mathrm{f}}a_3^{\mathrm{e}}a_2^{\mathrm{e}})$的重叠部分可以较大程度地反映 x_1 与 x_6 关于属性 a_2,a_3 的相似程度。

要计算 x_i 与 x_j 在属性 a_q 和 a_{q+1} 上的相似度，即计算 $\underset{x_i}{M}(a_q^{\mathrm{f}}a_{q+1}^{\mathrm{f}}a_{q+1}^{\mathrm{e}}a_q^{\mathrm{e}})$与$\underset{x_j}{M}(a_q^{\mathrm{f}}a_{q+1}^{\mathrm{f}}a_{q+1}^{\mathrm{e}}a_q^{\mathrm{e}})$的重合情况。

相关前述定义见定义 4.38～定义 4.41，下面为后继定义。

定义 4.45 在系统 T 中，$x_i,x_j\in U$，则定义 x_i 与 x_j 关于属性 a_q,a_{q+1} 的相似度 $S(x_i,x_j,(a_q,a_{q+1}))$如式(4.7)所示。

$$S(x_i,x_j,(a_q,a_{q+1}))=\frac{\underset{x_i}{M}(a_q^{\mathrm{f}}a_{q+1}^{\mathrm{f}}a_{q+1}^{\mathrm{e}}a_q^{\mathrm{e}})\bigcap\underset{x_j}{M}(a_q^{\mathrm{f}}a_{q+1}^{\mathrm{f}}a_{q+1}^{\mathrm{e}}a_q^{\mathrm{e}})}{\underset{x_i}{M}(a_q^{\mathrm{f}}a_{q+1}^{\mathrm{f}}a_{q+1}^{\mathrm{e}}a_q^{\mathrm{e}})\bigcup\underset{x_j}{M}(a_q^{\mathrm{f}}a_{q+1}^{\mathrm{f}}a_{q+1}^{\mathrm{e}}a_q^{\mathrm{e}})} \tag{4.7}$$

下面分 3 种情况进行说明。

① 当$\underset{x_i}{a_q}$与$\underset{x_j}{a_q}$在 $L(a_q,a_0)$上无重叠或$\underset{x_i}{a_{q+1}}$与$\underset{x_j}{a_{q+1}}$在 $L(a_{q+1},a_0)$上无重叠时，$S(x_i,x_j,(a_q,a_{q+1}))=0$，表明两个对象对于 a_q,a_{q+1}因素是不相关的。

② 当$\underset{x_i}{a_q}$与$\underset{x_j}{a_q}$在 $L(a_q,a_0)$上重叠且$\underset{x_i}{a_{q+1}}$与$\underset{x_j}{a_{q+1}}$在 $L(a_{q+1},a_0)$上重叠，并且线段$(\underset{x_j}{a_q^{\mathrm{e}}},\underset{x_j}{a_{q+1}^{\mathrm{e}}})$与线段$(\underset{x_i}{a_q^{\mathrm{e}}},\underset{x_i}{a_{q+1}^{\mathrm{e}}})$不相交，线段$(\underset{x_j}{a_q^{\mathrm{f}}},\underset{x_j}{a_{q+1}^{\mathrm{f}}})$与线段$(\underset{x_i}{a_q^{\mathrm{f}}},\underset{x_i}{a_{q+1}^{\mathrm{f}}})$不相交时，重叠面积定义如式(4.8)、式(4.9)所示。这是如图 4.25 所示的第二种重叠情况。

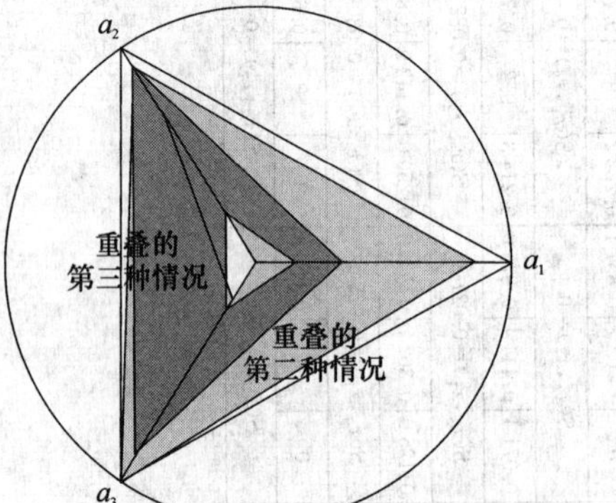

图 4.25 x_1 与 x_6 的相似性定义重叠区域类型

$$\begin{cases}\underset{x_i}{M}(a_q^{\mathrm{f}}a_{q+1}^{\mathrm{f}}a_{q+1}^{\mathrm{e}}a_q^{\mathrm{e}})\cap\underset{x_j}{M}(a_q^{\mathrm{f}}a_{q+1}^{\mathrm{f}}a_{q+1}^{\mathrm{e}}a_q^{\mathrm{e}})=\dfrac{1}{2}(bd-ac)\sin\theta\\ \theta=\angle a_q a_0 a_{q+1}\\ d=\min\{\underset{x_i}{a_q^{\mathrm{f}}},\underset{x_j}{a_q^{\mathrm{f}}}\}\\ b=\min\{\underset{x_i}{a_{q+1}^{\mathrm{f}}},\underset{x_j}{a_{q+1}^{\mathrm{f}}}\}\\ a=\max\{\underset{x_i}{a_q^{\mathrm{e}}},\underset{x_j}{a_q^{\mathrm{e}}}\}\\ c=\max\{\underset{x_i}{a_{q+1}^{\mathrm{e}}},\underset{x_j}{a_{q+1}^{\mathrm{e}}}\}\end{cases}\tag{4.8}$$

$$\begin{cases}\underset{x_i}{M}(a_q^{\mathrm{f}}a_{q+1}^{\mathrm{f}}a_{q+1}^{\mathrm{e}}a_q^{\mathrm{e}})\cup\underset{x_j}{M}(a_q^{\mathrm{f}}a_{q+1}^{\mathrm{f}}a_{q+1}^{\mathrm{e}}a_q^{\mathrm{e}})=\dfrac{1}{2}(bd-ac)\sin\theta\\ \theta=\angle a_q a_0 a_{q+1}\\ d=\max\{\underset{x_i}{a_q^{\mathrm{f}}},\underset{x_j}{a_q^{\mathrm{f}}}\}\\ b=\max\{\underset{x_i}{a_{q+1}^{\mathrm{f}}},\underset{x_j}{a_{q+1}^{\mathrm{f}}}\}\\ a=\min\{\underset{x_i}{a_q^{\mathrm{e}}},\underset{x_j}{a_q^{\mathrm{e}}}\}\\ c=\min\{\underset{x_i}{a_{q+1}^{\mathrm{e}}},\underset{x_j}{a_{q+1}^{\mathrm{e}}}\}\end{cases}\tag{4.9}$$

③ 重叠的第三种情况，当$\underset{x_i}{a_q}$与$\underset{x_j}{a_q}$在$L(a_q,a_0)$上重叠且$\underset{x_i}{a_{q+1}}$与$\underset{x_j}{a_{q+1}}$在$L(a_{q+1},a_0)$上重叠，并且线段$(\underset{x_j}{a_q^{\mathrm{e}}},\underset{x_j}{a_{q+1}^{\mathrm{e}}})$与线段$(\underset{x_i}{a_q^{\mathrm{e}}},\underset{x_i}{a_{q+1}^{\mathrm{e}}})$相交或线段$(\underset{x_j}{a_q^{\mathrm{f}}},\underset{x_j}{a_{q+1}^{\mathrm{f}}})$与线段$(\underset{x_i}{a_q^{\mathrm{f}}},\underset{x_i}{a_{q+1}^{\mathrm{f}}})$相交时，重叠面积的定义如式(4.10)、式(4.11)所示。

$$\underset{x_i}{M}(a_q^{\mathrm{f}}a_{q+1}^{\mathrm{f}}a_{q+1}^{\mathrm{e}}a_q^{\mathrm{e}})\cap\underset{x_j}{M}(a_q^{\mathrm{f}}a_{q+1}^{\mathrm{f}}a_{q+1}^{\mathrm{e}}a_q^{\mathrm{e}})=\frac{1}{2}hc\sin\theta-\frac{1}{2}(h-g)^2\times\frac{\cos\theta}{h/c-g/d}-\frac{1}{2}eb\sin\theta-\frac{1}{2}(f-e)^2\times\frac{\cos\theta}{f/a-e/b}\tag{4.10}$$

$$\underset{x_i}{M}(a_q^{\mathrm{f}}a_{q+1}^{\mathrm{f}}a_{q+1}^{\mathrm{e}}a_q^{\mathrm{e}})\cup\underset{x_j}{M}(a_q^{\mathrm{f}}a_{q+1}^{\mathrm{f}}a_{q+1}^{\mathrm{e}}a_q^{\mathrm{e}})=\frac{1}{2}dg\sin\theta-\frac{1}{2}(h-g)^2\times\frac{\cos\theta}{h/c-g/d}-\left(\frac{1}{2}fa\sin\theta-\frac{1}{2}(f-e)^2\times\frac{\cos\theta}{f/a-e/b}\right)\tag{4.11}$$

式中，$\theta=\angle a_q a_0 a_{q+1}$，$a=\underset{x_j}{a_{q+1}^{\mathrm{e}}}$，$b=\underset{x_i}{a_{q+1}^{\mathrm{e}}}$，$c=\underset{x_j}{a_{q+1}^{\mathrm{f}}}$，$d=\underset{x_i}{a_{q+1}^{\mathrm{f}}}$，$e=\underset{x_i}{a_q^{\mathrm{e}}}$，$f=\underset{x_j}{a_q^{\mathrm{e}}}$，$g=\underset{x_i}{a_q^{\mathrm{f}}}$，$h=\underset{x_j}{a_q^{\mathrm{f}}}$，为保证式(4.10)、式(4.11)整洁，用字母代替了数值标记。

②和③中的结果是通过图形计算得到的解析解，由于篇幅所限，解析过程这里略。

定义 4.46　x_i,x_j 的总相似度为 $S(x_i,x_j)$，对于 $C=\{a_1,a_2,\cdots,a_n\}$，$S(x_i,x_j)=$

$\prod_{q=1}^{n-1} S(x_i, x_j, (a_q, a_{q+1})) \times S(x_i, x_j, (a_n, a_1)), a_q \in C$。

定义 4.47 x_i, x_j 的总相似度 $S(x_i, x_j)$ 的分类规则：设 $\lambda_{a_q, a_{q+1}}$ 为 x_i, x_j 对于属性 a_q, a_{q+1} 的相似性判断阈值，一般地 $0.4 \leqslant \lambda_{a_q, a_{q+1}} \leqslant 0.6$。$1 \geqslant S(x_i, x_j, (a_q, a_{q+1})) \geqslant \lambda_{a_q}$ 意为相似，$S(x_i, x_j, (a_q, a_{q+1})) = 0$ 意为不相似，之间意为模糊相似。所以对于 $S(x_i, x_j)$，$1 \geqslant S(x_i, x_j) = S(x_i, x_j, (a_q, a_{q+1})) \geqslant \prod_{q=1}^{n} \lambda_{a_q, a_{q+1}}$ 意为相似，$S(x_i, x_j) = 0$ 意为不相似，之间意为模糊相似。

4.6.2 实例分析

本节实例与 4.5.2 节的相同，因此直接给出对象相似表，如图 4.26 所示。

为确定对象集合的划分，首先定义 $\lambda_{a_1, a_2} = 0.5$，$\lambda_{a_2, a_3} = 0.5$，$\lambda_{a_3, a_1} = 0.5$，$S(x_i, x_j)$ 的相似性划分为{相似，模糊相似，不相似} = {[1, 0.125], (0.125, 0), 0}。由图 4.26 得相似对象的归类，如下：

相似：$S(x_2, x_1) = 0.513\,8$，$S(x_4, x_3) = 0.165\,0$，$S(x_5, x_3) = 0.770\,6$，$S(x_6, x_3) = 0.422\,5$，$S(x_7, x_4) = 0.406\,9$，$S(x_6, x_5) = 0.528\,8$。

模糊相似：$S(x_3, x_1) = 0.038\,4$，$S(x_5, x_1) = 0.019\,7$，$S(x_6, x_1) = 0.071\,7$，$S(x_5, x_2) = 0.048\,6$，$S(x_6, x_2) = 0.098\,9$，$S(x_5, x_4) = 0.037\,2$，$S(x_6, x_4) = 0.065\,0$，$S(x_7, x_6) = 0.070\,9$。

不相似：$S(x_4, x_1) = 0$，$S(x_7, x_1) = 0$，$S(x_3, x_2) = 0$，$S(x_4, x_2) = 0$，$S(x_7, x_2) = 0$，$S(x_7, x_3) = 0$，$S(x_7, x_5) = 0$。

对象聚类原则为：遵照相似与不相似划分，参考模糊相似划分。如 $S(x_2, x_1) = 0.513\,8$ 说明对象 x_2, x_1 要划分为一组；$S(x_3, x_2) = 0$ 说明对象 x_3, x_2 不能划分为一组。所以最终对象集 $U = \{\{x_2, x_1\}, \{x_7, x_4\}, \{x_5, x_3, x_6\}\}$。但这个划分与 $S(x_4, x_3) = 0.165\,0$ 相矛盾，由于 x_5, x_3, x_6 之间的相似度较高，远大于 x_4, x_3 之间的相似度，且 x_7 不能与 x_5, x_3 划分在一起，同时 x_7, x_4 之间的相似度很高，所以上述划分是合理的。考虑决策集 D 与对象集 U 的对应关系，发现 $U \to D = \{\{x_2, x_1\} \to d_1, \{x_7, x_4\} \to d_3, \{x_5, x_3, x_6\} \to d_2\}$，这说明初始对于决策类的划分是正确的，可以在实际中得到检验。

本节的研究贡献在于将因素空间对象的属性表示方法进行了改进，以在单位属性圆内可以表示无穷多个属性对对象的影响，进而分析对象的相似性，在单位圆框架内，将不同对象在相同属性区域内的重叠程度定义为相似度，讨论并给出了不同重叠形式对相似度的计算公式。

	x_1			x_2			x_3			x_4			x_5			x_6			x_7		
	a_1,a_2	a_2,a_3	a_3,a_1	a_1,a_2	a_2,a_3	a_3,a_1	a_1,a_2	a_2,a_3	a_3,a_1	a_1,a_2	a_2,a_3	a_3,a_1	a_1,a_2	a_2,a_3	a_3,a_1	a_1,a_2	a_2,a_3	a_3,a_1	a_1,a_2	a_2,a_3	a_3,a_1
x_1	1	1	1																		
	$S(x_1,x_1)=1$																				
x_2	0.821 0	0.854 9	0.732 1	1	1	1															
	$S(x_2,x_1)=0.513\,8$			$S(x_2,x_2)=1$																	
x_3	0.189 1	0.632 3	0.321 2	0	0	0.455 0	1	1	1												
	$S(x_3,x_1)=0.038\,4$			$S(x_3,x_2)=0$			$S(x_3,x_3)=1$														
x_4	0	0	0	0	0	0	0.462 3	0.645 0	0.553 2	1	1	1									
	$S(x_4,x_1)=0$			$S(x_4,x_2)=0$			$S(x_4,x_3)=0.165\,0$			$S(x_4,x_4)=1$											
x_5	0.109 9	0.834 4	0.215 0	0.175 6	0.632 4	0.437 5	0.875 0	0.920 0	0.957 3	0.098 8	0.579 0	0.650 0	1	1	1						
	$S(x_5,x_1)=0.019\,7$			$S(x_5,x_2)=0.048\,6$			$S(x_5,x_3)=0.770\,6$			$S(x_5,x_4)=0.037\,2$			$S(x_5,x_5)=1$								
x_6	0.345 0	0.831 2	0.250 0	0.450 0	0.615 5	0.357 1	0.675 6	0.769 0	0.813 2	0.229 0	0.449 0	0.632 2	0.730 0	0.812 1	0.892 0	1	1	1			
	$S(x_6,x_1)=0.071\,7$			$S(x_6,x_2)=0.098\,9$			$S(x_6,x_3)=0.422\,5$			$S(x_6,x_4)=0.065\,0$			$S(x_6,x_5)=0.528\,8$			$S(x_6,x_6)=1$					
x_7	0	0	0.485 9	0	0	0.422 6	0	0	0.832 0	0.800 2	0.706 0	0.720 3	0	0	0.959 0	0.223 0	0.345 4	0.920 0	1	1	1
	$S(x_7,x_1)=0$			$S(x_7,x_2)=0$			$S(x_7,x_3)=0$			$S(x_7,x_4)=0.406\,9$			$S(x_7,x_5)=0$			$S(x_7,x_6)=0.070\,9$			$S(x_7,x_7)=1$		

图 4.26　对象相似表

4.7 属性圆与云模型结合的对象分类

多属性决策问题一直是学界研究的热点。该问题一般可分为两个部分，一是基础数据，二是处理方法。对于基础数据问题，一般来源于现场数据和专家数据。现场数据包括各种形式的定性数据和定量数据，这些数据往往累计时间较长，数据量较大，对这些数据的处理是一项较大的工程。专家数据是通过专家实地考察和分析所得到的，专家数据的数据量一般较少，其可靠性依靠专家个人的经验和水平，其中难免掺杂主观因素。所以对于基础数据的处理方法，一方面要适应大数据分析，另一方面要能处理主观因素，以适应数据的模糊性和随机性。

对于基础数据中包含的模糊性、随机性，以及定性定量转化问题，目前适应性较好的模型是云模型。云模型[3]是李德毅院士于20世纪90年代提出的一种能用定性语言与定量数值描述不确定性转换的模型，其应用实效得到认可和推广。云模型作为定性定量转换的不确定性模型，能够充分体现语言概念的随机性和模糊性，是实现定性定量转换的有效工具[4]。但云模型也存在着缺点，目前文献中主要使用一维和二维云模型，因为三维云模型的图形化表达很困难。这样就限定了云模型只能处理两个因素或属性。对于决策问题，一般都是在多属性条件下的决策。同时考虑专家数据的特点，可能得到的数据是一个区间，因为专家不能界定不同决策级别的具体分割点，而只能给出一个较小的范围。所以在计算云模型特征参数时，其基础数据可能不是一个点，可能是一个范围。在多属性情况下如何将这些范围数据转化为云模型是一个要解决的问题。

为解决上述问题，将实际数据和专家意见中属于某个决策级的被分析对象的属性绘制于属性圆中，进而通过作者提出的属性圆表示法来计算表示该决策级的云模型特征参数。本节列举了一电气系统的可靠性风险级别为可接受的云模型计算过程，并进行了应用说明。

4.7.1 云模型

1. 云模型及其数字特征

设U为一个用精确值表示的定量论域，C为U上的定性概念，若定量数值$x\in U$，且x是定性概念C的一次随机实现，x对C的隶属度$\mu(x)\in[0,1]$，是具有稳定倾向的随机数μ，即$\mu:U\to[0,1]$，$\forall x\in U, x\to\mu(x)$，则$x$在论域$U$上的分布称为云，记为$C(x)$，每个$x$称为一个云滴$(x,\mu(x))$。

云的数字特征反映了定性概念的定量特征，用期望 Ex、熵 En 和超熵 He 表征，记为 $C(\mathrm{Ex},\mathrm{En},\mathrm{He})$。期望 Ex 表示论域空间最具代表性的定性概念值，反映了论域空间的中心值。熵 En 是定性概念模糊性和随机性的综合度量，一方面反映了论域空间中可被定性概念接受的云滴的取值范围，另一方面又能反映云滴的离散程度。超熵 He 描述熵的不确定性度量，反映了论域空间中云滴的凝聚程度，He 越大，云滴的厚度就越大[5]。

2. 云发生器

生成云滴的算法或硬件称为云发生器，包括正向云发生器、逆向云发生器、X 条件云发生器和 Y 条件云发生器。正向云发生器实现了在预言值表达的定性信息中获得定量数据的范围和分布规律的功能，具有前向、直接的特点。逆向云发生器将一定数量的精确数值有效转换为恰当的定性语言值，具有逆向、间接的特点。这里采用正向云发生器，其生成所需数量的云滴过程如下：

① 生成以 En 为期望，以 He 为标准差的正态随机数 En′；

② 生成一个以 En 为期望，以 En′的绝对值为标准差的正态随机数 x_i，x_i 称为论域空间 U 的一个云滴；

③ 计算 $\mu_i=\exp[-(x_i-E_x)^2/2\,(E'_n)^2]$，则 μ_i 为 x_i 关于 C 的隶属度；

④ 循环①～③，直到生成 n 个云滴，则停止。

3. 定量数据云化方法

正向云模型对影响巷道冒顶风险评价指标的定量数值进行云化。云模型的数字特征计算公式[3]如式(4.12)所示。

$$\begin{cases}\mathrm{Ex}_i=(a_i+b_i)/2\\ \mathrm{En}_i=(b_i-a_i)/6\\ \mathrm{He}_i=i\end{cases}\tag{4.12}$$

式中 i 为常数，可以根据指标变量本身的模糊阈度具体调整。

4.7.2　云模型改造的属性圆分类方法

为了使云模型有处理范围数据和多属性决策的能力，对上述属性圆的定义进行改造。这里以某个决策等级 x_1 为例，来说明属性圆的定义、性质和绘制过程，以及如何通过属性圆计算表示该决策等级的云模型特征参数。属性圆绘制如 4.5 节 X_2 所示。

定义 4.48　设系统 (U,A,C) 为决策系统，$U=\{x_1,x_2,\cdots,x_m\}$ 为决策级别集合，m 为级别数量；$A=\{a_1,a_2,\cdots,a_n\}$ 为属性集，n 为属性数量；C 表示云模型集合；a_0 表示该属性值域的最小值，a_q 表示该属性值域的最大值，a_q^{f} 表示对于一个决策级的该属性的最大值，a_q^{e} 表示对于一个决策级的该属性的最小值；$i\in\{1,\cdots,m\}$，$q\in\{1,\cdots,n\}$。

定义 4.49 属性的归一化：a_0,a_q,a_q^f,a_q^e 是经过归一化处理的，即 $a_0=0$，$a_q=1$，a_q^f 和 a_q^e 则是按照对应比例确定的，且 $0\leqslant a_q^e\leqslant 1$，$0\leqslant a_q^f\leqslant 1$，$a_q^e\leqslant a_q^f$。

定义 4.50 属性圆是一个单位圆，即半径为 1，每一个属性圆都代表一个决策级别。属性圆周上某一点 a_q 与圆心 a_0 的连线为属性域线（下文简称"域线"），代表了该决策级的一个属性范围，域线长为 1。a_q^e,a_q^f 在域线上，a_q^e 表示属性某种状态域值的终点，a_q^f 表示属性某种状态域值的起点。在属性圆中的线段用 $L(\kappa_1,\kappa_2)$ 表示，κ_1，κ_2 表示属性圆中任意的两个点，如 a_q 域线表示为 $L(a_q,a_0)$。属性角$\underset{x_1}{\angle} a_1a_0a_2$ 为域线 $L(a_q,a_0)$ 与 $L(a_{q+1},a_0)$ 之间的夹角。属性圆中的面积使用 $M(\kappa_1,\kappa_2,\cdots,\kappa_o,a_0)$ 表示，$\kappa_1,\kappa_2,\cdots,\kappa_o$ 表示属性圆中任意的多个点，这些点按照出现顺序能组成多边形。属性圆的定义规则如式(4.6)所示。

$L(\underset{x_i}{a_q^e},\underset{x_i}{a_q^f})$ 或 $\underset{x_i}{L}(a_q^e,a_q^f)$ 表示决策级 x_i 在属性 a_q 上作用的特征范围，$\underset{x_i}{L}(a_q^e,a_q^f)$ 越大属性 a_q 对决策级 x_i 的影响越小；$\underset{x_i}{L}(a_q^e,a_q^f)$ 越小属性 a_q 对决策级 x_i 的影响越大。

定义 4.51 属性圆面积求法：$M(\kappa_1,\kappa_2,\cdots,\kappa_o,a_0)$ 可分解为多个两属性之间面积的总和，即 $M(\kappa_1,\kappa_2,\cdots,\kappa_o,a_0)=M(\kappa_1,\kappa_2,a_0)+\cdots+M(\kappa_{o-1},\kappa_o,a_0)$，如图 4.22 中 $M(a_1^f,a_2^f,a_3^f)=M(a_1^f,a_2^f,a_0)+M(a_2^f,a_3^f,a_0)+M(a_3^f,a_1^f,a_0)$，实际上 $M(a_2^f,a_3^f,a_0)$ 应该为 $M(a_2^f,a_3^f,a_3^e,a_2^e)=M(a_3^f,a_3^f,a_0)-M(a_2^e,a_2^e,a_0)$。所以对于 $M(\kappa_1,\kappa_2,\cdots,\kappa_o,a_0)$ 可表示为式(4.13)。

$$M(\kappa_1,\kappa_2,\cdots,\kappa_o,a_0)=\begin{cases}M(\kappa_1,\kappa_2,a_0)+\cdots+M(\kappa_{o-1},\kappa_o,a_0),\\ \kappa_1,\kappa_2,\cdots,\kappa_o\in[a_1^f,\cdots,a_q^f],[a_1^e,\cdots,a_q^e]=0\\ M(\kappa_1,\kappa_2,a_0)+\cdots+M(\kappa_{o-1},\kappa_o,a_0)-\\ [M(\kappa_1',\kappa_2',a_0)+\cdots+M(\kappa_{o-1}',\kappa_o',a_0)],\\ \kappa_1,\kappa_2,\cdots,\kappa_o\in[a_1^f,\cdots,a_q^f],\kappa_1',\kappa_2',\cdots,\kappa_o'\in[a_1^e,\cdots,a_q^e]\neq 0\\ M(\kappa_1,\kappa_2,a_0)=\dfrac{1}{2}L(\kappa_2^f,a_0)L(\kappa_1^f,a_0)\sin\angle\kappa_1a_0\kappa_2\\ M(\kappa_1',\kappa_2',a_0)=\dfrac{1}{2}[L(\kappa_2',a_0)L(\kappa_1',a_0)]\sin\angle\kappa_1'a_0\kappa_2',\\ [a_1^e,\cdots,a_q^e]\neq 0\end{cases}\tag{4.13}$$

定义 4.52 基于属性圆的云模型：对现场数据和专家意见进行综合分析，对多属性评价问题中的不同级别的情况进行归类。认为属于同一个级别的所有属性值组合应绘制于同一属性圆中。使用上述属性圆的性质来确定该级别的云模型特征参数。设某一决策级别为 x，经过数据整理，认为被评价对象有 T 种情况属于该级别。这 T 种情况在属性圆中的面积为$\overset{t}{\underset{x}{M}}(\kappa_1,\kappa_2,\cdots,\kappa_o,a_0)$，$t\in[0,T]$。根据云模型特征参数的定义[3]，期望值 Ex 用以表示论域的中心值，是最能代表定性概念的点。在属性圆中，这个中心值就是属于该决策级别的 T 种情况在属性圆中面积的平均值。熵 En 反映了云滴的离散程度以及在论域中可被表达的定性概念接受的数值范围。在属性圆中，离散程度为 T 种情况属性圆面积分别与 Ex 的差的平均值，这个平均值表达了属于该决策级别面积值可能的范围。超熵 He 是对熵的不确定性度量，由熵的模糊性和随机性共同决定。在属性圆中，表达了相同隶属度下面积的最大波动范围。综上，云模型 $\underset{x}{C}(\mathrm{Ex},\mathrm{En},\mathrm{He})$ 的特征参数计算如式(4.14)所示。

$$\begin{cases} \mathrm{Ex}=[\sum\limits_{t=1}^{T}\overset{t}{\underset{x}{M}}(\kappa_1,\kappa_2,\cdots,\kappa_o,a_0)]/T \\ \mathrm{En}=\sum\limits_{t=1}^{T}|\mathrm{Ex}-\overset{t}{\underset{x}{M}}(\kappa_1,\kappa_2,\cdots,\kappa_o,a_0)|/T \\ \mathrm{He}=\mathrm{Max}[\mathrm{Max}|\overset{t_1}{\underset{x}{M}}(\kappa_1,\kappa_2,\cdots,\kappa_o,a_0)-\overset{t_2}{\underset{x}{M}}(\kappa_1,\kappa_2,\cdots,\kappa_o,a_0)|, \\ \qquad \mathrm{Max}|\overset{t_3}{\underset{x}{M}}(\kappa_1,\kappa_2,\cdots,\kappa_o,a_0)-\overset{t_4}{\underset{x}{M}}(\kappa_1,\kappa_2,\cdots,\kappa_o,a_0)|], \\ \qquad \overset{t_1}{\underset{x}{M}}(\kappa_1,\kappa_2,\cdots,\kappa_o,a_0)\text{ 与 }\overset{t_2}{\underset{x}{M}}(\kappa_1,\kappa_2,\cdots,\kappa_o,a_0)\text{ 大于 Ex}, \\ \qquad \overset{t_3}{\underset{x}{M}}(\kappa_1,\kappa_2,\cdots,\kappa_o,a_0)\text{ 与 }\overset{t_4}{\underset{x}{M}}(\kappa_1,\kappa_2,\cdots,\kappa_o,a_0)\text{ 小于 Ex} \\ \qquad t,t_1,t_2,t_3,t_4\in[1,2,\cdots,T] \end{cases} \tag{4.14}$$

4.7.3　实例分析

这里研究某电器系统可靠性决策问题。该电器系统可靠性主要受到电压、温度和湿度的影响，即属性集 $A=\{a_1,a_2,a_3\}$，a_1 为电压，a_2 为温度，a_3 为湿度。其可能变化的最大范围是 $[a_0,a_1]=[12,20]$V，$[a_0,a_2]=[20,30]$℃，$[a_0,a_3]=[70,90]$%。

经过相关数据处理和专家分析，得到可靠性风险级别为可接受的组合 136 组，即这 136 组状态可诠释可接受风险级别的系统工作状态。这里针对其中一组状态计算其对应属性圆面积 $\overset{i}{\underset{x}{M}}(a_1,a_2,\cdots,a_o,a_0)$，$x$ 为可接受决策级别，i 表示某一组状态。对于该状态 $[a_1^{\mathrm{e}},a_1^{\mathrm{f}}]=[14,16]$V，$[a_2^{\mathrm{e}},a_2^{\mathrm{f}}]=[24,27]$℃，$[a_3^{\mathrm{e}},a_3^{\mathrm{f}}]=[78,83]$%。那么 $L(a_1^{\mathrm{f}},a_0)=\frac{16-12}{20-12}=0.5$，$L(a_1^{\mathrm{e}},a_0)=\frac{14-12}{20-12}=0.25$，同理 $L(a_2^{\mathrm{f}},a_0)=\frac{27-20}{30-20}=0.7$，$L(a_2^{\mathrm{e}},a_0)=\frac{24-20}{30-20}=0.4$，$L(a_3^{\mathrm{f}},a_0)=\frac{83-70}{90-70}=0.65$，$L(a_3^{\mathrm{e}},a_0)=$

$\frac{78-70}{90-70}=0.4$。根据式(4.6)，$[a_1^e,a_2^e,a_3^e]\neq 0$，所以 $\underset{x}{\overset{i}{M}}(a_1,a_2,a_3,a_0)=\underset{x}{\overset{i}{M}}(a_1^f,a_2^f,a_0)+\underset{x}{\overset{i}{M}}(a_2^f,a_3^f,a_0)+\underset{x}{\overset{i}{M}}(a_1^f,a_3^f,a_0)-[\underset{x}{\overset{i}{M}}(a_1^e,a_2^e,a_0)+\underset{x}{\overset{i}{M}}(a_2^e,a_3^e,a_0)+\underset{x}{\overset{i}{M}}(a_1^e,a_3^e,a_0)]$，$\underset{x}{\overset{i}{M}}(a_1^f,a_2^f,a_0)=\frac{1}{2}L(a_1^f,a_0)L(a_2^f,a_0)\sin\angle a_1^f a_0 a_2^f=\frac{1}{2}\times 0.5\times 0.7\sin 60°=0.151\ 5$，应注意 $\angle a_1^f a_0 a_2^f=\angle a_1^e a_0 a_2^e=\angle a_1 a_0 a_2=60°$。同理得到 $\underset{x}{\overset{i}{M}}(a_1^f,a_2^f,a_0)=0.197\ 0$，$\underset{x}{\overset{i}{M}}(a_2^f,a_3^f,a_0)=0.140\ 7$，$\underset{x}{\overset{i}{M}}(a_1^e,a_2^e,a_0)=0.043$，$\underset{x}{\overset{i}{M}}(a_2^e,a_3^e,a_0)=0.069$，$\underset{x}{\overset{i}{M}}(a_1^e,a_3^e,a_0)=0.043$。带入得 $\underset{x}{\overset{i}{M}}(a_1,a_2,a_3,a_0)=0.334\ 2$。

根据上述步骤可分别计算决策级别 x 为可接受级别的 136 种系统状态的 $\underset{x}{\overset{i}{M}}(a_1,a_2,a_3,a_0)$，$i=1,\cdots,T$，$T=136$。根据式(4.14)计算可靠性风险等级为可接受的云模型 $\underset{x_1=\text{可接受}}{C}(\text{Ex},\text{En},\text{He})$，$\text{Ex}=[0.334\ 2+0.434\ 7+\cdots]/136=0.335\ 5$，$\text{En}=(|0.335\ 5-0.334\ 2|+|0.335\ 5-0.434\ 7|+\cdots)/136=0.094$，$\text{He}=\text{Max}[\text{Max}|0.364\ 7-0.335\ 6|,\text{Max}|0.332\ 5-0.314\ 8|]=0.029\ 1$。所以最终得到在电压、温度和湿度的影响下，系统可靠性风险为可接受的云模型为 $\underset{x_1=\text{可接受}}{C}(0.335\ 5,0.094,0.029\ 1)$。

同理可通过实际数据和专家意见采集有条件可接受、不希望和不可接受决策级别的对应系统状态，来确定这些决策级别的云模型，进而构成决策集合 $U=\{x_1,x_2,\cdots,x_m\}$，$x_1=$可接受，$x_2=$有条件可接受，$x_3=$不希望，$x_4=$不可接受，决策云集合 $C=\{\underset{x_1}{C},\underset{x_2}{C},\underset{x_3}{C},\underset{x_4}{C}\}$。利用这个决策云集合便可判定该电气系统在某种电压、温度和湿度状态下隶属于各决策级的程度。当然这个判定过程是通过云相似或云距离确定的，这里不进行详细叙述，可参见相关文献。

本节的研究贡献在于为了使云模型能方便有效地进行多属性决策，并能适应专家所提供的范围数据，对属性圆模型进行了改造，使其可以适应上述数据特点，并能计算云模型特征参数。本节给出了属性圆的定义、性质和绘制过程，以及如何通过属性圆计算表示某决策等级的云模型特征参数。属性圆对多属性对象的表示来源于因素空间理论。这里将作者提出的属性圆根据云模型的特点进行了改造，包括定义决策系统、属性归一化、属性圆特征及性质、属性圆面积求法、基于属性圆的云模型计算。

4.8 因素与可靠性维持方法

在实际生产生活中，人们都希望所使用的系统可靠性高且发挥功能稳定。高可靠性是终极目标，但其所需资源和代价也是难以让人们承受的。可靠性的稳定性是另一个应该受到关注的问题。在系统或元件可靠性达到要求后，其稳定性更值得关注。如果系统的可靠性变化且无法预测，那么使用者将无法制订有效的防护和维护措施。因为这些措施总是滞后于可靠性的变化。所以维持系统可靠性的稳定是系统正常发挥功能的一个重要前提，也是研究的重要方向。

空间故障树具有可描述系统与元件构造特征及层次关系，反映因素变化影响可靠性的能力，可表示系统或元件故障概率与影响因素之间的关系，通过空间故障树学者们建立了一些维持系统可靠性的方法[6-9]。本节通过影响因素之间的函数关系来化简故障概率分布，提出可控因素和不可控因素的概念，基于此给出了维持可靠性的方法，最终获得控制线和函数。

4.8.1　可控因素与不可控因素

SFT 理论是描述系统或元件运行环境与系统或元件可靠性（故障概率）之间关系的一种方法。影响一个系统或元件可靠性的因素有很多。比如一个电气系统，可能受到温度、湿度、运行时间、电流、电压等因素的共同影响。这些因素中有一些可以通过技术手段或设备进行调控，比如通过空调控制温度、加湿，通过干燥设备控制湿度，通过稳流或稳压器控制电流和电压。但也有一些因素无法控制，或控制成本太高视为不可控制，比如运行时间就难以通过技术手段进行控制。SFT 中的可控因素指对系统或元件可靠性在运行环境中产生影响的因素，且这些因素可通过有限并合理的措施进行控制，达到减小或消除其对可靠性影响的目的。不可控因素指对系统或元件可靠性在运行环境中产生影响的因素，且这些因素不能通过有限并合理的措施进行控制，不能减小或消除其对可靠性的影响。在上述提到的因素中，温度、湿度、电流、电压都是可控因素；而运行时间则是不可控因素。

在目前的 SFT 研究范围内，不可控因素只有运行时间。时间是事物存在的唯一证明，即时间可以表示其他物理量的变化。那么其余可控因素可以表示为时间的函数，可控因素为因变量，不可控因素（时间）为自变量。系统或元件的可靠性维持是 SFT 研究的重要问题之一。在使用各种器件的过程中，人们总是希望其功能性保持稳定。保持稳定的意义在于使用者可提前制订措施，防止失效发生，也可采取措施保持稳定。如果系统或元件可靠性变化剧烈，那么其功能就失去应用价值，因为其不具备稳定的可靠性。

SFT 可表示各种环境因素变化对系统或元件的可靠性影响，是通过故障概率分析实现的，而故障概率分布是通过特征函数和系统中元件结构确定的。当系统中元件类型和元件组合结构不变时，其可靠性与因素之间的关系完全取决于特征函数。特征函数表征了每个影响因素变化与可靠性（故障概率）之间的关系。如果能确定不可控因素时间与可控因素的函数关系,那么全部特征函数将统一转换成以时间因素为自变量的函数,进而建立时间与系统或元件故障概率的关系。该过程需要一个限定条件,因为研究需要曲面投影,曲面的相交或超曲面方法最终形成三维空间曲面分布,分别是不可控因素、可控因素和故障概率。只有在限定故障概率时才可求得可控因素与不可控因素之间的函数关系。

4.8.2 可靠性维持方法

影响系统或元件可靠性的因素众多,将可控因素表示为不可控因素的函数需要一定条件。在 SFT 中,该条件来源于系统或元件的故障概率分布。故障概率分布是一种曲面或超曲面,需要在曲面中限定可控因素和不可控因素之间的关系。系统或元件的故障概率就可以作为该限定条件。

确保系统稳定性的方法有很多,在 SFT 中是通过设置故障概率来实现可靠性稳定的。比如设定在运行环境变化时,其系统或元件的故障概率为 20%,那么就可通过上节论述的思想来实现系统可靠性的维持。步骤如下。

① 确定研究对象(系统或元件)、影响因素和变化范围。

② 确定所有元件的各个影响因素与故障概率的关系,即单因素特征函数 $P_i^{x_k}(x_k)$,i 表示元件编号,x_k 表示第 k 个影响因素。

③ 确定所有元件的全部影响因素与故障概率的关系,即多因素特征函数 $P_i(x_1,x_2,\cdots,x_n)=1-\prod_{k=1}^{n}(1-P_i^{x_k}(x_k))$。

④ 确定系统故障概率分布 $P_T(x_1,x_2,\cdots,x_n)=\coprod\prod P_i(x_1,x_2,\cdots,x_n)$,详见本章参考文献[10]。

⑤ 设定系统或元件需要维持的故障概率 P_α。

⑥ 将故障概率分布曲面做 $P=P_\alpha$ 的截面,所交曲线为故障概率分布曲面上等于 P_α 状态的集合,即系统或元件需要维持的状态。这个集合可称为某个可控因素的控制线,可表示为函数。

⑦ 根据 P_α 交线,将可控因素表示为不可控因素的函数,即控制线,进而得到维持系统或元件可靠性的元件最长使用时间、元件更换周期、因素控制线图和函数,制订维持可靠性的方案和措施。

4.8.3 实例分析

下面对本章参考文献[11]给出的实例进行分析。为便于研究这里只针对其中一个元件进行分析,即保证元件 X_1 的运行可靠性稳定。研究的环境变化范围是:

使用时间[0,20]d,使用温度[0,50]℃。所需维持的故障概率 P_α 分别为 10%,20%,30%,40%,50%。根据上述给出的步骤,首先确定 $P_\alpha=10\%$的元件可靠性维持方法,其余同理可得。

① 研究对象为系统中的一个元件,即 X_1。影响因素为使用时间 t 和使用因素 c,前者为不可控因素,后者为可控因素。因素变化范围是:$t\in[0,20]$d,$c\in[0,50]$℃。

② 确定所有元件的各个影响因素与故障概率的关系。本章参考文献[10]所提供的该元件对使用时间 t 和使用温度 c 的特征函数分别为式(4.15)和式(4.16)。

$$P_i^t(t)=1-\mathrm{e}^{-0.1842t} \tag{4.15}$$

$$P_i^c(c)=\frac{\cos(2\pi c/40)+1}{2} \tag{4.16}$$

③ 根据本章参考文献[10]得到元件特征函数,见式(4.17)。

$$P_i(t,c)=1-(1-P_i^t(t))(1-P_i^c(c)) \tag{4.17}$$

由于研究的是一个元件,所以略去步骤④。将式(4.15)和式(4.16)带入式(4.17),根据因素变化范围可绘制出故障概率分布曲面,如图 4.27(a)所示。

⑤ 设 $P_\alpha=10\%$。

⑥ 将图 4.27(a)中 $P_\alpha>10\%$的分布部分去掉,其边缘就是与平面 $P_\alpha=10\%$的交线,即维持故障概率 10%的系统运行环境集合。如图 4.27(b)中填充部分为 $P_\alpha\leqslant10\%$ 的分布部分,其边缘为 $P_\alpha=10\%$交线。

⑦ 要达到维持该元件故障概率在环境变化范围内为10%的目的,就要描述出 $P_\alpha=10\%$的全部曲线,且在研究的环境范围内维持连续。从图 4.27(a)和图 4.27(b)可知,环境因素变化范围内只有一小部分的故障概率小于 10%,那么为了达到上述目的,首先要对元件进行合理更换。从使用时间 t 来说,元件使用时间越长,越经济,所以要确定在 $P_\alpha=10\%$时的元件最长使用时间。

将式(4.15)和式(4.16)带入式(4.17),得式(4.18)。将 $P_\alpha=0.1$ 带入式(4.18),并由该元件关于使用温度 c 的特征函数可知,其温度在 20 ℃时故障概率最小。将 $c=20$ 带入式(4.18),可得到元件最长使用时间,为 0.572 d,相当于在 20 天内更换 34 次。

$$P_\alpha=P(t,c)=1-\mathrm{e}^{-0.1842t}\left(1-\left(\frac{\cos(2\pi c/40)+1}{2}\right)\right) \tag{4.18}$$

维持故障概率为 $P_\alpha=10\%$的方案可表示为对温度 c 的控制函数,见式(4.19)。

$$c(T)=\frac{20\arccos\left(1-\frac{1.8}{\mathrm{e}^{-0.1842\times\mathrm{mod}(T/0.572)}}\right)}{\pi} \tag{4.19}$$

式中,mod(T/0.572)表示使用时间对于周期 0.572 d 的余数。

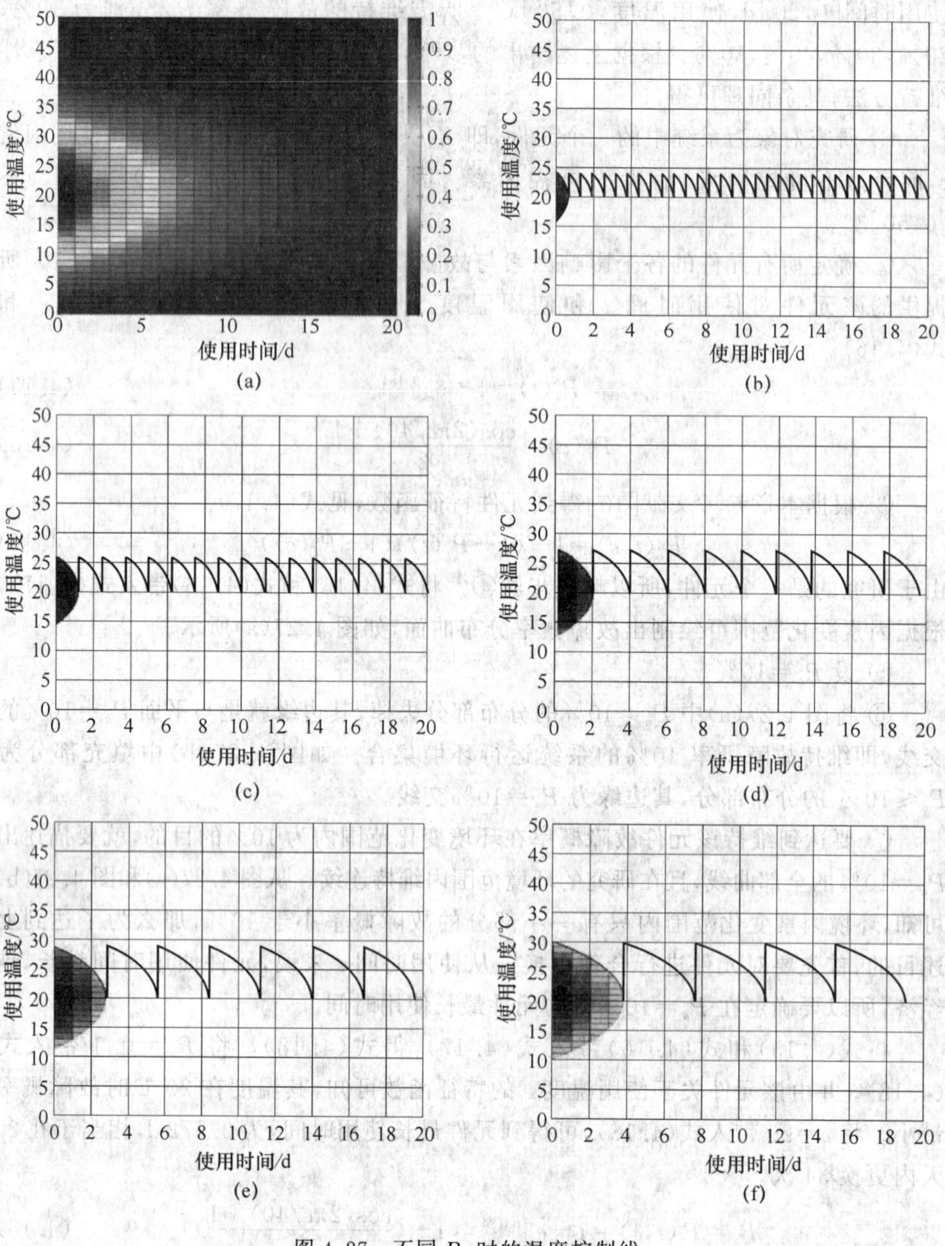

图 4.27　不同 P_{α} 时的温度控制线

式(4.19)说明 $c(t)$为一个周期函数,如图 4.27(b)中黑色线条所示。其中垂直于 $c=20$ 的线段表示对元件的更换;而曲线部分是对温度的控制阶段。该例中故障概率分布是三维曲面,但这里只研究使用时间 t 和使用温度 c 的关系,并进行投影。

上文制订了维持该元件故障概率为10%的温度控制方案,如式(4.19)所示。只要将时间 t 带入式(4.19),便可得到一个温度,再采取措施使温度 c 满足要求,即可保证故障概率不变。同理,P_a 分别为 20%,30%,40%,50%所得到的对于温度的控制线分别如图 4.27(c)、图 4.27(d)、图 4.27(e)、图 4.27(f)所示。得到的元件最长使用时间分别为 1.211 d、1.936 d、2.773 d、3.763 d,即元件的更换周期。相应的维持可靠性的温度控制线(函数)分别如式(4.20)~式(4.23)所示。

$$c(T)=\frac{20\arccos\left(1-\dfrac{1.6}{\mathrm{e}^{-0.1842\times \mathrm{mod}(T/1.211)}}\right)}{\pi} \tag{4.20}$$

$$c(T)=\frac{20\arccos\left(1-\dfrac{1.4}{\mathrm{e}^{-0.1842\times \mathrm{mod}(T/1.936)}}\right)}{\pi} \tag{4.21}$$

$$c(T)=\frac{20\arccos\left(1-\dfrac{1.2}{\mathrm{e}^{-0.1842\times \mathrm{mod}(T/2.773)}}\right)}{\pi} \tag{4.22}$$

$$c(T)=\frac{20\arccos\left(1-\dfrac{1.0}{\mathrm{e}^{-0.1842\times \mathrm{mod}(T/3.763)}}\right)}{\pi} \tag{4.23}$$

上例的分析过程做了一些简化,比如只使用了一个元件进行分析,只有两个因素参与分析。在对系统进行分析的过程中,可使用本章参考文献[10]提供的该系统故障概率分布曲面进行分析。该系统的故障概率分布曲面形式比较复杂,可通过上述方法找到连续的温度控制线,但周期性和函数性没有图中变化明显。另外上述过程只有一个可控因素和不可控因素,是简单情况,更为复杂的是加入多个可控因素。这些可控因素所表示的空间维度可通过曲面投影、曲面相交或超曲面处理方法归结到三维空间,再进行投影变为二维形式。所以上述方法可以向复杂情况推广。

分析所得结果的正确性。根据本章参考文献[6]的分析,得到了系统维持故障概率而限定的工作区域。该工作区域边缘与本书得到的温度控制线类似。但本章参考文献[6]中使用的方法更为复杂,且没有得到明确的温度与时间的函数关系,这不利于实际操作。本书方法简便,且可得到温控函数,有利于实际操作。另外,本书方法得到的元件更换周期比本章参考文献[6]得到的更换周期长,更有利于减少由于元件更换造成的损失。

综上,在 SFT 中将可控因素表示为不可控因素时间的函数,可对故障概率分布进行降维,进而按照故障概率要求维持元件或系统的可靠性稳定。

本节的研究贡献在于从维持系统或元件可靠性稳定的角度出发,研究了在 SFT 框架下维持可靠性的方法,提出了可控因素和不可控因素的概念。不可控因素指不能控制或不便控制的因素;可控因素指可通过技术手段进行控制的因素。

在 SFT 中，不可控因素为使用时间，其余均为可控因素。从物理意义上讲，时间是表征事物存在的唯一因素，所以任何可控因素都可以表示为不可控因素时间的函数。在 SFT 中构造不可控因素表示可控因素的函数需要限定条件，即故障概率的限定。因为通过曲面投影、曲面相交或超曲面方法可最终形成三维空间曲面，其维度分别是不可控因素、可控因素和故障概率。只有在限定故障概率时才可求得可控因素与不可控因素之间的函数关系。本节给出了系统或元件可靠性维持方法的步骤，并列举了一例进行分析，从其结果中可以得到直观的温度控制线和精确的温度与时间函数。与已有文献相比，所得元件更换周期更为经济，方法更具有可操作性。

4.9 本章小结

本章主要论述了使用因素(属性)确定系统可靠性的一些方法，主要包括因素与系统可靠性分类决策研究，以及属性圆的提出与改进。前者源于空间故障树理论的系统可靠性分析方法，后者源于对因素空间对象的因素表示法。这些研究表明，空间故障树理论具有良好的扩展性和嫁接性，可与智能科学相关方法结合，研究系统可靠性。本章内容部分参考于本章参考文献[12-17]，如读者在阅读过程中存在问题，请查阅这些文献。

本章参考文献

[1] 崔铁军，马云东. 多维空间故障树构建及应用研究[J]. 中国安全科学学报，2013,23(4):32-37.

[2] 崔铁军，马云东，白润才. 基于 ANN 耦合遗传算法的爆破方案选择方法[J]. 中国安全科学学报，2013,23(2):64-68.

[3] 李德毅，杜鹢. 不确定性人工智能[M]. 北京：国防工业出版社，2005.

[4] 李健，汪明武，徐鹏，等. 基于云模型的围岩稳定性分类[J]. 岩土工程学报，2014，36(1)：83-87.

[5] 罗赟骞，夏靖波，陈天平. 基于云模型和熵权的网络性能综合评估模型[J]. 重庆邮电大学学报(自然科学版)，2009，21(6):771-775.

[6] 崔铁军，马云东. 基于多维空间事故树的维持系统可靠性方法研究[J]. 系统科学与数学，2014,34(6):682-692.

[7] 崔铁军，马云东. 状态迁移下系统适应性改造成本研究[J]. 数学的实践与

认识，2015,45(24):136-142.
[8] 崔铁军，马云东. 基于 SFT 和 DFT 的系统维修率确定及优化[J]. 数学的实践与认识，2015,45(22):140-150.
[9] 崔铁军，马云东. 基于空间故障树理论的系统故障定位方法研究[J]. 数学的实践与认识，2015,45(21):135-142.
[10] 崔铁军，马云东. 多维空间故障树构建及应用研究[J]. 中国安全科学学报，2013,23(4):32-37.
[11] 崔铁军，马云东. 离散型空间故障树构建及其性质研究[J]. 系统科学与数学，2016,36(10):1753-1761.
[12] 崔铁军,马云东. 宏观因素影响下的系统中元件重要性研究[J]. 数学的实践与认识，2014,44(18):124-131.
[13] 崔铁军，马云东. 系统可靠性决策规则发掘方法研究[J]. 系统工程理论与实践，2015，35(12):3210-3216.
[14] 崔铁军，马云东. 因素空间的属性圆定义及其在对象分类中的应用[J]. 计算机工程与科学,2015,37(11):2170-2174.
[15] 崔铁军，马云东. 基于因素空间中属性圆对象分类的相似度研究及应用[J]. 模糊系统与数学,2015,29(6):56-64.
[16] 崔铁军，马云东. 考虑范围属性的系统安全分类决策规则研究[J]. 中国安全生产科学技术,2014,10(11):6-9.
[17] 崔铁军，马云东. 空间故障树理论与应用[M]. 沈阳：东北大学出版，2020.

第5章 因素逻辑与系统功能结构

本章内容起源于空间故障树理论的系统结构反分析，即元件结构反分析和因素结构反分析。随着研究的发展，与因素空间理论融合，系统结构分析公理体系和结构的极小化分析方法被提出了。关于系统结构反分析理论请参见作者的相关文献，这里着重论述与因素空间相关的系统功能结构分析方法。

5.1 系统功能结构分析基础

在已知系统所包含元件和子系统基本特性的前提下，保证系统完成特定功能是系统设计的关键问题。系统是元件或子系统通过一定的编排而形成的有机整体，系统设计是解决这个编排问题的方法。一般系统设计均是正向的，由系统整体出发，通过一定的功能分解方式，最终落实到元件或子系统。正向设计可以满足系统对功能的要求，但所设计的系统是否为最优却很难确定。这个问题一方面从系统功能考虑，另一方面则从经济上考虑。另一个问题是如果已知某个系统可能由一些特定的元件或子系统组成，且知道其功能随元件功能的变化规律，但该系统无法打开或根本得不到，那么如何研究甚至仿制该系统？上述问题可以概括为系统的功能结构反分析问题，即知道系统组成的基本单元功能特征和系统所表现出的功能特征，如何反推系统内部功能结构。当然这个内部结构是一个等效的结构，可能并不是真正的物理结构。

系统功能结构分析是识别和认识系统的有效工具，一些学者也进行了这方面的研究[1-10]。这些研究虽然在各领域取得了良好效果，但终究是正向研究系统功能结构，对于如何得到与系统等效的最简异构体这个问题是无法处理的。此外，系统功能结构反分析是一种复杂的反推理过程。相关研究较少是由于对于技术工程学者来说，制订一套严谨可行的逻辑数学推理系统是难以实现的。作者早些时候提出的系统结构反分析方法也存在推理不严谨和逻辑性差的缺点。

任何一个系统都有其特定的结构、环境与功能,结构和环境是内外因,功能是果。为改善功能而调整结构,从功能来探索结构是一种反向分析,也是复杂科学问题。因素空间理论[11-20]为系统的功能结构分析提供了一个简捷的平台。其特点就是要求先确定因素,把影响功能的各种因素找到,设为 $f_1,\cdots,f_n$,叫作(结构与环境)条件因素,功能本身也是一个因素,设为 g,叫作结果因素。有了这两组因素就可以构成一个能进行功能结构分析的因素空间,记为 $(U;\ F=\{f_1,\cdots,f_n\};g)$,其中 U 是论域,是系统的变化域。如果系统被指定为某一个矿,地点虽不变但其内容随时在变,U 就是这个矿在各个不同时刻的状况所组成的集合。时间是连续变化的,但只需作离散观测;记录系统对各个条件因素的属性观测值,形成因素空间的一组样本点。如果考虑的是不同地方的某一类矿,这时 U 就是这一类矿的变化域,它由各个不同地域不同时刻的状况所组成。因素空间理论只需确立论域及对条件、结果等因素的观测手段,得到一组样本点,形成一张因素分析表,就可以进行功能结构分析。这个表与粗糙集中信息系统决策表在形式上是相同的,但含义不尽相同,分析方法也不同。

本章参考文献[19]给出了因素分析法,根据一张因素分析表可以给出从条件因素到结果因素的一个因果关联树;汪培庄教授用因素逻辑的方法,根据因素分析表给出从条件因素到结果因素的推理表达式。这里综合运用这两种方法来建立从功能反求结构的理论,即系统功能结构分析。所求得的结构不一定是系统的真实结构,而是一种逻辑结构,但它却是通向真实结构的桥梁。当考虑的是一个开关系统时,逻辑结构就是系统的真实结构,这时功能结构分析就等效为逻辑电路的结构分析。但是,普通逻辑电路的赋值是自由的,n 个元器件可以有 2^n 种组合赋值,汪培庄先生所提出的因素逻辑的赋值要受背景关系的支持和制约,是一种有更宽广用途的新极小化理论。从安全系统工程的角度讨论,安全和故障是与系统功能直接联系的两个因素,在某种意义下,可被看作同一个因素 g 下的两个对立赋值(相)。g 的相空间是 $X(g)=\{$安全,故障$\}$,在一个开关系统中,安全和故障又可转化为 $X(g)=\{$通,断$\}$。影响开关系统通断的结构因素首先就是组成电路系统的元器件。每一种器件 A_i 都决定一个因素 f_i,它是定义在论域 U 上的一个映射,仍记作 $f_i:U\to X(f_i)$,$f_i(u)$ 表示系统器件 A_i 在某时刻的相,而其相空间是 $X(f_i)=\{A_i$通$,A_i$断$\}$。

5.1.1 结构分析理论基础

因素空间是笛卡儿坐标空间的推广。例如,物理学描述一个粒子在三维空间中的运动,用 x(左右)、y(上下)、z(前后)、t(时间)等 4 个变量,每个变量的活动领域各自形成一个坐标轴,然后才能形成描述粒子运动的笛卡儿坐标系。这 4 个变量是 4 种观测角度和分析方式，是综合认知事物的基础和要素，是认知之因，称为因素。因素是观测分析事物的角度，是变量的推广，每个因素 f 所观测到的值不一定是实数，而是更一般的相[18]。这里所谓的相可以是对象所具有的状态，也可以是对象所具有的属性，或是比状态和属性更广的东西，它们的变化域叫作相空间，记作 $X(f)$。相空间可以是欧氏空间，也可以是由定性的自然语言值所组成的集合。因素就是从论域（全体被考虑的对象所成之集）U 到 $X(f)$ 的一个数学映射。因素空间就是在给定论域 U 下的一组因素的相空间的广义乘积，简单记为 $(U;\ F=\{f_1,\cdots,\ f_n\})$。所有笛卡儿坐标空间，包括物理的相空间、控制论中的状态空间、模式识别中的特征空间等，都是因素空间的特例。但因素空间却能描述智能科学中的定性认知过程。它和普通笛卡儿空间不同的地方有二：因素之间的可运算性；因素与相空间维度可变性。

美食家评论一道菜肴要考虑 $f_1=$色、$f_2=$香、$f_3=$味 3 个因素，其中，$X(f_1)=$ {美，平，丑}，$X(f_2)=$ {香，淡，臭}，$X(f_3)=$ {好，中，差}。由它们经综合运算可得复合因素 $f_4=$色香、$f_5=$色味、$f_6=$味香、$f_7=$色香味，记作 $f_4=f_1\nabla f_2$，$f_5=f_1\nabla f_3$，$f_6=f_2\nabla f_3$，$f_7=f_1\nabla f_2\nabla f_3$。反之，还有一种运算是把复杂因素变为简单因素：$f_4$是色香，$f_5$ 是色味，$f_4\Delta f_5$ 是色$=f_1$，记作 $f_1=f_4\Delta f_5$。类似地有 $f_2=f_4\nabla f_6$，$f_3=f_5\Delta f_6$。∇与Δ分别叫作综合与分析运算，综合表示视角放宽，对维度取并集，分析表示视角收缩，对维度取交集。对于因素的运算，不宜简单地用逻辑的与或来解释，不能与因素下层的相（属性）运算相混淆。这一族因素的相空间全写出来是：

$X(f_4)=$ {美且香，美且淡，美且臭，平且香，平且淡，平且臭，丑且香，丑且淡，丑且臭}

$X(f_5)=$ {香好，香中，香差，淡好，淡中，淡差，臭好，臭中，臭差}（略去“且”字）

$X(f_6)=$ {美好，美中，美差，平好，平中，平差，丑好，丑中，丑差}

$X(f_7)=$ {美香好，美香中，美香差，美淡好，美淡中，美淡差，美臭好，美臭中，美臭差，平香好，平香中，平香差，平淡好，平淡中，平淡差，平臭好，平臭中，平臭差，丑香好，丑香中，丑香差，丑淡好，丑淡中，丑淡差，丑臭好，丑臭中，丑臭差}

这里色、香、味被看作 3 个独立因素，由这 3 个因素所综合而成的因素相空间是它们相空间的笛卡儿乘积空间。但实际上，这 3 个因素之间未见得没有关系。对于有关联的因素进行综合和分析，其相空间的刻画需要复杂数学理论，我们暂不深究，但提出一种有效而简单的方法，就是背景关系理论。

定义 5.1　给定因素空间 $(U;\ F=\{f_1,\cdots,\ f_n\})$，记 $B=F(U)=\{\boldsymbol{x}\in f_1(X)\times\cdots\times f_n(X)\mid \exists u\in U;\ F(u)=x\}$，叫作因素 $f_1,\cdots,f_n$之间的背景关系，也叫作各因素相空间的实际笛卡儿乘积。

当一组因素彼此相互独立时，它们的相可以不受限制地进行组合，其背景关系必等同于各因素相空间的笛卡儿乘积：$B=f_1(X)\times\cdots\times f_n(X)$。若 $B\neq f_1(X)\times\cdots\times f_n(X)$，则说明各因素之间一定存在着某种特殊关系，而这种关系决定了因素之间的因果推理。以上是因素空间与笛卡儿空间的一个区别。

一般笛卡儿空间的维度是固定不变的，而因素空间的维度是可变的，因素空间是变维空间，它以最少的维度来提供最充分的信息。这是因素空间与笛卡儿空间之间的又一区别。

下面构建因素的功能结构分析理论框架。

定义 5.2　一个因素空间$(U,F=(f_1,\cdots,f_n),g)$又叫作一个功能结构分析空间，如果 g 是一个功能因素，它具有描述功能的相集 $X(g)=\{y_1,\cdots,y_K\}$；f_j 是系统内部影响功能的结构因素，具有相集 $X(f_j)=\{a_{1j},\cdots,a_{n(j)j}\}(j=1,\cdots,n)$。功能结构分析的一个样本点是指行向量$(u_i;f_1(u_i),\cdots,f_n(u_i);g(u_i))$。由 m 个样本点所组成的矩阵称为一张 m 行的功能结构数据表。

表中对象 u_i 的足码 i 叫作表的行足码，对于通常所作的行间置换，只需对行足码进行置换。对行进行删减，也只需将行足码从表的行足码集中删除。

定义 5.3　给定一张功能结构数据表，对每一结构因素 f_j 及该因素所取的一个相 a，记$[a]=f_j^{-1}(a)=\{u\in U\mid f_j(u)=a\}$，如果$[a]$中的所有对象 u 都具有相同的结果 $g(u)=y_k\in X(g)$，则称$[a]$是因素 f_j 的一个决定类。因素 f_j 的所有决定类的并集叫作它对功能的决定域。因素 f_j 的决定域所占行数 h 与表的行数(即全体对象个数)m 之比称为它对结果的决定度，记作 $d=h/m$。

定义 5.4　设$[a]$是因素 f_j 的一个决定类，称推理句"若结构因素 f_j 呈相 a，则功能为 y"是该决定类的功能分析句，将决定类中的行足码从所考虑的剩余表中去掉，以换取功能分析句，叫作一次代换。

因素分析法算法的基本步骤：①决定度大的因素对功能的影响大，取决定度大的因素，将它的所有决定类都代换为功能分析句，从 U 中删去决定域所对应的行足码；②对剩余的论域 U 重复进行步骤 1，直到 U 被删空为止，将所有的功能分析句集合起来，绘制成决策树，停止。

需要说明的是，因素分析法与决策树法相近，所不同的是以最大决定度取代最小增益信息量来选择代换因素。在分析表的要求上无须提供在相空间里的样本频率。即使有了频率分布，在确定性分析中也暂不利用，频率分布只应用在不确定性功能结构分析中，这是下一步要研究的工作。

5.1.2　功能结构分析的公理体系

定义 5.5　给定一个因素空间$(U,F=(f_1,\cdots,f_n))$，记其背景关系为 $B=$

$F(U)\subseteq X(F)=X(f_1)\times\cdots\times X(f_n)$。定义在因素相空间上的因素逻辑系统 L_f 是这样来规定的：

① 它的符号集是 $S=\underline{X}=X(f_1)\cup\cdots\cup X(f_n)$，加上符号 **1**,**0** 以及括号"("和")"，其中 $X(f_j)=\{x_{1j},\cdots,x_{n(j)j}\}$ 是因素 f_j 的相空间($j=1,\cdots,n$)，所有这些因素的相 x_{ij} 都叫作字，它们构成了 L_f 的基本符号 S。这里足码 ij 指字 x_{ij} 是因素 f_j 的第 i 个相。

② 它的公式集 $F(S)$ 是由 S 所生成的布尔代数($F(S),\vee,\wedge,\neg,\rightarrow$)，所有的字都叫作原始公式，字的合取 $x_{i(1)j(1)}\wedge\cdots\wedge x_{i(k)j(k)}$(简记为 $x_{i(1)j(1)}\cdots x_{i(k)j(k)}$)叫作字组，字组的析取 $r_1\vee\cdots\vee r_t$(习惯记为 $r_1+\cdots+r_t$)叫作析取范式。公式 p 叫作重言式，如果 $p=\mathbf{1}$(即 $p\rightarrow\mathbf{1}$ 且 $\mathbf{1}\rightarrow p$)；公式 p 叫作矛盾式，如果 $p=\mathbf{0}$。

③ 它的公理集是布尔逻辑的公理集再补充以下假设公理 Γ：

$\Gamma1$　字姓公理：称 $X(f_i)=\{x_{1j},\cdots,x_{m(i)j}\}$ 中的字为第 j 家字。同姓字满足 $x_{1j}\vee\cdots\vee x_{n(j)j}=\mathbf{1}$，$x_{ij}\wedge x_{kj}=\mathbf{0}$ $(i\neq k)$，$\neg x_{ij}=\vee\{x_{ij}\mid i\neq k\}$。

$\Gamma2$　背景公理：存在一个析取范式 $b\in F(S)$ 叫作背景式，使有公理 $p\rightarrow p\wedge b$；$p\wedge b\rightarrow p(p\in F(S))$。若系统 L_f 不指明 b，则意味着 $b=\mathbf{1}$，此时背景公理失效。

④ 赋值域是二值布尔代数 $W_2=\{0,1\}=(\{0,1\},\vee,\wedge,\neg)$。

⑤ 推理规则为 MP：$\{p,\ p\rightarrow q\}\vdash q$ 。

下面解释定义 5.5。任何逻辑系统都包含 5 个要素：符号集 S、公式集 $F(S)$、公理集 Σ、赋值集 W 和推理规则(集)。逻辑系统可附加一组公理，叫作假设公理集 Γ 的衍生子系统，在原系统中的定理都是子系统的定理，而某些在原系统中不是定理的推理句 p 却可能变成子系统的新定理，如果 $\Sigma\cup\Gamma\vdash\boldsymbol{p}$。这个子系统中的定理叫作 Γ-定理，如果满足强完满定理：$\Gamma\vdash p$ 当且仅当 $\Gamma\models p$。

L_f 的假设公理 Γ 是由两组公理来给出的。字姓公理 $\Gamma1$ 强调字是因素的相，不同因素的字是不同姓的。字姓公理保证同姓字之间遵守布尔逻辑关系。公理 $x_{ij}\wedge x_{kj}=\mathbf{0}$ $(i\neq k)$ 要求字组中每家不许出两个及两个以上的字，例如 $\boldsymbol{x}=$色红且色绿且质嫩且味鲜就是一个矛盾式。相对于综合因素 F 而言，字是单因素的相，它是原始公式却不是最小相，字的合取 $\boldsymbol{x}=x_{i(1)1}\cdots x_{i(n)n}$ 才是最小相。例如，红、大、嫩、鲜分别是颜色、个子、质地、口感等 4 个因素的一相。它们都是字，都是原始公式，但都不代表因素空间的原子内涵，它们的合取 $\boldsymbol{x}=$'红大嫩鲜'才是原子内涵。

背景公理 $\Gamma2$ 强调因素逻辑最重要的特征就是背景关系 $B=F(U)\subseteq X(F)$。这个公理认为，所有命题的真伪都只依赖于它在 B 内的形象，与 B 外的形象无关。或者说，因素逻辑的公式集合是 $F_b(S)=\{p\wedge b\mid p\in F(S)\}$，即 $F^+(S)=U'\times B=\{(p,\ \boldsymbol{x})\mid p\in F(S),\ \boldsymbol{x}\in B\}$。

定义 5.6　称 $(p,\ \boldsymbol{x})\in F^+(S)$ 为一个命题，或记 $p(\boldsymbol{x})=(p,\ \boldsymbol{x})$，称为一个谓词，$F^+(S)$ 称为命题集或谓词集。

这里要强调一下背景关系 B 与论域 U 的特殊关系,记$[\boldsymbol{x}]=\{u\in U|F(u)=\boldsymbol{x}\}$。用综合因素 F 对 U 进行分类,得到商空间 $U'=U_{/F}=\{[\boldsymbol{x}]|\ \boldsymbol{x}\in B\}$。由于 $B=F(U)$,F 是从 U 到 B 的满射,亦即对任意 $u\in U$ 都存在 $\boldsymbol{x}\in B$,使 $F(u)=\boldsymbol{x}$。于是映射 F 诱导出一个映射,仍记作 $F:U'\to B$: $F([\boldsymbol{x}])=\boldsymbol{x}$,它建立了$(U',\cup,\cap,{}^c)$与$(B,\vee,\wedge,\neg)$之间的同态。这一性质使我们可以把 U'和 B 等同起来。于是 B 便具有二重性,一方面,B 中的点是原子概念的内涵;另一方面,B 中的点又等同于原子概念的外延。B 是逻辑在代数与几何之间转换的桥梁,任何公式既可写为 B 中 n 字组的析取范式,又可表示为 B 的子集。每个公式都有一个几何形象。设 $\boldsymbol{x}=x_{i(1)1}\cdots x_{i(n)n}$是 B 的一点,字 x_{ij} 在字组 $\boldsymbol{x}$ 中出现当且仅当 $\boldsymbol{x}$ 的 j 姓字就是 x_{ij},亦即 $x_{i(j)j}=x_{ij}$ 或更简单地有 $i(j)=i$。记映射 $t:S\to 2^B$:$t(x_{ij})=\{\boldsymbol{x}=x_{i(1)1}\cdots x_{i(n)n}|i(j)=i\}=X_{ij}$,它把字 x_{ij} 变为 B 的一个子集 X_{ij}。这个映射可扩展到 $F_B(S)$上,满足 $t(p\vee q)=t(p)\cup t(q)$,$t(p\wedge q)=t(p)\cap t(q)$,$t(\neg p)=(t(p))^c$。

定义 5.7　对任意 $p\in F(S)$,称 $P=t(p)$为 p 的真集。

如无特殊交代,公式与真集分别用小写和大写英文字母来表示。

定义 5.8　称 B 为逻辑系统 L_f 的解释域。称映射 v: $F^+(S)\to W_2$ 为赋值,$v(p,\boldsymbol{x})=1$,当 $\boldsymbol{x}\in P$ 时;$v(p,\boldsymbol{x})=0$,当 $\boldsymbol{x}\notin P$ 时。

命题 5.1　公式 p 蕴涵 q 是重言式当且仅当真集 $P\subseteq Q$。

证明:p 蕴涵 q 是重言式当且仅当 $p\to q=\mathbf{1}$,亦即$\neg p\vee q=\mathbf{1}$,当且仅当 $t(\neg p\vee q)=B$,亦即 $P^c\cup Q=B$。因 $p=p\wedge b$, $q=q\wedge b$, 故 P, Q 都是 B 的子集,当且仅当 $P\subseteq Q$。证毕。

因素逻辑虽然是布尔逻辑的一个衍生系统,但也有其特点。

① 传统命题逻辑把 $F(S)$中的公式解释为命题。命题是可以判断真伪的一句话,由概念和对象两部分组成。命题的语构只取决于概念,与对象无关。所以把 $F(S)$ 中的公式解释为概念(关系也是概念),公式不直接代表命题。

② 把命题定义成概念与对象的配对。在引进了逻辑系统的解释域 B 以后,命题都被 B 的子集唯一确定地表现出来,命题都化为真域,赋值映射不再是任意的,而是变成命题的真值集在 B 上的隶属函数。

下面给出功能结构分析所需的一些命题。

命题 5.2　若在字组 $r=x_{i(1)j(1)}\cdots x_{i(k)j(k)}$ 中存在两个同姓字,则 $r=\mathbf{0}$。

证明:不妨设 $i(1)=i(2)=1$,$j(1)=1$,$j(2)=2$。按照同姓字公理有 $x_{11}\wedge x_{12}=\mathbf{0}$,此字组的真值为零。故此字不相容。证毕。

命题 5.3　字组 $x_1\wedge\cdots\wedge x_t$ 的长度 t 不能超过 n。

证明:非 $\mathbf{0}$ 字组中不容许出现同姓字,而不同的姓只有 n 种。故字的长度不能超过 n,超长的字组必是矛盾式。证毕。

不难证明,字 $r=x_{ij}$ 的真集是第 i 轴上第 j 格子点向所有非 i 轴作 B 中柱体扩张：$R=[\{x_{ij}\}\times X(f_1)\times\cdots\times X(f_{i-1})\times X(f_{i+1})\times\cdots\times X(f_n)]\cap B$。

类似地，长度为 2 的字组 $r=x_{ij}\wedge x_{kl}$ 的真域是 $R=[\{x_{ij}\}\times\{x_{kl}\}\times\{X(f_j)\mid j\neq i,k\}]\cap B$。长度越大，真集越小，到长度为 n 时，真值就变成单点集了。n 字组 $x_{1j(1)}\wedge\cdots\wedge x_{nj(n)}$（长度为 n）对应着 X 的一个单点集$\{x\}$。

定义 5.9 若 $p\rightarrow q=(\neg p)\vee q=\mathbf{1}$，则称 p 蕴涵 q，此时称 p 是 q 的蕴涵式，q 是 p 的涵式。若在 $F(S)$ 中不存在 q 的任何其他蕴涵式 $p'\neq p$ 使 p 蕴涵 p'，则称 p 是 q 的素蕴涵式。一个析取范式也叫作一个极小范式，如果它的每一个字组都是素蕴涵式。

命题 5.4 若字组 q 的字都是字组 p 的字，则 p 蕴涵 q。

证明：设字组 q 的字都是字组 p 的字，则存在字组 r 使 $p=q\wedge r$，且 r 不包含 q 中的字。于是，按照转换映射 J 的同态性，知有 $P=Q\cap R$，从而 $P\subseteq Q$，故字组 p 蕴涵字组 q。证毕。

不难证明，p 蕴涵 q 当且仅当涵式的真集包含蕴涵式的真集 $P\subseteq Q$。蕴涵字组是素蕴涵字组当且仅当不存在第三个字组的真集被套在蕴涵式真集与涵式真集之间。

命题 5.5 若字 x_{ij} 不在$\neg p$ 的析取范式的任何字组中出现，亦即$\neg p$ 的任何一项（字组）都不包含 x_{ij} 字，则字 x_{ij} 是 p 的素蕴涵式。

证明：分两步，第一步，先假定 $B=X(F)=X(f_1)\times\cdots\times X(f_n)$。

按照 $\Gamma 2$ 背景公理，字 $r=x_{lk}$ 的真集是 $R=X(f_1)\times\cdots\times X(f_{k-1})\times\{x_{lk}\}\times X(f_{k+1})\times\cdots\times X(f_n)$。字 x_{lk} 不在$\neg p$ 的析取范式的任何字组中出现当且仅当 $R\cap P^c=\varnothing$。当且仅当 $R\subseteq P$，由命题 5.1 知，r 蕴涵 p。命题 5.2 说明单字组不可能蕴涵除它以外的任何字或字组，故 r 蕴涵 p。

第二步，假定 $B\neq X(F)$，此时研究的问题是：一个字 x_{ij} 的真集 X_{ij} 不与 P^c 相交，不一定就要被 P 包含。当 $B=X(F)$ 时，命题正确，因为 $X(F)=X(f_1)\times\cdots\times X(f_n)$是包含所有相组合的完全空间，对它作任何分割后，每一相组合 $\boldsymbol{x}$ 必存在于其中之一。现在 $B\neq X(F)$，B 是一个删除了某些相组合的不完全的空间，对它的分割，可能两方都找不到某些相组合。但是，这样的 $\boldsymbol{x}$ 只能是在 B 之外的那些实际不存在的相组合内。因为它们不存在，任何字和字组的真集都可剔除它们，从而保证命题成立。证毕。

命题 5.5′ 将字换成 k 字组（$k>1$），命题也为真。

证明从略。

p 的全体素蕴涵式的析取式就是 p 的逻辑结构表达式。所谓功能结构分析，就是对功能 g 的每一个相 y_i，都从功能结构分析表直接写出它的逻辑表达式：$y_i=p_i$。一旦找出了 p_i 的极小析取范式，就可对功能 y_i 的实现给出一个简单而清晰的逻辑结构。

给定因素功能结构分析表，要求出指定功能类 y_i 的极小析取范式，其步骤如下。

① 将表中所有 n 字组 $\boldsymbol{x}$(去掉重复的)集合起来，记作背景关系 B。对 B 中的这些字组，按它们取不取结果 y_i 而分成 T 和 F 正反两类。

② 取字组长度 $k=1$，逐一查看每个字。若它在 F 类的所有字组中都不出现，则它是 T 的一个素蕴涵式，从 T 的 n 字组中删除它的所有蕴涵式，如此继续直到所有单字都检查完毕。

③ 字组长度 $k:=k+1$，逐一查看每个 k 字组。若它在 F 类的所有字组中都不出现，则它是 T 的一个素蕴涵式，从 T 的 n 字组中删除它的所有蕴涵式，如此继续直到所有字都检查完毕。

④ 重复上述过程，直到 T 类字组被删尽。将 T 的所有素蕴涵式用加号连接起来，就得到 T 的极小析取范式。

定理 5.1　用上述方法所得到的系统功能逻辑结构是 T 的一个极小析取范式。

证明：首先要证明算法是终止性，亦即正字类一定会被删尽。设$\{\boldsymbol{x}\}$是 P 的一点，它一定不属于 P^c。以它为真集的公式就是 n 字组 $\boldsymbol{x}=x_{1i(1)}\wedge\cdots\wedge x_{ni(n)}$。假设这一点没有在以前的比对中被删除，那么对此 n-字进行检查。因为它不会在负类字组中出现，所以这个字组一定在正类的某个字组中出现，因而它就是 y_i 的一个蕴涵式，从而这个点就可被删除。这说明任何正字都可在算法执行过程中被删除。

所记下的每一字或字组都被 P 所包含，根据命题 5.5 和命题 5.5′，这个字或字组就是 p 的素蕴涵式。全体素蕴涵式的析取就是 P 的极小析取范式。证毕。

上文得到的系统功能结构分析方法是空间故障树中系统结构反分析的分类推理法在逻辑数学层面的提升，是因素空间理论在安全系统工程领域的具体应用，是数学与具体工程科学相联系的实现。空间故障树中系统结构反分析包括系统元件结构反分析和系统因素结构反分析。

定义 5.10　01 型空间故障树：空间故障树的基本事件(元件/因素)和顶事件(系统)的状态只有两种，一种为 0，另一种则为 1。它们可以表示相同对象(元件或系统)的两种状态，状态空间有且对立且只有这两种状态。表法为 01SFT 的结构化表示方法。基于二维表系统对其进行表示，利用表中信息表现出的元件与元件、元件与系统的逻辑关系进行推导，最终得到可表示系统与元件状态关系的规则，即系统结构。基于表法的分析方法有两种：逐条分析法和分类推理法。

表法是在不知晓系统结构的情况下对系统元件与系统之间逻辑状态关系的一种描述，即元件状态为 0，1 时对所有元件的所有可能状态的枚举，并对应于系统在这些元件枚举状态下的状态所组成的信息表。结构如表 5.1 所示。所形成的信息表可等效为因素空间的功能结构分析法得到的背景关系，即 $B=F(U)\subseteq X(F)=$

$X(f_1)\times\cdots\times X(f_n)$，功能的相集 $X(f_j)=\{x_{1j},\cdots,x_{n(j)j}\}$表示表中的一行，表头为因素 $f_j(j=1,\cdots,n)$和系统 Z 的相。

表 5.1　表法中信息表的结构

编　号	f_1	f_2	…	f_{N-1}	f_N	Z	逻辑推理	规则	…
1	1	0	…	0	0	0			
…									
M	1	1	…	1	1	1			
系统的功能结构为：									

如表 5.1 所示，$A_1\sim A_N$表示 N 个基本事件或元件组成了系统 Z。$Z(A_1)\sim Z(A_N)$和 $Z(Z)$有且只有两种状态值，即 0,1，其中 $Z()$表示对象的状态，对象包括系统和元件。N 个基本事件的 0,1 状态组合的数量为 $M=2^N$。应注意结构信息表的状态组合条目应是有序的。对于信息表中的状态 0,1，其含义一般为假和真，或是代表元件或系统功能的正常和故障状态，共有状态组合 2^N 条。空间故障树中系统结构反分析所用信息表为因素功能结构分析表。

5.1.3　分析实例

图 5.1 所示的系统由 5 个基本事件（元件）组成，即 $A_1\sim A_5$，相当于 5 个因素 $F=(f_1,f_2,f_3,f_4,f_5)$。$X(f_1)\sim X(f_5)$分别表示它们的状态相空间，它们的状态值只有$\{x_{1j},x_{0j}\}=\{x_j,\underline{x}_j\}$，$x_j$ 表示元件正常状态，$\underline{x}_j$ 表示元件故障状态。Z 表示系统，$Z(Z)$表示系统状态，即因素 g 具有相空间 $X(g)=\{T,F\}$，T 表示系统通，F 表示系统断。对于 $F=(f_1,f_2,f_3,f_4,f_5)$的所有 0,1 状态，字的集合由 10 个字组成：$S=\{x_1,\underline{x}_1,x_2,\underline{x}_2,x_3,\underline{x}_3,x_4,\underline{x}_4,x_5,\underline{x}_5\}$，论域 U 中的相集共 32 条。

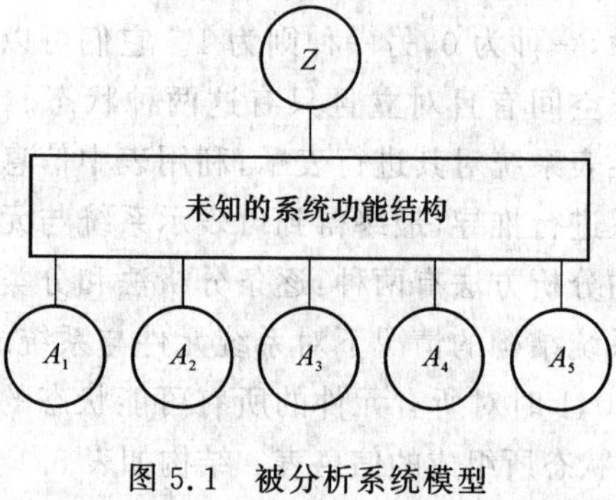

图 5.1　被分析系统模型

1. 信息不完备情况下的分析

例 5.1　如图 5.1 所示，给定开关系统 Z，它由 5 种元器件 $A_1,\cdots,A_5$ 组成，它们分别决定 5 个因素 $F=(f_1, f_2, f_3, f_4, f_5)$，每个因素都具有相空间 $X(f_j)=\{x_{1j}, x_{0j}\}=\{x_j, \underline{x}_j\}$，$j=1,\cdots,5$，$x_{1j}$ 表示 A_j 通，x_{0j} 表示器件 A_j 断；结果因素 g 具有相空间（系统的像）$X(g)=\{T, F\}$，T 表示系统通，F 表示系统断。字的集合由 10 个字组成：$S=\{x_1, \underline{x}_1, x_2, \underline{x}_2, x_3, \underline{x}_3, x_4, \underline{x}_4, x_5, \underline{x}_5\}$。在论域 U 的 32 条相集中，选择 20 条构成背景集合 B，进行不完备情况下的系统功能结构分析，这 20 条相集构成了因素功能结构分析表，如表 5.2 所示。

表 5.2　20 条相集的功能结构分析表

U	1	2	3	4	5	6	7	8	9	10	11	12	13	14	15	16	17	18	19	20
f_1^*	$\underline{x}_1$	$\underline{x}_1$	$\underline{x}_1$	$\underline{x}_1$	x_1	$\underline{x}_1$	$\underline{x}_1$	$\underline{x}_1$	$\underline{x}_1$	x_1	x_1	$\underline{x}_1$	$\underline{x}_1$	x_1	$\underline{x}_1$	x_1	x_1	$\underline{x}_1$	x_1	x_1
f_2	$\underline{x}_2$	$\underline{x}_2$	$\underline{x}_2$	$\underline{x}_2$	$\underline{x}_2$	x_2	$\underline{x}_2$	$\underline{x}_2$	$\underline{x}_2$	x_2	$\underline{x}_2$	x_2	$\underline{x}_2$	$\underline{x}_2$	x_2	x_2	$\underline{x}_2$	x_2	x_2	x_2
f_3	$\underline{x}_3$	x_3	$\underline{x}_3$	$\underline{x}_3$	x_3	x_3	x_3	x_3	$\underline{x}_3$	x_3	x_3	x_3	x_3	x_3	x_3	x_3	x_3	x_3	x_3	x_3
f_4	$\underline{x}_4$	$\underline{x}_4$	x_4	$\underline{x}_4$	$\underline{x}_4$	$\underline{x}_4$	x_4	$\underline{x}_4$	x_4	$\underline{x}_4$	x_4	x_4	x_4	$\underline{x}_4$	$\underline{x}_4$	x_4	x_4	x_4	$\underline{x}_4$	x_4
f_5	$\underline{x}_5$	$\underline{x}_5$	$\underline{x}_5$	x_5	$\underline{x}_5$	$\underline{x}_5$	$\underline{x}_5$	x_5	x_5	$\underline{x}_5$	$\underline{x}_5$	$\underline{x}_5$	x_5	x_5	x_5	$\underline{x}_5$	x_5	x_5	x_5	x_5
g	F	F	F	F	F	F	F	F	F	T	T	F	T	T	T	T	T	T	T	T

根据功能结构分析法对系统取 $y_1=T$ 值的功能结构进行分析。

步骤 1：全体样本点所构成的背景集合 B 共有 $20<32=2^5$ 个点，将这 20 个点分成 T 与 F 两类：

$$T=\{\underline{x}_1\underline{x}_2x_3\underline{x}_4x_5, x_1x_2x_3\underline{x}_4\underline{x}_5, x_1\underline{x}_2x_3x_4\underline{x}_5, \underline{x}_1\underline{x}_2x_3x_4x_5, x_1\underline{x}_2x_3\underline{x}_4x_5, \underline{x}_1x_2x_3\underline{x}_4x_5, x_1x_2x_3x_4\underline{x}_5, x_1\underline{x}_2x_3x_4x_5, \underline{x}_1x_2x_3x_4x_5, x_1x_2x_3\underline{x}_4x_5, x_1x_2x_3x_4x_5\}$$

$$F=\{\underline{x}_1\underline{x}_2\underline{x}_3\underline{x}_4\underline{x}_5, \underline{x}_1\underline{x}_2x_3\underline{x}_4\underline{x}_5, \underline{x}_1\underline{x}_2\underline{x}_3x_4\underline{x}_5, x_1\underline{x}_2x_3\underline{x}_4\underline{x}_5, \underline{x}_1x_2x_3\underline{x}_4\underline{x}_5, \underline{x}_1x_2\underline{x}_3x_4\underline{x}_5, \underline{x}_1\underline{x}_2x_3x_4\underline{x}_5, \underline{x}_1\underline{x}_2x_3\underline{x}_4x_5, \underline{x}_1x_2x_3x_4\underline{x}_5\}$$

步骤 2：$k=1$，在第二类字组中查找不出现的单字。F 的第一项是 $\underline{x}_1\underline{x}_2\underline{x}_3\underline{x}_4\underline{x}_5$，它包含 $\underline{x}_1,\underline{x}_2,\underline{x}_3,\underline{x}_4,\underline{x}_5$ 等 5 个字；第二项是 $x_1\underline{x}_2x_3\underline{x}_4\underline{x}_5$，它包含 $x_1,\underline{x}_2,x_3,\underline{x}_4,\underline{x}_5$ 等 5 个字，将两项合并去掉相同的字，共有 $x_1,\underline{x}_1,\underline{x}_2,x_3,\underline{x}_3,\underline{x}_4,\underline{x}_5$ 等 7 个字。最后所有项合起来，10 个字 $x_1,x_2,x_3,x_4,x_5,\underline{x}_1,\underline{x}_2,\underline{x}_3,\underline{x}_4,\underline{x}_5$ 都在 F 的字组中出现。这种情况并不是所期望的，是无效的。如有不在 F 中出现的字，那么找到 T 的一个长度为 1 的素蕴涵式，越短的素蕴涵式，极小化就越成功。

步骤 3：$k:=k+1=2$，暂时略去具体算法，可发现二字组 x_1x_4 不在 F 的各项中出现。记下 x_1x_4，它是 T 的一个素蕴涵式。将所有 T 中蕴涵字组 x_1x_4 的字组删去。根据命题 5.3 将 $T=\{\underline{x}_1\underline{x}_2x_3\underline{x}_4x_5, x_1x_2x_3\underline{x}_4\underline{x}_5, x_1\underline{x}_2x_3x_4\underline{x}_5, \underline{x}_1\underline{x}_2x_3x_4x_5,$

$x_1\underline{x}_2x_3\underline{x}_4x_5$，$\underline{x}_1x_2x_3\underline{x}_4x_5$，$x_1x_2x_3x_4\underline{x}_5$，$x_1\underline{x}_2x_3x_4x_5$，$\underline{x}_1x_2x_3x_4x_5$，$x_1x_2x_3\underline{x}_4x_5$，$x_1x_2x_3x_4x_5\}$中蕴涵字组 x_1x_4 的 5 字组去掉，得 $T=\{\underline{x}_1\underline{x}_2x_3\underline{x}_4x_5, x_1x_2x_3\underline{x}_4\underline{x}_5, \underline{x}_1\underline{x}_2x_3x_4x_5, x_1\underline{x}_2x_3\underline{x}_4x_5, \underline{x}_1x_2x_3\underline{x}_4x_5, \underline{x}_1x_2x_3x_4x_5, x_1x_2x_3\underline{x}_4x_5\}$。$x_3x_5$ 不在 F 的字组中出现，记下 x_3x_5，它是 T 的又一个素蕴涵式。再把 $T=\{\underline{x}_1\underline{x}_2x_3\underline{x}_4x_5, x_1x_2x_3\underline{x}_4\underline{x}_5, \underline{x}_1\underline{x}_2x_3x_4x_5, x_1\underline{x}_2x_3\underline{x}_4x_5, \underline{x}_1x_2x_3\underline{x}_4x_5, \underline{x}_1x_2x_3x_4x_5, x_1x_2x_3\underline{x}_4x_5\}$ 中蕴涵二字组 x_3x_5 的 5 字组删去，得 $T=\{x_1x_2x_3\underline{x}_4\underline{x}_5\}$。$x_1x_2$ 也不在 F 的字组中出现，记下 x_1x_2，它是 T 的又一个素蕴涵式。再把 $T=\{x_1x_2x_3\underline{x}_4\underline{x}_5\}$中蕴涵二字组 x_1x_2 的 5 字组删去，得 $T=\varnothing$，删空。

此时停止推理，将已经得到的 T 的素蕴涵式加在一起，得到 T 的最小属性析取式 $T=x_1x_4+x_3x_5+x_1x_2$，系统元件结构为 $Z=A_1A_4+A_3A_5+A_1A_2$，如图 5.2 所示。

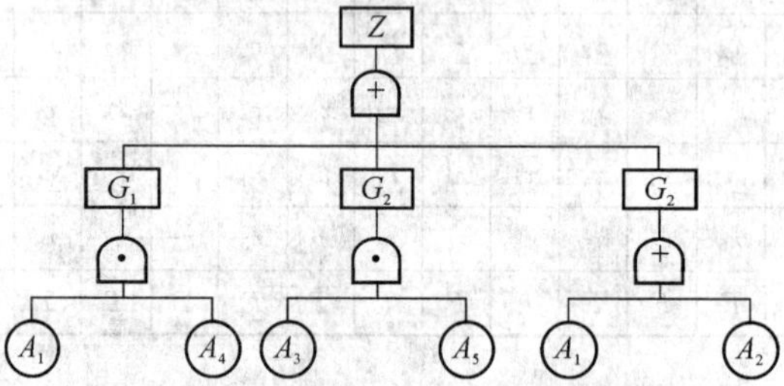

图 5.2　系统元件功能结构

2. 信息完备情况下的分析

例 5.2　给定与例 5.1 相同的开关系统 Z，将论域 U 的 32 条相集作为背景集合 B，进行完备情况下的系统功能结构分析，这 32 条相集构成了因素功能结构分析表，如表 5.3 所示。

表 5.3　32 条相集的功能结构分析表

U	1	2	3	4	5	6	7	8	9	10	11	12	13	14	15	16
f_1^*	$\underline{x}_1$	x_1	$\underline{x}_1$	$\underline{x}_1$	$\underline{x}_1$	$\underline{x}_1$	x_1	x_1	x_1	x_1	$\underline{x}_1$	$\underline{x}_1$	$\underline{x}_1$	$\underline{x}_1$	$\underline{x}_1$	$\underline{x}_1$
f_2	$\underline{x}_2$	$\underline{x}_2$	x_2	$\underline{x}_2$	$\underline{x}_2$	$\underline{x}_2$	x_2	$\underline{x}_2$	$\underline{x}_2$	$\underline{x}_2$	x_2	x_2	x_2	$\underline{x}_2$	$\underline{x}_2$	$\underline{x}_2$
f_3	$\underline{x}_3$	$\underline{x}_3$	$\underline{x}_3$	x_3	$\underline{x}_3$	$\underline{x}_3$	$\underline{x}_3$	x_3	$\underline{x}_3$	$\underline{x}_3$	x_3	$\underline{x}_3$	$\underline{x}_3$	x_3	x_3	$\underline{x}_3$
f_4	$\underline{x}_4$	$\underline{x}_4$	$\underline{x}_4$	$\underline{x}_4$	x_4	$\underline{x}_4$	$\underline{x}_4$	$\underline{x}_4$	x_4	$\underline{x}_4$	$\underline{x}_4$	x_4	$\underline{x}_4$	x_4	$\underline{x}_4$	x_4
f_5	$\underline{x}_5$	$\underline{x}_5$	$\underline{x}_5$	$\underline{x}_5$	$\underline{x}_5$	x_5	$\underline{x}_5$	$\underline{x}_5$	$\underline{x}_5$	x_5	$\underline{x}_5$	$\underline{x}_5$	x_5	$\underline{x}_5$	x_5	x_5
g	F	F	F	F	F	F	F	F	T	F	F	F	F	F	T	F

U	17	18	19	20	21	22	23	24	25	26	27	28	29	30	31	32
f_1^*	x_1	x_1	x_1	$\underline{x}_1$	$\underline{x}_1$	x_1	$\underline{x}_1$	x_1	x_1	$\underline{x}_1$	x_1	x_1	$\underline{x}_1$	x_1	x_1	x_1
f_2	x_2	$\underline{x}_2$	$\underline{x}_2$	x_2	x_2	x_2	$\underline{x}_2$	$\underline{x}_2$	x_2	x_2	x_2	$\underline{x}_2$	x_2	x_2	x_2	x_2
f_3	x_3	x_3	$\underline{x}_3$	x_3	$\underline{x}_3$	$\underline{x}_3$	x_3	x_3	$\underline{x}_3$	x_3	x_3	x_3	x_3	$\underline{x}_3$	x_3	x_3
f_4	$\underline{x}_4$	x_4	x_4	x_4	x_4	$\underline{x}_4$	x_4	$\underline{x}_4$	x_4	$\underline{x}_4$	x_4	x_4	x_4	x_4	$\underline{x}_4$	x_4
f_5	$\underline{x}_5$	$\underline{x}_5$	x_5	$\underline{x}_5$	x_5	x_5	x_5	x_5	$\underline{x}_5$	x_5	$\underline{x}_5$	x_5	x_5	x_5	x_5	x_5
g	T	T	T	F	F	F	T	T	T	T	T	T	T	T	T	T

根据功能结构分析法，对系统取 $y_1=T$ 值的功能结构进行分析。

步骤 1：全体样本点所构成的背景集合 B 共有 $32=2^5$ 个点，这正好是解释集 $X=X(f)$。所以，这是一个可将背景关系闲置的例子，用经典布尔逻辑也能解答。将这 32 个点分成 T 与 F 两类：

$T=\{x_1\underline{x}_2\underline{x}_3x_4\underline{x}_5, \underline{x}_1\underline{x}_2x_3\underline{x}_4x_5, x_1x_2x_3\underline{x}_4\underline{x}_5, x_1\underline{x}_2x_3x_4\underline{x}_5, x_1\underline{x}_2\underline{x}_3x_4x_5,$
$\underline{x}_1\underline{x}_2x_3x_4x_5, x_1x_2\underline{x}_3x_4\underline{x}_5, x_1\underline{x}_2x_3\underline{x}_4x_5, \underline{x}_1x_2x_3\underline{x}_4x_5, x_1x_2x_3x_4\underline{x}_5,$
$x_1\underline{x}_2x_3x_4x_5, \underline{x}_1x_2x_3x_4x_5, x_1x_2\underline{x}_3x_4x_5, x_1x_2x_3\underline{x}_4x_5, x_1x_2x_3x_4x_5\}$

$F=\{\underline{x}_1\underline{x}_2\underline{x}_3\underline{x}_4\underline{x}_5, x_1\underline{x}_2\underline{x}_3\underline{x}_4\underline{x}_5, \underline{x}_1x_2\underline{x}_3\underline{x}_4\underline{x}_5, \underline{x}_1\underline{x}_2x_3\underline{x}_4\underline{x}_5, \underline{x}_1\underline{x}_2\underline{x}_3x_4\underline{x}_5,$
$\underline{x}_1\underline{x}_2\underline{x}_3\underline{x}_4x_5, x_1x_2\underline{x}_3\underline{x}_4\underline{x}_5, x_1\underline{x}_2x_3\underline{x}_4\underline{x}_5, x_1\underline{x}_2\underline{x}_3\underline{x}_4x_5, \underline{x}_1x_2x_3\underline{x}_4\underline{x}_5,$
$\underline{x}_1x_2\underline{x}_3x_4\underline{x}_5, \underline{x}_1x_2\underline{x}_3\underline{x}_4x_5, \underline{x}_1\underline{x}_2x_3x_4\underline{x}_5, \underline{x}_1\underline{x}_2x_3\underline{x}_4x_5, \underline{x}_1x_2x_3x_4\underline{x}_5,$
$\underline{x}_1x_2\underline{x}_3x_4x_5, x_1x_2\underline{x}_3\underline{x}_4x_5\}$

其实,对 T 的字组进行析取就可直接写出 T 的逻辑表达式:$T=x_1\underline{x}_2\underline{x}_3x_4\underline{x}_5+\underline{x}_1\underline{x}_2x_3\underline{x}_4x_5+x_1x_2x_3\underline{x}_4\underline{x}_5+x_1\underline{x}_2x_3x_4\underline{x}_5+x_1\underline{x}_2\underline{x}_3x_4x_5+\underline{x}_1\underline{x}_2x_3x_4x_5+x_1x_2\underline{x}_3x_4\underline{x}_5+x_1\underline{x}_2x_3\underline{x}_4x_5+\underline{x}_1x_2x_3\underline{x}_4x_5+x_1x_2x_3x_4\underline{x}_5+x_1\underline{x}_2x_3x_4x_5+\underline{x}_1x_2x_3x_4x_5+x_1x_2\underline{x}_3x_4x_5+x_1x_2x_3\underline{x}_4x_5+x_1x_2x_3x_4x_5$,其中:“+”表示析取 $\vee$,表示线路的并联;字组 $x_1x_2x_3x_4x_5$ 意义为 $x_1\wedge x_2\wedge x_3\wedge x_4\wedge x_5$,表示元器件的串联,所以这个逻辑公式就是系统 Z 的功能结构表达式。根据 T 的表达式可以得到一个线路结构图。问题在于它的项数太多,所画出的线路图并非最优化。线路优化的过程恰好是逻辑析取范式的极小化过程。

步骤 2:$k=1$,在第二类字组中查找不出现的单字。F 的第一项是 $\underline{x}_1\underline{x}_2\underline{x}_3\underline{x}_4\underline{x}_5$,它包含 $\underline{x}_1,\underline{x}_2,\underline{x}_3,\underline{x}_4,\underline{x}_5$ 等 5 个字;第二项是 $x_1\underline{x}_2\underline{x}_3\underline{x}_4\underline{x}_5$,它包含 $x_1,x_2,\underline{x}_3,\underline{x}_4,x_5$ 等 5 个字;将两项合并去掉相同的字,共有 $x_1,\underline{x}_1,x_2,\underline{x}_2,\underline{x}_3,\underline{x}_4,x_5,\underline{x}_5$ 等 8 个字;最后将所有项合起来,10 个字 $x_1,x_2,x_3,x_4,x_5,\underline{x}_1,\underline{x}_2,\underline{x}_3,\underline{x}_4,\underline{x}_5$ 都在 F 的字组中出现。这种情况是无效的。

步骤 3:$k:=k+1=2$,可发现二字组 x_1x_4 不在 F 的各项中出现。而它却在 T 的字组中出现,记下 x_1x_4,它是 T 的一个素蕴涵式。将所有 T 中蕴涵字组 x_3x_5 的字组删去,得 $T=\{x_1\underline{x}_2\underline{x}_3x_4\underline{x}_5, \underline{x}_1\underline{x}_2x_3\underline{x}_4x_5, x_1x_2x_3\underline{x}_4\underline{x}_5, x_1\underline{x}_2x_3x_4\underline{x}_5, x_1\underline{x}_2\underline{x}_3x_4x_5, \underline{x}_1\underline{x}_2x_3x_4x_5, x_1x_2\underline{x}_3x_4\underline{x}_5, x_1\underline{x}_2x_3\underline{x}_4x_5, \underline{x}_1x_2x_3\underline{x}_4x_5, x_1x_2x_3x_4\underline{x}_5, x_1\underline{x}_2x_3x_4x_5, \underline{x}_1x_2x_3x_4x_5, x_1x_2\underline{x}_3x_4x_5, x_1x_2x_3\underline{x}_4x_5, x_1x_2x_3x_4x_5\}$。根据命题 5.3 将 T 中蕴涵字组 x_1x_4 的 5 字组找出并去掉。在删去以前,将蕴涵字组 x_1x_4 的 5 字组加起来,进行布尔运算,运用字姓公理 $x_{1j}\vee\cdots\vee x_{n(j)j}=\mathbf{1}$,即 $x_j+\underline{x}_j=\mathbf{1}$,有

$$\begin{aligned}
&x_1\underline{x}_2\underline{x}_3x_4\underline{x}_5+x_1\underline{x}_2x_3x_4\underline{x}_5+x_1\underline{x}_2\underline{x}_3x_4x_5+x_1x_2\underline{x}_3x_4\underline{x}_5+x_1x_2x_3x_4\underline{x}_5+\\
&\quad x_1\underline{x}_2x_3x_4x_5+x_1x_2\underline{x}_3x_4x_5+x_1x_2x_3x_4x_5\\
&=(x_1\underline{x}_2\underline{x}_3x_4\underline{x}_5+x_1\underline{x}_2x_3x_4\underline{x}_5)+(x_1\underline{x}_2\underline{x}_3x_4x_5+x_1\underline{x}_2x_3x_4x_5)+\\
&\quad (x_1x_2\underline{x}_3x_4\underline{x}_5+x_1x_2x_3x_4\underline{x}_5)+(x_1x_2\underline{x}_3x_4x_5+x_1x_2x_3x_4x_5)\\
&=x_1\underline{x}_2x_4\underline{x}_5(x_3+\underline{x}_3)+x_1\underline{x}_2x_4x_5(x_3+\underline{x}_3)+x_1x_2x_4\underline{x}_5(x_3+\underline{x}_3)+\\
&\quad x_1x_2x_4x_5(x_3+\underline{x}_3)\\
&=x_1\underline{x}_2x_4\underline{x}_5+x_1\underline{x}_2x_4x_5+x_1x_2x_4\underline{x}_5+x_1x_2x_4x_5 \quad (x_3+\underline{x}_3=\mathbf{1})\\
&=x_1\underline{x}_2x_4(x_5+\underline{x}_5)+x_1x_2x_4(x_5+\underline{x}_5)=x_1x_4 \quad (x_5+\underline{x}_5=\mathbf{1})
\end{aligned}$$

由此可知在算法中可将所有蕴涵二字组 x_1x_4 的这些 5 字组都删去的原因。删去这些 5 字组后得 $T=\{\underline{x}_1\underline{x}_2x_3\underline{x}_4x_5, x_1x_2x_3\underline{x}_4\underline{x}_5, \underline{x}_1\underline{x}_2x_3x_4x_5, x_1\underline{x}_2x_3\underline{x}_4x_5, \underline{x}_1x_2x_3\underline{x}_4x_5, \underline{x}_1x_2x_3x_4x_5, x_1x_2x_3\underline{x}_4x_5\}$。$x_3x_5$ 不在 F 的字组中，而在 T 的字组中出现，记下 x_3x_5，它是 T 的又一个素蕴涵式。再把 T 中蕴涵二字组 x_3x_5 的 5 字组删去，得 $T=\{x_1x_2x_3\underline{x}_4\underline{x}_5\}$。只有这两个二字组，其余两字组都在 F 的字组中出现。

$k:=k+1=3$，3 字组 $x_1x_2x_3$ 不在 F 的字组中，而在 T 中出现，记下 $x_1x_2x_3$，它是 T 的一个素蕴涵式。删去 T 中蕴涵 3 字组 $x_1x_2x_3$ 的 5 字组 $x_1x_2x_3\underline{x}_4\underline{x}_5$，$T=\varnothing$。

此时停止推理，将已经得到的 T 的素蕴涵式加在一起，得到 T 的最小属性析取式，是 $T=x_1x_4+x_3x_5+x_1x_2x_3$，元件结构为 $Z=A_1A_4+A_3A_5+A_1A_2A_3$，如图 5.3 所示。

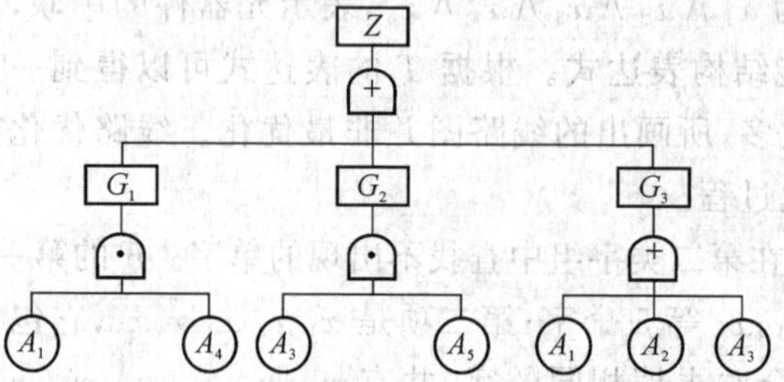

图 5.3　系统元件功能结构

进一步讨论，例 5.1 中的背景集合属于例 5.2 中的背景集合，那么在两个例子中得到的最小属性析取式必定存在关系。因为在信息不完备情况下得到的最小属性析取式中必定蕴含了不同因素之间的限定关系，相当于补充了背景集合，才能得到最小属性析取式，否则得到的是某种概率分布，这就从确定性分析变成了不确定性分析。对两例得到的最小属性析取式进行分析，两式均为确定性分析式，那么有

$$T=x_1x_4+x_3x_5+x_1x_2=x_1x_4+x_3x_5+x_1x_2x_3 \Rightarrow x_1x_2=x_1x_2x_3 \Rightarrow \begin{cases} x_3=x_2 \\ x_3=x_1 \\ x_3=x_2+x_1 \end{cases}$$

这说明例 5.1 中元件 A_3 与元件 A_1 和 A_2 存在某种线性或非线性的表示关系，即可以用 x_1 和 x_2 的组合形式表示 x_3 的功能。那么这种隐含的元件之间的功能关系补充了例 5.1 背景集合中相集不足 32 条的问题，将不确定性问题转化为确定性问题。

本节通过因素空间的功能结构分析理论实现了 SFT 中的系统功能结构反分析过程，将原有的分类推理法提升为逻辑数学的高度。这为因素空间理论在专业技术领域的应用提供了机会，同时也为安全科学中的空间故障树理论在数学上的提成奠定了基础。所以该研究具有理论和实际的重要意义。

本节的研究贡献在于提出基于因素分析法的系统功能结构分析方法和因素空间能描述智能科学中的定性认知过程。本节基于因素逻辑具体地建立了系统功能结构分析的公理体系,给出了定义、逻辑命题和证明过程,为系统功能分析方法在逻辑数学推理层面的应用奠定了基础。基于公理体系,本节提出了系统功能结构的极小化方法,作为进行系统功能结构分析的方法,证明了通过该方法得到的系统功能逻辑结构是一个极小析取范式。

5.2　系统功能结构最简式分析

接续前节研究,本节主要研究背景空间分立和互补状态下得到的系统功能结构关系,并提出了另一种分析方法和步骤,以方便完成背景空间分立和互补研究。

5.2.1　最简式分析方法

给定因素功能结构分析表,要求出指定功能类的最简结构式,其步骤如下。

因素功能结构分析表中的功能类分为两种,即成功类 T 和失效类 F,表中最后一行功能因素 g 的相即表示功能 T 或 F。功能因素 g 表示对象结构因素在取不同相时的对象功能。

设因素功能分析表中有 M 个对象 u_m,$m=1,2,\cdots,M$,有 N 个结构因素 f_n,$n=1,2,\cdots,N$,以及一个功能因素 g,所以表中因素可统一表示为 f_{n+1};对象 u_m 在因素 f_{n+1} 下的相 x_{n+1} 的数量与因素相同。对象 u_m 的相集为 $\{x_{n+1}\}_m=\{x_{n+1}\mid f_{n+1}(u_m)=x_{n+1},\ n=1,2,\cdots,N\}$,$f_{n+1}(u_m)$ 表示对象 u_m 在因素 f_{n+1} 下的相。为表示方便,相集可改写为相的串 $x_{n|m}=x_1x_2\cdots x_N$,用以相集按照 T 或 F 分类后进行表示。因素功能分析表可作为因素空间分析中的背景空间 B,则 $B=\bigcup x_{n+1|1\sim m}$,$n=1,2,\cdots,N$ 且 $m=1,2,\cdots,M$。设对象相集中相的个数为相集长度 λ。

① 对因素功能结构分析表中的对象 u_m 与因素 f_{n+1} 对应的相 x_{n+1} 进行组合,将同一对象 u_m 对不同因素 f_{n+1} 的相 x_{n+1},即因素功能结构分析表的一列组成相集 $x_{n+1|m}$,表示该对象 u_m。

② 将在因素结构分析表中的所有列,即所有对象的相集 $x_{n+1|m}$ 再组成集合,作为背景空间 B,$B=\bigcup x_{n+1|1\sim m}$,$n=1,2,\cdots,N$ 且 $m=1,2,\cdots,M$。

③ 根据背景空间 B 中所有相集 $x_{n+1|1\sim m}$ 的功能因素 g 对对象 u_m 进行 T 或 F 分类。

④ 将背景空间所有相集中的相拆分为长度 $\lambda=1$ 的相,所有的背景空间中出现的无重复相组成筛选相集 Γ。使用筛选相集 Γ 中的相 Λ(当 $\lambda>1$ 时,Λ 为相集)遍历

F 类中所有相集,如果这些相集均不包含相 Λ 且 T 类中相集包含,那么相 Λ 为 T 类的一个结构式 $\xi(T)$,从 T 类相集中删除包含相 Λ 的相集。

⑤ 设 $\lambda=\lambda+1$,这是在筛选相集 Γ 中任意取 $\lambda+1$ 个相组成的相集 Λ。使用相集 Λ 遍历 F 类中所有相集,如果均不包含相集 Λ 且 T 类中相集包含,那么相集 Λ 为 T 类的一个结构式 $\xi(T)$,从 T 类相集中删除包含相集 Λ 的相集。

⑥ 重复步骤⑤,直到 T 类中的相集全部被删除为止。

⑦ 将所有结构式 $\xi(T)$ 用逻辑并"+"连接,即背景空间 B 所表示的成功类 T 的最简结构式 $\zeta(T)$。

因素空间、相集、功能结构分析表、背景空间等相关定义见本章参考文献[12,20]。

5.2.2 实例分析

用空间故障树中系统结构分析实例进行分析。该例为开关系统 Z,它由 5 种元器件 $Z_1,\cdots,Z_5$ 组成,它们的功能情况由 5 个功能因素 $F=(f_1, f_2, f_3, f_4, f_5)$表示,每个功能因素都具有相空间 $X(f_j)=\{x_{1j}, x_{0j}\}=\{x_j, \underline{x}_j\}$,$j=1,\cdots,5$,$x_{1j}$ 表示器件 Z_j 通,x_{0j} 表示器件 Z_j 断;功能因素 g 具有相空间 $X(g)=\{T, F\}$,T 表示系统 Z 通,F 表示系统 Z 断。字的集合由 10 个字组成$\{x_1, \underline{x}_1, x_2, \underline{x}_2, x_3, \underline{x}_3, x_4, \underline{x}_4, x_5, \underline{x}_5\}$。每个元件的功能都有两种状态$(F, T)$,共 32 条相组成论域 U,也组成了背景空间 B,如表 5.4 所示。

表 5.4 32 条相集的功能结构分析表

U	u_1	u_2	u_3	u_4	u_5	u_6	u_7	u_8	u_9	u_{10}	u_{11}	u_{12}	u_{13}	u_{14}	u_{15}	u_{16}	u_{17}	u_{18}	u_{19}	u_{20}	u_{21}	u_{22}	u_{23}	u_{24}	u_{25}	u_{26}	u_{27}	u_{28}	u_{29}	u_{30}	u_{31}	u_{32}
f_1	$\underline{x}_1$	x_1	$\underline{x}_1$	$\underline{x}_1$	$\underline{x}_1$	$\underline{x}_1$	x_1	x_1	x_1	x_1	$\underline{x}_1$	$\underline{x}_1$	$\underline{x}_1$	$\underline{x}_1$	$\underline{x}_1$	$\underline{x}_1$	x_1	x_1	x_1	$\underline{x}_1$	$\underline{x}_1$	x_1	$\underline{x}_1$	x_1	x_1	$\underline{x}_1$	x_1	x_1	$\underline{x}_1$	x_1	x_1	x_1
f_2	$\underline{x}_2$	$\underline{x}_2$	x_2	$\underline{x}_2$	$\underline{x}_2$	$\underline{x}_2$	x_2	$\underline{x}_2$	$\underline{x}_2$	$\underline{x}_2$	x_2	x_2	x_2	$\underline{x}_2$	$\underline{x}_2$	$\underline{x}_2$	x_2	$\underline{x}_2$	$\underline{x}_2$	x_2	x_2	x_2	$\underline{x}_2$	$\underline{x}_2$	x_2	x_2	x_2	$\underline{x}_2$	x_2	x_2	x_2	x_2
f_3	$\underline{x}_3$	$\underline{x}_3$	$\underline{x}_3$	x_3	$\underline{x}_3$	$\underline{x}_3$	$\underline{x}_3$	x_3	$\underline{x}_3$	$\underline{x}_3$	x_3	$\underline{x}_3$	$\underline{x}_3$	x_3	x_3	$\underline{x}_3$	x_3	x_3	$\underline{x}_3$	x_3	$\underline{x}_3$	$\underline{x}_3$	x_3	x_3	$\underline{x}_3$	x_3	x_3	x_3	x_3	$\underline{x}_3$	x_3	x_3
f_4	$\underline{x}_4$	$\underline{x}_4$	$\underline{x}_4$	$\underline{x}_4$	x_4	$\underline{x}_4$	$\underline{x}_4$	$\underline{x}_4$	x_4	$\underline{x}_4$	$\underline{x}_4$	x_4	$\underline{x}_4$	x_4	$\underline{x}_4$	x_4	$\underline{x}_4$	x_4	x_4	x_4	x_4	$\underline{x}_4$	x_4	$\underline{x}_4$	x_4	$\underline{x}_4$	x_4	x_4	x_4	x_4	$\underline{x}_4$	x_4
f_5	$\underline{x}_5$	$\underline{x}_5$	$\underline{x}_5$	$\underline{x}_5$	$\underline{x}_5$	x_5	$\underline{x}_5$	$\underline{x}_5$	$\underline{x}_5$	x_5	$\underline{x}_5$	$\underline{x}_5$	x_5	$\underline{x}_5$	x_5	x_5	$\underline{x}_5$	$\underline{x}_5$	x_5	$\underline{x}_5$	x_5	x_5	x_5	x_5	$\underline{x}_5$	x_5	$\underline{x}_5$	x_5	x_5	x_5	x_5	x_5
g	F	F	F	F	F	F	F	F	T	F	F	F	F	F	T	F	T	T	T	F	F	F	T	T	T	T	T	T	T	T	T	T

例 5.3 表 5.4 中背景空间为 $B=\bigcup x_{6|1\sim32}$,根据功能结构最简式方法,对系统取功能类 T 的功能结构进行分析。

步骤 1:32 个对象构成背景空间 B,将这 32 个相集 $x_{5|1\sim32}$分成功能类 T 与 F:

$T=\{x_1\underline{x}_2\underline{x}_3x_4\underline{x}_5$, $\underline{x}_1\underline{x}_2x_3\underline{x}_4x_5$, $x_1x_2x_3\underline{x}_4\underline{x}_5$, $x_1\underline{x}_2x_3x_4\underline{x}_5$, $x_1\underline{x}_2\underline{x}_3x_4x_5$,

$\underline{x}_1\underline{x}_2x_3x_4x_5$, $x_1x_2\underline{x}_3x_4\underline{x}_5$, $x_1\underline{x}_2x_3\underline{x}_4x_5$, $\underline{x}_1x_2x_3\underline{x}_4x_5$, $x_1x_2x_3x_4\underline{x}_5$,

$x_1\underline{x}_2x_3x_4x_5$，$\underline{x}_1x_2x_3x_4x_5$，$x_1x_2\underline{x}_3x_4x_5$，$x_1x_2x_3\underline{x}_4x_5$，$x_1x_2x_3x_4x_5\}$

$F=\{\underline{x}_1\underline{x}_2\underline{x}_3\underline{x}_4\underline{x}_5$，$x_1\underline{x}_2\underline{x}_3\underline{x}_4\underline{x}_5$，$\underline{x}_1x_2\underline{x}_3\underline{x}_4\underline{x}_5$，$\underline{x}_1\underline{x}_2x_3\underline{x}_4\underline{x}_5$，

$\underline{x}_1\underline{x}_2\underline{x}_3x_4\underline{x}_5$，$\underline{x}_1\underline{x}_2\underline{x}_3\underline{x}_4x_5$，$x_1x_2\underline{x}_3\underline{x}_4\underline{x}_5$，$x_1\underline{x}_2x_3\underline{x}_4\underline{x}_5$，

$x_1\underline{x}_2\underline{x}_3\underline{x}_4x_5$，$\underline{x}_1x_2x_3\underline{x}_4\underline{x}_5$，$\underline{x}_1x_2\underline{x}_3x_4\underline{x}_5$，$\underline{x}_1x_2\underline{x}_3\underline{x}_4x_5$，$\underline{x}_1\underline{x}_2x_3x_4\underline{x}_5$，

$\underline{x}_1\underline{x}_2x_3\underline{x}_4x_5$，$\underline{x}_1x_2x_3x_4\underline{x}_5$，$\underline{x}_1x_2\underline{x}_3x_4x_5$，$x_1x_2\underline{x}_3\underline{x}_4x_5\}$

对功能类 T 的相集进行并运算，得 T 的逻辑表达式 $T=x_1\underline{x}_2\underline{x}_3x_4\underline{x}_5+\underline{x}_1\underline{x}_2x_3\underline{x}_4x_5+x_1x_2x_3\underline{x}_4\underline{x}_5+x_1\underline{x}_2x_3x_4\underline{x}_5+x_1\underline{x}_2\underline{x}_3x_4x_5+\underline{x}_1\underline{x}_2x_3x_4x_5+x_1x_2\underline{x}_3x_4\underline{x}_5+x_1\underline{x}_2x_3\underline{x}_4x_5+\underline{x}_1x_2x_3\underline{x}_4x_5+x_1x_2x_3x_4\underline{x}_5+x_1\underline{x}_2x_3x_4x_5+\underline{x}_1x_2x_3x_4x_5+x_1x_2\underline{x}_3x_4x_5+x_1x_2x_3\underline{x}_4x_5+x_1x_2x_3x_4x_5$，其中："+"表示并联；$x_1x_2x_3x_4x_5$ 表示串联，该逻辑公式就是系统 Z 的功能结构表达式。

步骤 2：$\lambda=1$，在 F 类相集中，$X_{5|1}=\underline{x}_1\underline{x}_2\underline{x}_3\underline{x}_4\underline{x}_5$，它包含 $\underline{x}_1,\underline{x}_2,\underline{x}_3,\underline{x}_4,\underline{x}_5$ 的 $\lambda=1$ 的相 Λ；$X_{5|2}=x_1\underline{x}_2\underline{x}_3\underline{x}_4\underline{x}_5$，它包含 $x_1,\underline{x}_2,\underline{x}_3,\underline{x}_4,\underline{x}_5$ 的 $\lambda=1$ 的相 Λ。将 $X_{5|1}$ 和 $X_{5|2}$ 相集拆解，将 $\lambda=1$ 的相 Λ 无重复地组成筛选相集 $\Gamma=\{x_1,\underline{x}_1,\underline{x}_2,\underline{x}_3,\underline{x}_4,\underline{x}_5\}$。同理，将 F 中的所有相集拆解，将 $\lambda=1$ 的相 Λ 无重复地组成筛选相集 $\Gamma=\{x_1,x_2,x_3,x_4,x_5,\underline{x}_1,\underline{x}_2,\underline{x}_3,\underline{x}_4,\underline{x}_5\}$。

步骤 3：$\lambda=\lambda+1=2$，在筛选相集 $\Gamma=\{x_1,x_2,x_3,x_4,x_5,\underline{x}_1,\underline{x}_2,\underline{x}_3,\underline{x}_4,\underline{x}_5\}$ 中，任意选取两个相组成 $\lambda=2$ 的相集 Λ，这些相集无重复地组成 $\lambda=2$ 时的筛选集合 Γ。根据步骤⑤和 Γ 对 F 类相集进行筛选。Γ 中 $\lambda=2$ 的 $\Lambda=x_1x_4$，其不在 F 类相集中出现，而在 T 类相集中出现，那么相 Λ 为 T 类的一个结构式 $\xi(T)$，$\xi(T)=x_1x_4$。去掉 T 类中包含 $\Lambda=x_1x_4$ 的相集，得到 $T=\{\underline{x}_1\underline{x}_2x_3\underline{x}_4x_5$，$x_1x_2x_3\underline{x}_4\underline{x}_5$，$\underline{x}_1\underline{x}_2x_3x_4x_5$，$x_1\underline{x}_2x_3\underline{x}_4x_5$，$\underline{x}_1x_2x_3\underline{x}_4x_5$，$\underline{x}_1x_2x_3x_4x_5$，$x_1x_2x_3\underline{x}_4x_5\}$。另外，$\Gamma$ 中 $\lambda=2$ 的 $\Lambda=x_3x_5$ 也不在 F 类相集中出现，而在 T 类相集中出现，那么相 Λ 为 T 类的另一个结构式 $\xi(T)=x_3x_5$。去掉 T 类中包含 $\Lambda=x_3x_5$ 的相集，则 $T=\{x_1x_2x_3\underline{x}_4\underline{x}_5\}$。

步骤 4：$\lambda=\lambda+1=3$，Γ 中 $\lambda=3$ 的 $\Lambda=x_1x_2x_3$，其不在 F 类相集中出现，而在 T 类相集中出现，那么相 Λ 为 T 类的一个结构式 $\xi(T)$，$\xi(T)=x_1x_2x_3$。去掉 T 类中包含 $\Lambda=x_1x_2x_3$ 的相集，得到 $T=\varnothing$。

$T=\varnothing$ 为算法停止条件。根据步骤⑦将得到的 T 的结构式加在一起，得到 T 的最简结构式 $\zeta(T)_B=x_1x_4+x_3x_5+x_1x_2x_3$，那么系统功能结构为 $Z=Z_1Z_4+Z_3Z_5+Z_1Z_2Z_3$。

例 5.4　取背景空间中 23 个相集组成另一个背景空间 $B_1=\bigcup x_{6|1\sim23}$，这 23 个相集如表 5.4 中深色部分所示。

步骤 1：背景空间 $B_1\in B$ 共有 23 个相集，将这 23 个相集 $x_{5|1\sim23}$ 分成功能类 T 与 F：

$T=\{\underline{x}_1\underline{x}_2x_3\underline{x}_4x_5$，$x_1x_2x_3\underline{x}_4\underline{x}_5$，$x_1\underline{x}_2x_3x_4\underline{x}_5$，$\underline{x}_1\underline{x}_2x_3x_4x_5$，$x_1\underline{x}_2x_3\underline{x}_4x_5$，

$\underline{x}_1 x_2 x_3 \underline{x}_4 x_5$， $x_1 \underline{x}_2 \underline{x}_3 x_4 x_5$， $x_1 x_2 x_3 x_4 \underline{x}_5$， $x_1 \underline{x}_2 x_3 x_4 x_5$， $\underline{x}_1 x_2 x_3 x_4 x_5$，
$x_1 x_2 x_3 \underline{x}_4 x_5$，$x_1 x_2 x_3 x_4 x_5\}$

$F=\{\underline{x}_1 \underline{x}_2 \underline{x}_3 \underline{x}_4 \underline{x}_5$，$x_1 \underline{x}_2 \underline{x}_3 \underline{x}_4 \underline{x}_5$，$\underline{x}_1 \underline{x}_2 x_3 \underline{x}_4 \underline{x}_5$，$\underline{x}_1 \underline{x}_2 \underline{x}_3 x_4 \underline{x}_5$，
$x_1 \underline{x}_2 x_3 \underline{x}_4 \underline{x}_5$，$\underline{x}_1 x_2 x_3 \underline{x}_4 \underline{x}_5$，$\underline{x}_1 x_2 \underline{x}_3 x_4 \underline{x}_5$，$\underline{x}_1 \underline{x}_2 x_3 x_4 \underline{x}_5$，
$\underline{x}_1 x_2 \underline{x}_3 x_4 \underline{x}_5$，$\underline{x}_1 \underline{x}_2 x_3 \underline{x}_4 x_5$，$\underline{x}_1 x_2 x_3 x_4 \underline{x}_5\}$

步骤 2：$\lambda=1$，在 F 类相集中，$X_{5|1}=\underline{x}_1 \underline{x}_2 \underline{x}_3 \underline{x}_4 \underline{x}_5$，它包含$\underline{x}_1$，$\underline{x}_2$，$\underline{x}_3$，$\underline{x}_4$，$\underline{x}_5$ 的 $\lambda=1$ 的相 Λ；$X_{5|2}=x_1 \underline{x}_2 \underline{x}_3 \underline{x}_4 \underline{x}_5$，它包含 x_1，$\underline{x}_2$，$\underline{x}_3$，$\underline{x}_4$，$\underline{x}_5$ 的 $\lambda=1$ 的相 Λ。将 $X_{5|1}$ 和 $X_{5|2}$ 相集拆解，将 $\lambda=1$ 的相 Λ 无重复的组成筛选相集 $\Gamma=\{x_1, \underline{x}_1, \underline{x}_2, x_3, \underline{x}_3, \underline{x}_4, \underline{x}_5\}$。同理，将 F 中的所有相集拆解，将 $\lambda=1$ 的相 Λ 无重复的组成筛选相集 $\Gamma=\{x_1, x_2, x_3, x_4, x_5, \underline{x}_1, \underline{x}_2, \underline{x}_3, \underline{x}_4, \underline{x}_5\}$。

步骤 3：$\lambda=\lambda+1=2$，在筛选相集 $\Gamma=\{x_1, x_2, x_3, x_4, x_5, \underline{x}_1, \underline{x}_2, \underline{x}_3, \underline{x}_4, \underline{x}_5\}$ 中，任意选取两个相组成 $\lambda=2$ 的相集 Λ，这些相集无重复地组成 $\lambda=2$ 时的筛选集合 Γ。根据步骤⑤和 Γ 对 F 类相集进行筛选。Γ 中 $\lambda=2$ 的 $\Lambda=x_1x_4$，其不在 F 类相集中出现，而在 T 类相集中出现，那么相集 Λ 为 T 类的一个结构式 $\xi(T)$，$\xi(T)=x_1x_4$。去掉 T 类中包含 $\Lambda=x_1x_4$ 的相集，得到 $T=\{\underline{x}_1 \underline{x}_2 x_3 \underline{x}_4 x_5, x_1 x_2 x_3 \underline{x}_4 \underline{x}_5, \underline{x}_1 \underline{x}_2 x_3 x_4 x_5, x_1 \underline{x}_2 x_3 \underline{x}_4 x_5, \underline{x}_1 x_2 x_3 \underline{x}_4 x_5, \underline{x}_1 x_2 x_3 x_4 x_5, x_1 x_2 x_3 \underline{x}_4 x_5\}$。另外，$\Gamma$ 中 $\lambda=2$ 的 $\Lambda=x_3x_5$ 也不在 F 类相集中出现，而在 T 类相集中出现，那么相集 Λ 为 T 类的另一个结构式 $\xi(T)=x_3x_5$。去掉 T 类中包含 $\Lambda=x_3x_5$ 的相集，则 $T=\varnothing$。

得到 T 的最简结构式 $\zeta(T)_{B_1}=x_1x_4+x_3x_5+x_1x_2$，系统功能结构为 $Z=Z_1Z_4+Z_3Z_5+Z_1Z_2$。

比较功能结构 $Z=Z_1Z_4+Z_3Z_5+Z_1Z_2Z_3$ 和功能结构 $Z=Z_1Z_4+Z_3Z_5+Z_1Z_2$，背景空间 $B=\bigcup x_{6|1\sim 32}$ 比背景空间 $B_1=\bigcup x_{6|1\sim 23}$ 得到的系统功能结构更为详尽，即背景空间子集缺乏对系统功能结构的约束。如果 $\zeta(T)_B$ 和 $\zeta(T)_{B_1}$ 所表示的系统具有相同的功能变化特征，那么意味着 $x_1x_4+x_3x_5+x_1x_2$ 等价于 $x_1x_4+x_3x_5+x_1x_2x_3$。通过逻辑关系可得到 x_3 等价于$\{x_1, x_2, x_1+x_2\}$，即元件 Z_3 的功能与 Z_1 或 Z_2 或 Z_1+Z_2 的功能相同。最终，在系统设计和使用过程中，可通过该功能等效关系，进行元件的替换或维修。

例 5.5 分析在表 5.4 中除上述 23 个相集之外的 9 个相集，组成 $B_1=\bigcup x_{6|1\sim 9}$，相当于 $B_2\in B$，$B_2\cap B_1=\varnothing$，$B_2\cup B_1=B$。

步骤 1：9 个对象构成背景空间 B，将这 9 个相集 $x_{5|1\sim 9}$ 分成功能类 T 与 F：

$T=\{x_1 \underline{x}_2 \underline{x}_3 x_4 \underline{x}_5, x_1 x_2 \underline{x}_3 x_4 \underline{x}_5, x_1 x_2 \underline{x}_3 x_4 x_5\}$

$F=\{\underline{x}_1 x_2 \underline{x}_3 \underline{x}_4 \underline{x}_5, x_1 x_2 \underline{x}_3 \underline{x}_4 \underline{x}_5, x_1 \underline{x}_2 \underline{x}_3 \underline{x}_4 x_5, \underline{x}_1 x_2 \underline{x}_3 \underline{x}_4 x_5, \underline{x}_1 x_2 \underline{x}_3 x_4 x_5,$
$x_1 x_2 \underline{x}_3 \underline{x}_4 x_5\}$

步骤 2：$\lambda=1$，在 F 类相集中，$X_{5|1}=\underline{x}_1 x_2 \underline{x}_3 \underline{x}_4 \underline{x}_5$，它包含$\underline{x}_1$，$x_2$，$\underline{x}_3$，$\underline{x}_4$，$\underline{x}_5$ 的 $\lambda=1$ 的相 Λ；$X_{5|2}=x_1 x_2 \underline{x}_3 \underline{x}_4 \underline{x}_5$，它包含 x_1，x_2，$\underline{x}_3$，$\underline{x}_4$，$\underline{x}_5$ 的 $\lambda=1$ 的相 Λ。将

$X_{5|1}$ 和 $X_{5|2}$ 相集拆解，将 $\lambda=1$ 的相 Λ 无重复地组成筛选相集 $\Gamma=\{x_1,\underline{x}_1,x_2,\underline{x}_3,\underline{x}_4,\underline{x}_5\}$。同理，将 F 中的所有相集拆解，将 $\lambda=1$ 的相 Λ 无重复地组成筛选相集 $\Gamma=\{x_1,x_2,x_4,x_5,\underline{x}_1,\underline{x}_2,\underline{x}_3,\underline{x}_4,\underline{x}_5\}$。相 x_3 不在 F 类中出现，也不在 T 类中出现，所以不是结构式。

步骤 3:$\lambda=\lambda+1=2$，在筛选相集 $\Gamma=\{x_1,x_2,x_4,x_5,\underline{x}_1,\underline{x}_2,\underline{x}_3,\underline{x}_4,\underline{x}_5\}$ 中，任意选取两个相组成 $\lambda=2$ 的相集 Λ，这些相集无重复地组成 $\lambda=2$ 时的筛选集合 Γ。根据步骤⑤和 Γ 对 F 类相集进行筛选。Γ 中 $\lambda=2$ 的 $\Lambda=x_1x_4$，其不在 F 类相集中出现，而在 T 类相集中出现，那么相 Λ 为 T 类的一个结构式 $\xi(T)$，$\xi(T)=x_1x_4$。去掉 T 类中包含 $\Lambda=x_1x_4$ 的相集，得到 $T=\varnothing$。

得到 T 的最简结构式 $\zeta(T)_{B_2}=x_1x_4$，系统功能结构为 $Z=Z_1Z_4$。

上述实例分析说明，当 $B_1\in B,B_2\in B,B_2\cap B_1=\varnothing,B_2\cup B_1=B$ 时，$\zeta(T)_B\neq\zeta(T)_{B_1}+\zeta(T)_{B_2}$，即 $x_1x_4+x_3x_5+x_1x_2x_3\neq x_1x_4+x_3x_5+x_1x_2+x_1x_4$。背景空间的若干个子集得到的最简结构式不一定等于背景空间全集的结构式之和，同时也存在等于的情况。这取决于所有相集或样本的划分情况。背景空间的子集如果包含多个 $\lambda=1$ 的相且不同状态，那么这个背景空间子集就可产生含有加号较多的最简结构式，表示蕴涵信息较多，如 B_1。如果背景空间子集蕴含 $\lambda=1$ 的相的状态单一，那么所表现的最简结构式所含信息较少，如 B_2。根据上述情况，如果背景空间划分为两个子集，那么满足 $B_1\in B,B_2\in B,B_2\cap B_1=\varnothing,B_2\cup B_1=B$，且 B_1 和 B_2 所含相集相同，包含所有 $\lambda=1$ 的相状态，此时 $\zeta(T)_B=\zeta(T)_{B_1}+\zeta(T)_{B_2}$。这说明背景空间的若干个子集得到的最简结构式等于背景空间全集的最简结构式所需的条件是严格的。

上述方法可分析离散数据中蕴涵的内在关系，可分析元件故障导致系统故障的成因。该方法是因素空间与空间故障树的结合分析方法，扩展了因素空间理论在安全科学中的应用，同时也为空间故障树的离散数据处理增添了有效方法。

本节的研究贡献在于给出了一种关于系统可靠性的系统功能结构最简式分析方法。该方法主要是通过离散的系统可靠性数据来分析元件功能与系统功能之间的关系，得到在不同背景空间条件下的最简结构式，即系统功能最简结构，进而寻找不同背景空间下隐含的各元件功能关系。本节给出了该方法的步骤和相关定义及定理，为空间故障树的离散数据处理增添了有效方法，使用 32 条可靠性数据组成拥有 32 个相集的背景空间 B，使用该方法得到最简结构式 $\zeta(T)_B=x_1x_4+x_3x_5+x_1x_2x_3$；同时，随机选取 23 个相集组成背景空间子集 B_1，得到最简结构式 $\zeta(T)_{B_1}=x_1x_4+x_3x_5+x_1x_2$，其余 9 个相组成背景空间子集 B_2，得到最简结构式 $\zeta(T)_{B_2}=x_1x_4$。这说明背景空间子集缺乏对系统功能结构的约束。对比 $\zeta(T)_B$ 和 $\zeta(T)_{B_1}$ 两式，可知 x_3 等价于 $\{x_1,x_2,x_1+x_2\}$，即元件 Z_3 的功能与 Z_1 或 Z_2 或 Z_1+Z_2 的功能相同。同时通过两个背景空间子集所得最简结构式说明，当 $B_1\in B,B_2\in B$，

$B_2 \cap B_1 = \varnothing, B_2 \cup B_1 = B$ 时，$\zeta(T)_B \neq \zeta(T)_{B_1} + \zeta(T)_{B_2}$，即 $x_1x_4 + x_3x_5 + x_1x_2x_3 \neq x_1x_4 + x_3x_5 + x_1x_2 + x_1x_4$。本节给出了当 $\zeta(T)_B = \zeta(T)_{B_1} + \zeta(T)_{B_2}$ 时的背景空间划分子集的条件。

5.3 本章小结

本章主要论述了空间故障树理论中与因素空间理论结合的系统功能结构分析理论和方法，这些研究是在空间故障树中系统结构反分析的基础之上完成的，借助了因素空间的因素分析法；同时也研究了不同背景关系条件下的系统功能结构关系。本章内容部分参考于本章参考文献[21-24]，如读者在阅读过程中存在问题，请查阅这些文献。

本章参考文献

[1] Tao Huanqi，Han Gujing，Zou Min. The system analysis of solar inverter based on network controlling[C]//International Conference on Challenges in Environmental Science and Computer Engineering. Wuhan：CPS，2010：243-246.

[2] Tolone W J，Johnson E W，Seok-Won L. Enabling system of systems analysis of critical infrastructure behaviors[C]//The 3rd International Workshop on Critical Information Infrastructures Security. Rome：Springer-Verlag，2009：24-35.

[3] Dang Yanzhong. A transfer expansion method for structural modeling in systems analysis[J]. Trans. of System Engineering，1998，13(1)：66-74.

[4] Lu Z，Yu Y ，Woodman N J，et al. A theory of structural vulnerability[J]. The Structural Engineer，1999，77(18)：17-24.

[5] Agarwal J，Blockley D I，Woodman N J. Vulnerability of 3D trusses[J]. Structural Safety，2001，23(3)：203-220.

[6] 卜文绍，祖从林，路春晓. 考虑电流动态的无轴承异步电机解耦控制策略[J]. 控制理论与应用，2014，31(11)：1561-1567.

[7] 李叶林，马飞，耿晓光. 双缓冲腔环形间隙对凿岩机缓冲系统动态特性的影响[J]. 北京科技大学学报，2014(12)：1676-1682.

[8] 李明辉，夏靖波，陈才强，等. 一种新的含可达影响因子的系统结构分析算

法[J]. 北京理工大学学报，2012,32(2):135-140.
[9] 李明辉，夏靖波，陈才强，等. 通信网络系统结构分析[J]. 北京邮电大学学报，2012,35(3):38-41.
[10] 王辉，肖建. 基于多分辨率分析的模糊系统结构辨识算法[J]. 系统仿真学报，2004,16(8):1630-1632.
[11] 汪培庄，Sugeno M. 因素场与模糊集的背景结构[J]. 模糊数学，1982 (2): 45-54.
[12] 汪培庄. 因素空间与概念描述[J]. 软件学报，1992(1):30-40.
[13] 汪培庄，李洪兴. 知识表示的数学理论[M]. 天津:天津科技出版社，1994.
[14] 汪培庄. 因素空间与因素库[J]. 辽宁工程技术大学学报(自然科学版)，2013,32(10):1-8.
[15] 汪华东，汪培庄，郭嗣琮. 因素空间中改进的因素分析法[J]. 辽宁工程技术大学学报(自然科学版)，2015,34(4):539-544.
[16] 汪培庄. 因素空间与数据科学[J]. 辽宁工程技术大学学报(自然科学版)，2015,34(2):273-280.
[17] 汪华东，郭嗣琮. 因素空间反馈外延包络及其改善[J]. 模糊系统与数学，2015,29(1):83-90.
[18] 包研科，茹慧英，金圣军. 因素空间中知识挖掘的一种新算法[J]. 辽宁工程技术大学学报(自然科学版)，2014,33(8):1141-1144.
[19] 汪培庄，郭嗣琮，包研科，等. 因素空间中的因素分析[J]. 辽宁工程技术大学学报(自然科学版)，2014,33(7):1-6.
[20] Wang P Z, Liu Z L, Shi Y, et al. Factor space, the theoretical base of data science[J]. Ann. of Data Science, 2014, 1(2): 233-251.
[21] 崔铁军，李莎莎，王来贵. 完备与不完备背景关系中蕴含的系统功能结构分析[J]. 计算机科学，2017,44(3):268-273.
[22] 崔铁军，李莎莎，王来贵. 系统功能结构最简式分析方法[J]. 计算机应用研究，2019,36(1):27-30.
[23] 崔铁军，李莎莎. 空间故障树理论改进与应用[M]. 沈阳:辽宁科技出版社，2019.
[24] 崔铁军，马云东. 空间故障树理论与应用[M]. 沈阳:东北大学出版社，2020.

第 6 章　空间故障树理论框架的研究进展

安全科学基础理论发展时间相对于其他学科较短,相应的基础理论更为薄弱。但随着科技的发展,越来越多的复杂大系统涌现出来。这些系统与早期系统有明显区别,包括复杂性、因素变化、数据信息、系统控制等方面。传统可靠性及故障分析方法难以解决。为面对这些问题,作者提出了空间故障树理论研究系统可靠性及系统故障演化过程。目前空间故障树理论分为四部分,即空间故障树理论基础、智能化空间故障树、空间故障网络、系统运动空间及系统映射论。将空间故障树与因素空间、云模型、模糊结构元、系统稳定性及信息生态方法论等理论相结合,目的在于使空间故障树理论在完成系统可靠性及故障分析的同时,具备故障大数据分析、故障逻辑关系推理、系统故障演化过程研究和系统运动变化度量能力。本章简要介绍空间故障树理论的四大部分及主要内容和成果。

本书前 5 章内容基本上是在空间故障树理论框架第一阶段空间故障树基础理论内完成的。随着后期研究的展开,研究重点放在了空间故障网络理论部分。本章只介绍最新研究内容,并不展开论述详细的理论及其推导过程,因此下面给出所使用的英文缩写含义。

中文	英文	英文缩写
空间故障树	Space Fault Tree	SFT
因素空间	Factor Space	FS
事故致因模型	Systems-Theoretic Accident Model and Process	STAMP
系统故障演化过程	System Fault Evolution Process	SFEP
空间故障网络	Space Fault Network	SFN
连续型空间故障树	Continuous Space Fault Tree	CSFT
离散型空间故障树	Discrete Space Fault Tree	DSFT
层次分析法	Analytic Hierarchy Process	AHP
网络层次分析法	Analytic Network Process	ANP
一般网络	General Space Fault Network	GSFN

多向环网络	Multidirectional Ring Space Fault Network	MRSFN
单向环网络	Unidirectional Ring Space Fault Network	URSFN
边缘事件	Edge Event	EE
过程事件	Process Event	PE
最终事件	Target Event	TE
环结构	Ring Structure	RS
最终事件可能性	Target Event Probability	TEP
全事件诱发系统故障演化过程	All Event Induction Fault Evolution Process	AEIFEP
一般系统故障演化过程	General Fault Evolution Process	GFEP
本体论故障信息	Ontology Fault Information	OFI
认识论故障信息	Epistemological Fault Information	EFI
故障知识	Fault Knowledge	FK
信息生态方法论	Information Ecology	IE
系统运动空间	System Movement Space	SMS
人工系统	Artificial System	AS
自然系统	Natural System	NS
相关可测数据信息	Relevant Measurable Data Information	RMDI
可调节相关已知因素	Adjustable Related Known Factors	ARKF

6.1　空间故障树理论框架的研究意义

20 世纪 50 年代英、美发达国家在特殊的国际环境下大力发展武器装备和航空航天领域。由于这些领域涉及当时几乎所有的学科门类，消耗大量的人力、财力和物力，因此成为极其重要的人造系统。这些系统与他们之前的系统相比，其系统复杂性和成本大幅增加。由于复杂性的增加使系统可靠性难以分析和确定，而消耗大量的人力、财力和物力又决定了该系统不能出现故障和可靠性降低。这个矛盾就是系统可靠性研究的出发点，也是整个系统工程的起点。由于系统工程中的可靠性及故障分析方法与安全科学保障系统安全的初衷是相同的，因此后期将系统工程中的可靠性相关理论引入安全科学，形成安全系统工程学科。之后的半个多世纪中，安全系统工程发展缓慢，基本上延续了传统的安全系统工程方法。但随着信息科学、智能科学和大数据时代的来临，系统又发生了深刻变化，经典可靠性分析方法难以适用。

安全系统工程中的系统可靠性及故障分析方法发展到今天，已具备了在相对简单、系统复杂性不高、数据规模有限情况下的系统可靠性分析能力。但对于今后10年或20年的系统使用，现有方法非常困难，其面对的是复杂的数据环境、庞大的系统复杂程度、智能化的外部环境，更为重要的是系统内部不同部分的交互方式改变带来的挑战。传统系统的内部交互是物理元件的交互，当今系统一般是软件层面的交互，而未来的系统更多的是数字信息和信号的交互。我们现在的方法基本处于物理元件交互层面。

随着大数据技术、智能科学、系统科学和相关数学理论的发展，当今和未来的安全科学，特别是安全系统工程的可靠性和故障分析方法至少要具备故障大数据处理、可靠性因果关系、可靠性的稳定性、可靠性逆向工程及可靠性变化过程描述等能力。同时现有系统可靠性分析方法较多针对特定领域中使用的系统，虽然分析效果良好，但缺乏系统层面的抽象，难以满足通用性、可扩展性和适应性。因此需要一种具备上述能力和满足未来系统要求的系统可靠性和故障分析方法，所以系统可靠性分析方法与智能科学和大数据技术结合是必然的，也是必须的。

作者2012年提出了空间故障树理论，用于研究多因素影响下的系统可靠性。随着研究的深入，空间故障树理论与因素空间等理论结合，进一步形成智能化空间故障树。在研究中发现系统故障过程是众多事件组成的复杂网络结构，作者提出了空间故障网络研究系统故障演化过程。在各种因素作用时系统的变化不同，产生的数据也不同，因此作者提出系统运动空间和系统映射论描述系统运动和结构。这些都是将安全科学中系统可靠性和故障研究方法与智能及大数据科学相结合的成果。因此本章将集中展示研究及成果。

6.2 安全科学中的智能与数据处理研究综述

近年来，安全科学领域越来越多地涌现出了与大数据技术、智能科学和信息科学相关的研究。下面列出空间故障树涉及的一些方面的研究进展。

1. 多因素对系统故障的影响

多因素影响系统故障是目前系统工程和安全科学领域的研究重点之一。最新研究包括多因素驱动架空线路故障率模型[1]、转子多因素耦合振动故障研究[2]、多因素对滤波器故障特征的影响[3]、不确定因素对故障电弧的影响[4]、故障模式因素冗余驱动系统容错控制[5]、多因素影响下光伏系统故障检测与诊断方法[6-8]、人工免疫系统的故障识别[9]、发动机故障检测与诊断的多因素算法[10]。这些研究由于领域不同，使用方法也不同，缺乏系统层面的通用性，也未能形成考虑多因素的SFEP分析方法。作者提出的空间故障树（Space Fault Tree，SFT）理论[11]对该问题进行了初步研究。

2. 数据科学与系统故障研究

通过故障数据使用数据科学方法研究系统故障的文献不多。数据技术在机电、电网及电力系统故障分析领域已有一些研究和应用，如故障数据深度降噪[12]、智能故障数据处理[13]、深度学习故障识别[14]、卷积神经网络故障分析[15]等，都是最新涌现的故障数据研究方法。相关研究也在船舶故障数据[16,17]、铁路设备故障数据[18]、飞机故障数据[19]；以及故障数据完整性[20]与容错性[21]、故障大数据[22]等方面取得了进展。Aarnout Brombacher[23]论述了质量、故障模式与数据科学的关系，认为数据科学是系统故障研究领域面临的重要挑战。可见系统故障分析比以往更依赖于数据科学方法。

3. 智能科学与系统故障研究

汪培庄教授提出的因素空间(Factor Space,FS)理论[24]为智能数据分析和处理奠定了数学基础，得到了国内外广泛的研究和认可，包括背景关系信息压缩[25]、处理非结构化数据[26]、因素粒化空间与数据认知生态系统[27,28]、评价与决策理论[29,30]、公共安全[31]、代数、拓扑、微分几何、范畴理论[32]等。近两年汪培庄教授及其追随者对中国智能科学的发展做出了突出贡献[33-36]。FS的优势在于：①能按目标组织数据变换表格形式，可处理异构海量数据；②用背景关系提取知识，可分步进行，便于云计算；③将背景关系转化为背景基，实现大幅度的信息压缩和在线吞吐数据。SFT理论引入FS思想并已具备这些能力。另外，钟义信教授提出的信息生态方法论也从系统高度论述了智能信息处理方法[37,38]并融入研究。

4. 系统故障演化过程研究

以往系统故障演化过程的研究较少，但国内相关研究正在逐渐增加，如故障修复演化[39]、飞机故障演化的智能诊断[40]、离散事件演化[41]、大数据统计与故障演化诊断[42]以及系统连锁故障模型[43]等。国外也进行了软件空间结构演化[44]、企业制度演化[45]、行为过程演化[46]等相关研究。这些研究通常缺乏系统层面的演化过程普适分析方法。针对故障演化也可使用系统动力学、符号有向图、STAMP (Systems-Theoretic Accident Model and Process)和SFT理论进行研究。系统动力学[47]方法关注时间因素维度的累计结果；符号有向图[48]关注于故障因果定性关系；而由著名学者 Nancy Leveson 提出的 STAMP[49,50]涉及范围较广，关注于安全约束、分层安全控制和过程模型。作者提出的SFT理论[11,51]只能解决树形结构SFEP分析，对复杂网络结构不适用。

5. SFT与空间故障网络理论

作者2012年提出的SFT理论认为系统工作于环境之中，组成系统的基本事件或物理元件的性质决定了系统在不同条件下工作的故障发生模式不同。第一阶段的研究包括连续型SFT[51-53]、离散型SFT[54-57]、系统结构分析[58,59]，同时与FS

理论结合完成了一些研究[60-62]。第二阶段的研究聚焦于数据和智能科学。结合FS、云模型、系统稳定性理论使SFT具有表示故障大数据、推断故障因果关系、确定可靠性的稳定性和可靠性结构分析等能力[63]。空间故障网络(Space Fault Network,SFN)是第三阶段[64,65],用于SFEP研究,继承了SFT的现有能力。第四阶段系统运动空间和系统映射论研究正在展开。

6.3 空间故障树基础理论(第一阶段)

事故树有两种分析方式,即从顶到基和从基到顶,无论哪种方式都是通过基本事件和树的结构关系表示顶上事件的发生概率的。对于一个完整的系统,其结构一般不会改变,影响系统可靠性的决定因素就是基本元件的可靠性。经典事故树基本事件发生概率是定值,导致其所计算的系统故障概率、概率重要度和关键重要度等都为定值,这样构建的事故树只在某一特定条件下成立;同时传统事故树也无法分析这些基本事件的变化对系统的影响等。总之,传统事故树形成的系统结构是单一的、不变的,不易于将其转换为数学模型,进而使用数学方法进行分析。

实际上,就系统中基本事件的发生而言,其影响因素有很多。比如电器系统中的二极管,它的故障概率就与工作时间的长短、工作温度的大小、通过电流及电压等有直接关系[11]。如果对该系统进行分析,各个元件的工作时间和工作适应的温度等可能都不一样,随着系统整体的工作时间和环境温度的改变,系统的故障概率也是不同的。

为研究系统运行环境因素对系统可靠性的影响,作者提出了空间故障树理论。作者认为系统工作于环境之中,由于组成系统的物理元件或事件特性随着因素的不同而不同,所以由这些元件或事件组成的系统在不同因素影响下的可靠性变化更为复杂。这是空间故障树理论研究的第一阶段,研究多因素影响下的系统可靠性变化特征。下面给出本阶段的主要研究内容。

① 给出空间故障树理论框架中连续型空间故障树(Continuous Space Fault Tree, CSFT)的理论、定义、公式和方法,以及这些方法的应用[66]。定义了连续型空间故障树,基本事件影响因素,基本事件发生概率特征函数,基本事件发生概率空间分布,顶上事件发生概率空间分布,概率重要度空间分布,关键重要度空间分布,顶上事件发生概率空间分布趋势,事件更换周期,系统更换周期,基本事件及系统的径集域、割集域和域边界[67],因素重要度和因素联合重要度分布[68]等概念。

② 研究元件和系统在不同因素影响下的故障概率变化趋势,包括系统最优更换周期及成本方案[52]、系统故障概率可接受因素域、对系统可靠性影响的因素重要度、系统故障定位方法[69]、系统维修率确定及优化[70]、系统可靠性评估方法[71]、

系统和元件因素重要度[72]等。

③ 给出离散型空间故障树(Discrete Space Fault Tree,DSFT)的理论[54]、定义、公式和方法,以及这些方法的应用。并与连续型空间故障树进行了对比分析。给出在 DSFT 下求故障概率分布的方法,即因素投影法拟合法[55],分析了该方法的不精确原因。进而提出了更为精确的 ANN 故障概率分布确定方法。使用 ANN 求导得到了故障概率变化趋势[73]。提出了模糊结构元理论与空间故障树的结合,即模糊结构元化特征函数及模糊结构元化空间故障树[56,74-76]。

④ 研究系统结构反分析方法。提出了 01 型空间故障树表示系统物理结构和因素结构,以及结构表示方法,即表法和图法;提出可用于系统元件及因素结构反分析的逐条分析法和分类推理法,并描述了分析过程和数学定义[58,77]。

⑤ 研究从实际监测数据记录中挖掘适合 SFT 基础数据的方法。包括定性安全评价和监测记录化简、区分及因果关系[60],工作环境变化时系统适应性改造成本[78],环境因素影响下的系统元件重要性,系统可靠性决策规则发掘方法及其改进方法[53,79],不同对象分类和相似性[80]及改进方法[81]。

上述内容介绍了空间故障树的基本框架和关键概念。但随着研究的进行,发展故障数据的处理和可靠性与影响因素的关系研究存在问题。

6.4　智能化空间故障树(第二阶段)

在进一步研究中,可靠性与影响因素的关系确定的前提是对故障数据的有效处理。目前系统的故障数据量较大,传统方法难以适应大数据量级的故障数据处理,且数据处理方法也难以适合安全科学和系统工程领域对故障数据处理的需要。因此借助云模型、因素空间和系统稳定性理论进行了空间故障树的智能化改造,主要包括如下内容。

① 引入云模型改造空间故障树。云化空间故障树继承了 SFT 分析多因素影响可靠性的能力,也继承了云模型表示数据不确定性的能力[82],从而使其适合实际故障数据的分析处理。提出的概念包括云化特征函数、云化元件和系统故障概率分布、云化元件和系统故障概率分布变化趋势[83]、云化概率和关键重要度分布[84]、云化因素和因素联合重要度分布[85]、云化区域重要度[86]、云化径集域和割集域[97]、可靠性数据的不确定性分析[88]。

② 给出了基于随机变量分解式的故障数据表示方法[56]。提出分析影响因素和目标因素之间因果逻辑关系的状态吸收法和状态复现法。构建针对 SFT 中故障数据的因果概念分析方法[89]。根据故障数据特点制订故障及影响因素的背景关系分析法[90]。根据因素空间信息增益法,制订了 SFT 的影响因素降维方法。

提出基于内点定理的故障数据压缩方法及故障概率分布表示,特别适用于离散故障数据。提出可控因素和不可控因素的概念及分析方法。

③ 基于因素分析法建立系统功能结构分析方法[59],认为因素空间能描述智能科学中的定性认知过程。使用因素逻辑建立了系统功能结构分析公理体系,给出了定义、逻辑命题和证明过程。提出系统功能结构的极小化方法[35]。使用系统功能结构分析方法分别对信息完备和不完备情况的系统功能结构进行了分析[91]。

④ 提出作用路径和作用历史的概念。前者描述系统或元件在不同工作状态中所经历状态的集合,是因素的函数。后者描述经历作用路径过程中可积累的状态量,是累积的结果。尝试使用运动系统稳定性理论描述可靠性系统的稳定性,将系统划分为功能子系统、容错子系统、阻碍子系统。对 3 个子系统在可靠性系统中的作用进行了论述。根据微分方程解的 8 种稳定性,解释了其中 5 种对应的系统可靠性稳定性含义。

⑤ 提出基于包络线的云模型相似度计算方法[92]。适用于安全评价中不确定性数据的评价,对信息进行分析、合并,达到化简目的。为使云模型能方便有效地进行多属性决策,对已有属性圆进行改造,适应故障数据特点并计算云模型特征参数[93]。考虑不同因素变化对系统可靠性影响,提出模糊综合评价方法[94]。利用云模型对不确定性数据处理能力,将云模型嵌入 AHP,对 AHP 分析过程进行云模型改造[95]。根据专家对施工方式选择的自然思维过程构建合作博弈-云化 AHP 算法[96]。提出云化 ANP 模型[97]。

⑥ 提出 SFT 中元件维修率确定方法,分析系统工作环境因素对元件维修率分布的影响[98]。使用 Markov 状态转移链和 SFT 特征函数,推导串联和并联系统的元件维修率分布。针对不同类型元件组成的并联、串联和混联系统,实现了元件维修率分布计算并增加了限制条件。对利用 Markov 状态转移矩阵计算状态转移概率最小值;利用维修率公式计算最大值。通过限定不同元件故障率与维修率比值,利用转移状态概率求解参数方程得到维修率[99]。

虽然使用智能和数据科学对可靠性和故障问题进行了一些研究,扩展了空间故障树理论,但一些研究仍需深入,如系统结构分析、系统可靠性的稳定性、可靠性的变化过程等,都有待进一步研究。

6.5 空间故障网络(第三阶段)

无论是自然灾害,还是人工系统故障,都不是一蹴而就的,而是一种演化过程。宏观表现为众多事件遵从一定发生顺序的组合,微观则是事件之间的相互作用,一般呈现为众多事件的网络连接形式[100-103]。这里自然系统指尊崇自然规律、非人工建立的系统；其灾害指影响人们生产生活的自然灾害，如冲击地压、滑坡等。人工系统指按照一定目的尊崇自然规律的人造系统；其故障指影响人们生产生活的系统完成目标能力的下降或失效。影响因素、故障数据及演化过程的不同导致各类自然系统灾害和人工系统故障的 SFEP 具有多样性，但缺乏系统层面的普适过程抽象和分析方法，给研究和防治带来了巨大困难。为解决 SFEP 的描述、分析和干预问题，作者在前期的研究基础上提出了空间故障网络，作为空间故障树理论发展的第三阶段。下面给出已有的 SFN 理论研究内容。

① 建立了 SFN 的基础定义和方法。SFN 是 SFT 的扩展，用于处理具有网络特征的故障发生过程。制订了定义和图形化表示方法。给出了 3 种故障网络形式，包括一般网络结构（GSFN）、单向环网络结构（URSFN）和多向环网络结构（MRSFN）。研究了它们的表示和故障概率计算方法。GSFN 和 MRSFN 的转化方法相同，即逆序转化。单向环转化与原因事件导致结果事件的逻辑关系有关。给出了 SFN 的模宽度和模跨度的概念和确定方法。

② 研究表明事件是对象和状态的组合，事件发生概率是对象的基本性质，不依赖于演化过程。宽度表示故障演化过程中原因的复杂性。路径代表单一故障演化过程。传递概率表示原因事件的存在性及导致结果事件的概率。跨度衡量两个事件之间的可达性。SFN 是对象、状态及传递概率的集合体，表示了它们之间的逻辑关系。根据 EE 出现次数将总故障演化过程分为不同阶数的故障演化过程。重新推导了高阶故障演化过程的 TE 发生概率计算过程。对单向环 SFN 进行了分类和转化研究。由于各类单向环特点不同，表示的实际故障过程不同，所以防止故障演化的措施也不同。给出了 SFN 中 TE 发生概率分布计算方法。

③ 确定 SFN 基本要素为 4 项：对象、状态、连接和因素。给出了描述 SFEP 过程的两种方法（枚举法和实例法）及其优缺点。对三级往复式压缩机的第一级故障过程进行了描述和定性分析，也对电气系统进行了定量分析。论述了故障演化过程的机理，在已有研究的基础上进一步对故障演化过程进行分类。

④ 给出 SFN 中单向环的意义。认为 RS 是故障演化过程的叠加，每次循环都产生一定的 TEP，且每次循环的所有前期循环都是它的条件事件。定义了 RS 及有序关系的概念并论述了物理意义。给出 3 种基本 RS 的网络表示形式及符号意义。重构了单向环与 SFT 转化方法，定义了同位符号，包括同位事件和同位连接，说明了它们的性质及作用。根据转化后的 SFT 中事件逻辑关系得到 3 种形式 RS 中 TEP 计算式。

⑤ 论述了 AEIFEP 的含义。AEIFEP 与 GFEP 是针对故障发起对象而言的两种极限状态。前者故障发起者是 EE 和 PE 的对象；后者只有 EE 的对象。使用 GFEP 和 AEIFEP 两种方法计算了 TEP，得到了发生概率的两种极端情况。最小值是通过一般情况计算得到的，最大值是通过全事件诱发计算得到的，因此任何可

能的 TEP 都在两者之间。AEIFEP 的 TEP 是 EE 和 PE 作为 EE 计算得到的 TEP 的和，给出了计算式和条件。

⑥ 研究事件的重复性，给出 EE 重复性定义。重复性包括两类，它们对 TEP 的影响不同，因此计算方法也不同。研究了事件的时间性，演化经历的时间特征用事件和传递的发生时刻和持续时间表示。研究各事件和传递连接的发生时刻及持续时间的重叠情况，得到不同"与或"关系及两类重复事件情况下的 TEP 计算方法。根据事件的重复性和时间性给出了防止 TE 发生的几类措施。

上述内容是对空间故障网络的基本框架、定义和方法进行的研究。但这些研究是初步的，进一步扩展和相继研究有待展开。

6.6 系统运动空间与系统映射论(第四阶段)

在空间故障树理论中，系统可靠性或故障演化都不是静态的，而是不断变化的。将系统可靠性或安全性变化抽象为系统运动，那么如何研究系统的运动？这里系统运动指系统受到刺激后，系统的形态、行为、结构、表现等的变化。那么在研究系统运动之前，需要解决一些问题，即如何描述系统的变化，什么是系统变化的动力，系统变化通过什么表现，系统变化如何度量。这些问题是研究系统运动的最基本问题，其解决涉及众多领域，包括安全科学、智能科学、大数据科学、系统科学和信息科学等。在借鉴汪培庄教授和钟义信教授分别提出的因素空间理论和信息生态方法论的基础上，结合作者提出的空间故障树理论，终于初步实现了系统运动的描述和度量问题，即系统运动空间及系统映射论，并应用于安全科学的系统可靠性研究领域。下面给出主要研究内容和成果。

① 从信息科学的信息生态系统方法论出发，结合智能科学数学基础的 FS 理论，最终将系统可靠性问题作为落脚点，研究三者融合的可能性。提出安全科学中的故障信息转换定律，即 OFI-EFI-FK-智能安全策略-智能安全行为的故障信息转换定律。

② 结合 IE、FS 和 SFT，研究了系统运动的动力、表现和度量，最终落实于系统可靠性的研究。外部环境因素是系统运动的主要动力来源。分析了系统在自然环境下的运动规律。无论环境是否有利于系统向着目标发展，系统必将走向瓦解或消亡，只是系统瓦解的层次深度不同。人们感知系统的存在是通过系统运动过程中表现出来的数据及其变化诠释的。因此人们了解系统是源于对其散发的数据信息进行感知、捕获、分析，最终形成知识再作用于系统的过程。度量系统运动可使用 SFT 理论中的 AC 方法。

③ 给出了 SMS 中的运动系统、SMS、系统球、平面、投影等定义。SMS 可表

示一个系统与多个方面的关系和多个系统之间的关系。认为 NS 是因素全集到数据全集的映射，而 AS 是 RMDI 到 ARKF 的映射。AS 得到的实验数据永远与 NS 相同状态下得到的数据存在误差；AS 的功能只是想要模仿的 NS 功能的一部分；AS 只能无限趋近于 NS，而无法达到。

④ 在 SMS 内进行了系统结构的定性定量识别。论述了定性识别的基本原理。通过设置因素状态和对应数据状态的改变情况，结合系统功能极小化原理，得到数据与因素的定性关系式。这种关系可能只是功能相同的等效最简结构。使用 AC 方法进行定量识别。对因素进行定量调节，同时得到了数据的相应变化量。借此通过参数反演得到待定系数，确定数据与因素关系定量表达式。根据定性定量分析结果，绘制 AS 结构图，并给出了整个方法的分析流程。

系统运动空间与系统映射论的研究只是起步，目前这些思想、定义和方法正在发展和被验证之中。这里只给出已有研究成果，进一步的研究有待展开。

6.7　更进一步研究成果概要

① SFN 中事件重要性及故障发生可能性分析方法研究。为研究 SFEP 中各事件的重要性及其在演化过程中的作用，以及各故障模式发生的可能性，提出事件重要性和故障发生可能性分析方法。本书是相关领域一系列研究的浓缩，包括 4 种方法：从故障模式研究故障过程中事件对故障演化的重要性；使用场论研究故障过程中各事件之间的关系，从而判断事件的重要性；从 SFN 结构出发研究各故障模式发生的可能性；在已发生一些事件的前提下研究故障模式发生的潜在可能性。本书在提出这些方法的同时也给出了对应的实例，说明方法的使用和过程。这些方法可在 SFN 框架下研究 SFEP 中事件重要性和故障发生特征。这些方法适合于计算机信息存储和数据处理，也适合 SFEP 的智能分析和数据处理，丰富了 SFN 理论。

② 基于不同数据和传递类型的最终事件发生概率确定方法研究。为研究在不同数据基础情况下系统故障演化过程的最终事件发生情况，提出了一套对应处理方法。4 种数据类型为：a. 只记录了边缘事件发生概率；b. 边缘事件发生概率分布；c. 边缘事件发生次数；d. 边缘事件发生时对应的因素状态。并对应 4 种数据类型提出了 4 种方法。将传递概率分为延续性传递概率和过滤性传递概率。前者认为原因事件必定有可能导致结果事件；后者认为原因事件的发生概率大于阈值后才能导致结果事件。使用这两种传递概率计算了最终事件发生概率。进一步提出在少数据下使用信息扩散原理确定最终事件发生概率的方法，以及该情况下的改进方法。研究为 SFN 提供了智能分析方法，也为 SFEP 智能化研究提供了基础。

③ SFN的结构化表示及事件柔性逻辑研究。为了使SFN研究具有独立性，提出一种SFN的结构化分析方法。现有SFN分析方法是指将其转化为空间故障树(Space Fault Tree,SFT)，利用SFT已有研究成果和方法对SFN进行分析。但SFT方法并没有针对SFN的网络拓扑结构进行研究，因此性能不佳。提出使用矩阵形式表示SFN，建立因果结构矩阵。通过矩阵及其相关运算表示SFN数据结构，使SFN分析适合于计算机智能处理。同时研究了柔性逻辑关系，并将柔性逻辑关系与事件发生逻辑关系进行转化，得到了20种事件发生逻辑关系。根据结构化表示方法和事件发生逻辑关系，考虑不同网络结构(一般网络、多向环网络、单向环网络)和诱发方式(边缘事件、全事件)，给出了最终事件演化过程分析方法和计算方法，并通过实例简单说明了分析和计算流程，为下一阶段SFN独立方法研究及计算机智能处理奠定了理论基础。

④ SFEP逻辑表达与SFN结构化简。为使SFN描述SFEP时能蕴含SFEP的不确定性、多样性和演化特征，克服因素、数据和演化本身的不确定性，提出SFEP逻辑表达和SFN结构化简方法。本书首先介绍了研究背景和涉及的基础理论，使用柔性逻辑、三值逻辑、因素空间等理论，在SFN框架内实现了SFN的柔性逻辑描述、SFEP的三值逻辑系统与三值划分、SFN的结构化简，使SFN具有描述SFEP的不确定性、多样性及网络结构化简能力。为SFEP的智能化研究提供了理论基础，也实现了SFN的智能分析。

⑤ 系统故障演化过程的可拓学原理。为研究SFEP的表示、分析和处理，利用智能理论并满足对系统功能状态的分析要求，提出基于可拓学原理研究SFEP。首先论述了系统功能状态与可拓学结合的可能性。其次研究了SFEP的可拓表示，确定了SFEP的基本单元，即原因事件-传递条件-结果事件。认为事件为物元和事元的复合事元；传递为关系元和这两个复合事元的复合关系元，称为传递元。最后研究了传递元的发散性、相关性、蕴含性和可扩性，并说明了对应方法对SFEP分析的作用。研究是通过可拓学研究SFEP的开始，为把握系统可靠和失效，即系统功能状态提供了智能分析方法和基础理论。

⑥ 空间故障树与量子力学原理。为研究系统功能状态的变化，考虑其与量子状态的相似性，提出了使用量子博弈策略研究系统功能状态的方法。首先论述了利用量子叠加及纠缠描述系统功能状态的可行性。其次在初始系统功能状态为可靠与失效二态非叠加和叠加的情况下，研究了量子策略与二态策略对状态变化的影响。最后给出了加密及解密系统功能状态演算子的构造方法。结果表明量子策略可得到任意期望的系统功能状态；而二态策略对系统功能状态的调整无效。在不设定初始各状态出现概率时，非叠加和叠加的系统功能状态加密和解密演算子的乘积是恒定的。对系统功能状态使用量子博弈策略，对于使用二态策略一方是保密的，甚至是未知的。研究为系统功能状态的控制提供了新方法。

⑦ 量子方法确定系统故障状态。a. 提出基于双链量子遗传算法计算该分布。双链量子遗传算法有收敛快、计算量小的特点。同时系统故障概率分布原有方法基于分段函数解析计算，虽可得到精确分布，但计算较为复杂，不适合现场直观应用。据此，给出了基于双链量子遗传算法的系统故障概率分布确定步骤。使用该方法分析了以往系统的故障概率分布。对比于前期研究成果，得到的故障分布可以分区表示故障的变化范围。形成的分布图更为直观，同时体现了原分布中故障概率的变化特征，进而得到符合故障概率要求的因素范围。b. 利用量子位 Bloch 球面坐标的量子进化算法(Bloch Quantum Evolutionary Algorithm，BQEA)具有 3 条基因链且能容纳多个量子，将因素与量子对应，因素变化与量子状态变化对应，在空间故障树框架内确定系统故障概率的变化范围。空间故障树理论提供了因素与元件故障关系的特征函数，从而得到各元件的故障概率分布，通过元件组成系统的结构得到系统故障概率分布表达式。该表达式作为 BQEA 的优化对象从而获得极小值和极大值，即系统故障概率变化范围。结果表明使用 BQEA 确定该变化范围是可行的。所得变化范围与解析法得到的故障概率分布近似，更适合表征多因素条件下的故障概率变化范围，且能降低计算复杂度，提高效率。c. 提出一种基于量子粒子群优化算法(Quantum Particle Swarm Optimization，QPSO)的分析方法。论述了 QPSO 的基本模型和步骤；在 SFT 中给出了描述系统故障概率变化的表达式，进而提出了多因素影响下系统故障概率变化程度范围的确定方法。该方法适用于连续因素组成的连续空间中系统故障概率分布的优化，可实现单因素和多因素联合影响下的故障变化程度范围的确定。使用经典算例进行分析，证明算法得到的结果虽精度降低，但与传统解析结果相似，同时分析速度提高。因此该方法有利于系统故障的应急分析、预测和判断。

当然还有一些理论应用。请参见“本章参考文献”中列出的作者的文献。

6.8 本章小结

本章综述了作者提出的空间故障树已有研究成果。研究过程分为 4 个阶段，包括空间故障树基础理论、智能化空间故障树、空间故障网络、系统运动空间及系统映射论。研究中涉及安全科学、智能科学、系统科学、数据科学、信息科学等领域。特别是引入了因素空间、云模型、模糊数学、信息生态方法论等一些方法和理论。介绍了最新的空间故障树理论框架研究成果，包括 SFN 中事件重要性及故障发生可能性分析方法研究、基于不同数据和传递类型的最终事件发生概率确定方法研究、SFN 的结构化表示及事件柔性逻辑研究、SFEP 逻辑表达与 SFN 结构化简、系统故障演化过程的可拓学原理、空间故障树与量子力学原理、量子方法确定系统故障状态。最终为安全科学基础理论发展做出贡献，为在当今和未来的智能和数据环境中的系统可靠性及故障演化过程分析提供了基础理论和方法。本章内容部分参考于本章参考文献[104-115]，如读者在阅读过程中存在问题，请查阅这些文献；同时也包括一些未公开发表的论文，届时再请读者参考详细研究内容。

本章参考文献

[1] 杨才明，项中明，谢栋，等.多因素驱动架空线路故障率模型[J].电力系统保护与控制，2018，46(12)：9-15.

[2] 高岩松.汽轮发电机组高中压转子多因素耦合振动故障的研究[J].汽轮机技术，2018，60(3)：229-232.

[3] Kong Yun，Wang Tianyang，Chu Fulei. Adaptive TQWT filter based feature extraction method and its application to detection of repetitive transients [J]. Science China(Technological Sciences)，2018，61(10)：1556-1574.

[4] 金闪，许志红.故障电弧模拟测试系统及不确定因素的研究[J].电力自动化设备，2019，39(1)：205-210.

[5] Wang Jun，Wang Shaoping，Wang Xingjian，et al. Fault mode probability factor based fault-tolerant control for dissimilar redundant actuation system [J]. Chinese Journal of Aeronautics，2018，31(5)：965-975.

[6] Mellit A，Tina G M，Kalogirou S A. Fault detection and diagnosis methods for photovoltaic systems: a review[J]. Renewable and Sustainable Energy Reviews，2018(91)：1-17.

[7] Lu Shibo，Phung B T，Zhang Daming. A comprehensive review on DC arc faults and their diagnosis methods in photovoltaic systems[J]. Renewable and Sustainable Energy Reviews，2018(89)：88-98.

[8] Boutasseta N，Ramdani M，Mekhilef S. Fault-tolerant power extraction strategy for photovoltaic energy systems[J]. Solar Energy，2018(169)：594-606，

[9] Sonoda D，de Souza A C Z，da Silveira P M. Fault identification based on artificial immunological systems[J]. Electric Power Systems Research，2018(156)：24-34.

[10] Lee K，Cha J，Ko S，et al. Fault detection and diagnosis algorithms for an open-cycle liquid propellant rocket engine using the Kalman filter and fault factor methods[J]. Acta Astronautica，2018(150)：15-27.

[11]　崔铁军. 空间故障树理论研究[D]. 阜新：辽宁工程技术大学，2015.
[12]　丛伟，胡亮亮，孙世军，等. 基于改进深度降噪自编码网络的电网气象防灾方法[J]. 电力系统自动化，2019，43(2)：42-50.
[13]　汤奕，崔晗，李峰，等. 人工智能在电力系统暂态问题中的应用综述[J]. 中国电机工程学报，2019，39(1)：2-13.
[14]　徐舒玮，邱才明，张东霞，等. 基于深度学习的输电线路故障类型辨识[J]. 中国电机工程学报，2019，39(1)：65-74.
[15]　林君豪，张焰，赵腾，等. 基于改进卷积神经网络拓扑特征挖掘的配电网结构坚强性评估方法[J]. 中国电机工程学报，2019，39(1)：84-96.
[16]　李俊林. 基于关联规则的船舶故障数据自动分类方法[J]. 舰船科学技术，2018，40(8)：178-180.
[17]　张诗军. 数据挖掘技术在船舶电站设备故障分析中的应用[J]. 舰船科学技术，2018，40(4)：103-105.
[18]　杨连报，李平，薛蕊，等. 基于不平衡文本数据挖掘的铁路信号设备故障智能分类[J]. 铁道学报，2018，40(2)：59-66.
[19]　Fravolini M L, Napolitano M R, Core G D, et al. Experimental interval models for the robust fault detection of aircraft air data sensors[J]. Control Engineering Practice, 2018(78): 196-212.
[20]　Dallal J A, Morasca S. Investigating the impact of fault data completeness over time on predicting class fault-proneness[J]. Information and Software Technology, 2018(95): 86-105.
[21]　Acharya S, Tripathy C R. An ANFIS estimator based data aggregation scheme for fault tolerant wireless sensor networks[J]. Journal of King Saud University - Computer and Information Sciences, 2018, 30(3): 334-348.
[22]　Xiang Y, Stojmenovic I, Mueller P, et al. Security and reliability in big data[J]. Concurrency and Computation: Practice and Experience, 2016, 28(3): 581-582.
[23]　Brombacher A. Quality, reliability and big data: the next challenge[J]. Quality and Reliability Engineering International, 2016, 32(3): 751.
[24]　Wang P Z, Liu Z L, Shi Y, et al. Factor space, the theoretical base of data science[J]. Ann. Data Science, 2014, 1(2): 233-251.
[25]　吕金辉，刘海涛，郭芳芳，等. 因素空间背景基的信息压缩算法[J]. 模糊系统与数学，2017，31(6)：82-86.
[26]　石勇. 大数据与科技新挑战[J]. 科技促进发展，2014(1)：25-30.

[27] 李洪兴. 因素空间理论//因素空间理论及其应用[R]. 葫芦岛:智能科学与数学论坛, 2014.

[28] 李德毅. 认知物理学(特约报告)[R]. 大连:东方思维与模糊逻辑——纪念模糊集诞生五十周年国际会议, 2015.

[29] Li D Q, Zeng W Y, Li J. Note on uncertain linguistic Bonferroni mean operators and their application to multiple attribute decision making[J]. Applied Mathematical Modelling, 2015, 39(2): 894-900.

[30] 余高锋, 刘文奇, 石梦婷. 基于局部变权模型的企业质量信用评价[J]. 管理科学学报, 2015, 17(2): 85-94.

[31] He Ping. Design of interactive learning system based on intuition concept space[J]. Journal of Computer, 2010, 21(5): 478-487.

[32] 欧阳合. 不确定性理论的统一理论: 因素空间的数学基础(特约报告)[R]. 大连:东方思维与模糊逻辑——纪念模糊集诞生五十周年国际会议, 2015.

[33] 包研科,汪培庄,郭嗣琮. 因素空间的结构与对偶回旋定理[J]. 智能系统学报,2018,13(4):656-664.

[34] 汪培庄. 因素空间理论——机制主义人工智能理论的数学基础[J]. 智能系统学报,2018,13(1):37-54.

[35] 崔铁军,李莎莎,王来贵. 系统功能结构最简式分析方法[J]. 计算机应用研究, 2019,36(1):27-30.

[36] 曲国华,曾繁慧,刘增良,等. 因素空间中的背景分布与模糊背景关系[J]. 模糊系统与数学,2017,31(6):66-73.

[37] 钟义信,张瑞. 信息生态学与语义信息论[J]. 图书情报知识,2017(6):4-11.

[38] 钟义信. 从"机械还原方法论"到"信息生态方法论"——人工智能理论源头创新的成功路[J]. 哲学分析,2017,8(5):133-144.

[39] 王洁,康俊杰,周宽久. 基于 FPGA 的故障修复演化技术研究[J]. 计算机工程与科学,2018,40(12):2120-2125.

[40] 方志耕,王欢,董文杰,等. 基于可靠性基因库的民用飞机故障智能诊断网络框架设计[J]. 中国管理科学,2018,26(11):124-131.

[41] 孙东旭,李键,武健. 面向 IMA 平台的离散事件演化树仿真分析方法[J]. 电光与控制,2019,26(2):97-100.

[42] 常竞,温翔. 大数据统计趋势分析和 PCA 的滚动轴承早期故障诊断[J]. 机械科学与技术,2019,38(5):721-729.

[43] 李文博,朱元振,刘玉田. 交直流混联系统连锁故障搜索模型及故障关联分析[J]. 电力系统自动化,2018,42(22):59-72.

[44] Barafort B, Shrestha A, Cortina S, et al. A software artefact to support

standard-based process assessment: evolution of the TIPA® framework in a design science research project[J]. Computer Standards & Interfaces, 2018(60):37-47.

[45] Zylbersztajn D. Agribusiness systems analysis: origin, evolution and research perspectives[J]. Revista De Administrator, 2017,52(1): 114-117.

[46] Fuxjager M J, Schuppe E R. Androgenic signaling systems and their role in behavioral evolution [J]. The Journal of Steroid Biochemistry and Molecular Biology, 2018(184):47-56.

[47] Düzgün H S, Leveson N. Analysis of soma mine disaster using causal analysis based on systems theory (CAST) [J]. Safety Science, 2018 (110):37-57.

[48] Smaili R, Harabi R E, Abdelkrim M N. Design of fault monitoring framework for multi-energy systems using signed directed graph [J]. IFAC-PapersOnLine,2017,50(1):15734-15739.

[49] 揭丽琳,刘卫东. 基于使用可靠性的产品区域保修差别定价策略系统动力学模型[J]. 系统工程理论与实践,2019(1):236-250.

[50] Kwon Y, Leveson N. System theoretic safety analysis of the sewol-ho ferry accident in South Korea [J]. INCOSE International Symposium, 2017,27(1):461-476.

[51] Cui Tiejun, Li Shasha. Deep learning of system reliability under multi-factor influence based on space fault tree [J]. Neural Computing and Applications,2019, 31(9):4761-4776.

[52] 崔铁军，马云东. 基于多维空间事故树的维持系统可靠性方法研究[J]. 系统科学与数学，2014，34(6)：682-692.

[53] 崔铁军，马云东. 系统可靠性决策规则发掘方法研究[J]. 系统工程理论与实践，2015，35(12)：3210-3216.

[54] 崔铁军，马云东. DSFT 的建立及故障概率空间分布的确定[J]. 系统工程理论与实践，2016，36(4)：1081-1088.

[55] 崔铁军，马云东. DSFT 中因素投影拟合法的不精确原因分析[J]. 系统工程理论与实践，2016，36(5)：1340-1345.

[56] Li Shasha, Cui Tiejun, Liu Jian. Study on the construction and application of cloudization space fault tree[J]. Cluster Computing, 2019, 22 (3): 5613-5633.

[57] Cui Tiejun, Li Shasha. Study on the construction and application of discrete space fault tree modified by fuzzy structured element[J]. Cluster

Computing，2019，22(3)：6563-6577.
[58] 崔铁军，汪培庄，马云东. 01SFT 中的系统因素结构反分析方法研究[J]. 系统工程理论与实践，2016，36(8)：2152-2160.
[59] Cui Tiejun, Wang Peizhuang, Li Shasha. The function structure analysis theory based on the factor space and space fault tree [J]. Cluster Computing，2017，20(2)：1387-1398.
[60] 崔铁军，马云东. 基于因素空间的煤矿安全情况区分方法的研究[J]. 系统工程理论与实践，2015，35(11)：2891-2897.
[61] Cui Tiejun，Li Shasha. Study on the relationship between system reliability and influencing factors under big data and multi-factors[J]. Cluster Computing，2019，22 (1)：10275-10297.
[62] Li Shasha，Cui Tiejun，Liu Jian. Research on the clustering analysis and similarity in factor space[J]. International Journal of Computer Systems Science & Engineering，2018，33(5)：397-404.
[63] 李莎莎. 空间故障树理论改进研究[D]. 阜新：辽宁工程技术大学，2018.
[64] 崔铁军，李莎莎，朱宝岩. 空间故障网络及其与空间故障树的转换[J/OL]. 计算机应用研究，2019(8)：1-5[2018-07-17]. http://kns. cnki. net/kcms/detail/51. 1196. TP. 20180424. 1022. 022. html.
[65] 崔铁军，李莎莎，朱宝岩. 含有单向环的多向环网络结构及其故障概率计算[J]. 中国安全科学学报，2018，28(7)：19-24.
[66] 崔铁军，马云东. 多维空间故障树构建及应用研究[J]. 中国安全科学学报，2013，23(4)：32-37.
[67] 崔铁军，马云东. 空间故障树的径集域与割集域的定义与认识[J]. 中国安全科学学报，2014，24(4)：27-32.
[68] 崔铁军，马云东. 连续型空间故障树中因素重要度分布的定义与认知[J]. 中国安全科学学报，2015，25(3)：24-28.
[69] 崔铁军，马云东. 基于空间故障树理论的系统故障定位方法研究[J]. 数学的实践与认识，2015，45(21)：135-142.
[70] 崔铁军，马云东. 基于 SFT 和 DFT 的系统维修率确定及优化[J]. 数学的实践与认识，2015，45(22)：140-150.
[71] 崔铁军，马云东. 基于 SFT 理论的系统可靠性评估方法改造研究[J]. 模糊系统与数学，2015，29(5)：173-182.
[72] 崔铁军，马云东. 宏观因素影响下的系统中元件重要性研究[J]. 数学的实践与认识，2014，44(18)：124-131.
[73] 崔铁军，李莎莎，马云东，等. 基于 ANN 求导的 DSFT 中故障概率变化趋

势研究[J]. 计算机应用研究，2017,34(2):449-452.

[74] 崔铁军，马云东. 基于模糊结构元的 SFT 概念重构及其意义[J]. 计算机应用研究，2016，33(7):1957-1960.

[75] 崔铁军，马云东. DSFT 下模糊结构元特征函数构建及结构元化的意义[J]. 模糊系统与数学，2016,30(2):144-152.

[76] 崔铁军，马云东. SFT 下元件区域重要度定义与认知及其模糊结构元表示[J]. 应用泛函分析学报，2016,18(4):413-421.

[77] 崔铁军，李莎莎，王来贵. 基于因素逻辑的分类推理法重构[J]. 计算机应用研究，2016 (12):3671-3675.

[78] 崔铁军，马云东. 状态迁移下系统适应性改造成本研究[J]. 数学的实践与认识，2015,45(24):136-142.

[79] 崔铁军，马云东. 考虑范围属性的系统安全分类决策规则研究[J]. 中国安全生产科学技术,2014,10(11):6-9.

[80] 崔铁军，马云东. 因素空间的属性圆定义及其在对象分类中的应用[J]. 计算机工程与科学,2015,37(11):2170-2174.

[81] 崔铁军，马云东. 基于因素空间中属性圆对象分类的相似度研究及应用[J]. 模糊系统与数学,2015,29(6):56-64.

[82] 崔铁军，李莎莎，马云东，等. SFT 中云模型代替特征函数的可行性分析与应用[J]. 计算机应用，2016,36(增 2):37-40.

[83] 李莎莎，崔铁军，马云东，等. SFT 下的云化故障概率分布变化趋势研究[J]. 中国安全生产科学技术，2016,12(3):60-65.

[84] 崔铁军，李莎莎，马云东，等 . SFT 下的云化概率和关键重要度分布的实现与研究[J]. 计算机应用研究，2017,34(7):1971-1974.

[85] 崔铁军，李莎莎，马云东. SFT 下云化因素重要度和因素联合重要度的实现与认识[J]. 安全与环境学报，2017，17(6)：2109-2113.

[86] 崔铁军，李莎莎，马云东，等. 云化元件区域重要度的构建与认识[J]. 计算机应用研究，2016,33(12):3570-3572.

[87] 崔铁军，李莎莎，马云东，等. 云化 SFT 下的径集域与割集域的重构与研究[J]. 计算机应用研究，2016,33(12):3582-3585.

[88] 李莎莎，崔铁军，马云东. 基于云模型和 SFT 的可靠性数据不确定性评价[J]. 计算机应用研究，2017,34(12):3656-3659.

[89] 李莎莎，崔铁军，马云东，等. SFT 中因素间因果概念提取方法研究[J]. 计算机应用研究,2017,34(10) ：2997-3000.

[90] 李莎莎，崔铁军，马云东，等. SFT 中故障及其影响因素的背景关系分析[J]. 计算机应用研究，2017，34(11):3277-3280.

[91] 崔铁军，李莎莎，王来贵．完备与不完备背景关系中蕴含的系统功能结构分析[J]．计算机科学，2017,44(3):268-273.

[92] 李莎莎，崔铁军，马云东，等．基于包络线的云相似度及其在安全评价中的应用[J]．安全与环境学报,2017,17(4):1267-1271.

[93] 崔铁军，李莎莎，王来贵．基于属性圆的多属性决策云模型构建与可靠性分析应用[J]．计算机科学，2017,44(5):111-115.

[94] 李莎莎，崔铁军，马云东．基于云模型的变因素影响下系统可靠性模糊评价方法[J]．中国安全科学学报，2016,26(2):132-138.

[95] 崔铁军，马云东．基于 AHP-云模型的巷道冒顶风险评价[J]．计算机应用研究，2016,33(10):2973-2976.

[96] 李莎莎，崔铁军，马云东．基于合作博弈-云化 AHP 的地铁隧道施工方案选优[J]．中国安全生产科学技术，2015,11(10):156-161.

[97] 崔铁军，马云东．基于云化 ANP 的巷道冒顶影响因素重要性研究[J]．计算机应用研究，2016,33(11):3307-3310.

[98] 崔铁军，李莎莎，马云东，等．有限制条件的异类元件构成系统的元件维修率分布确定[J]．计算机应用研究，2017,34(11):3251-3254.

[99] 崔铁军，李莎莎，马云东，等．不同元件构成系统中元件维修率分布确定[J]．系统科学与数学,2017,37(5):1309-1318.

[100] Leveson N G. Engineering a Safer World: Systems Thinking Applied to Safety[M]. Massachusetts: MIT Press, 2011.

[101] 唐涛,牛儒．基于系统思维构筑安全系统[M]．北京:国防工业出版社,2015.

[102] Leveson N G. Safety Analysis in Early Concept Development and Requirements Generation[J]. INCOSE International Symposium, 2018, 28(1):441-445.

[103] Peper N A. Systems Thinking Applied to Automation and Workplace Safety[D]. Massachusetts: MIT,2017.

[104] 崔铁军,李莎莎,朱宝岩.空间故障网络及其与空间故障树的转换[J].计算机应用研究,2019, 36(8):2000-2004.

[105] 崔铁军,李莎莎.空间故障树与空间故障网络理论综述[J].安全与环境学报,2019,19(2):399-405.

[106] 崔铁军,汪培庄.空间故障树与因素空间融合的智能可靠性分析方法[J].智能系统学报,2019,14(5),853-864.

[107] 崔铁军,李莎莎.智能科学带来的矿业生产系统变革——智能矿业生产系统[J].兰州文理学院学报(自然科学版),2019,33(5):51-55.

[108] 崔铁军.系统故障演化过程描述方法研究[J/OL].计算机应用研究:1-5[2019-10-26]. https://doi. org/10. 19734/j. issn. 1001-3695. 2019. 05. 0194.

[109] 崔铁军,李莎莎.安全科学中的故障信息转换定律[J/OL].智能系统学报,2020,37(10):1-7[2019-12-29]. http://kns. cnki. net/kcms/detail/23. 1538. TP. 20191205. 1008. 002. html.

[110] 李莎莎,崔铁军.基于空间故障网络的系统故障发生潜在可能性研究[J/OL].计算机应用研究,2020,15(2):1-4[2020-05-29]. https://doi. org/10. 19734/j. issn. 1001-3695. 2019. 10. 0592.

[111] 崔铁军,李莎莎.少故障数据条件下SFEP最终事件发生概率分布确定方法[J/OL].智能系统学报,2020(1):1-8[2020-05-29]. http://kns. cnki. net/kcms/detail/23. 1538. tp. 20200325. 1928. 010. html.

[112] 崔铁军,李莎莎.系统运动空间与系统映射论的初步探讨[J/OL].智能系统学报,2020,15(3):1-8[2020-05-29]. http://kns. cnki. net/kcms/detail/23. 1538. TP. 20200323. 1535. 006. html.

[113] 李莎莎,崔铁军.基于故障模式的SFN中事件重要性研究[J/OL].计算机应用研究,2020,37(12):1-4[2020-05-29]. https://doi. org/10. 19734/j. issn. 1001-3695. 2019. 07. 0517.

[114] 崔铁军,李莎莎. 空间故障树理论改进与应用[M]. 沈阳:辽宁科技出版社,2019.

[115] 崔铁军,马云东. 空间故障树理论与应用[M]. 沈阳:东北大学出版社,2020.

后　记

本书的出版时代是一个大变革时代，新冠肺炎疫情正在全球暴发，也正值美国全力打压中国高科技企业的关键时刻。高科技是美国的立国之本，也是全球话语权的核心力量，同时也是称霸全球制约其他国家发展的重要武器。

这个时代的高科技核心在于人工智能理论和技术，相较其他成熟的行业而言，我国的技术代差并不大，甚至在某些方面更为领先。同样人工智能也是美国打压的重点领域，其中人工智能的基础理论是核心问题。庆幸的是我国拥有一批人工智能领军者，也拥有多个人工智能原创基础理论，例如汪培庄教授提出的因素空间理论、钟义信教授提出的信息生态方法论、何华灿教授提出的泛逻辑学、蔡文教授提出的可拓理论、冯佳礼提出的属性理论、赵克勤提出的集对分析理论、邓聚龙教授的灰度理论等。这些理论构建了中国原创智能科学的基础理论，也是我们民族思维的体现。我们讲究万物之间的联系和平衡，遇到问题不是强行消灭，而是迎刃而解；在矛盾中寻找动力，依托动力解决矛盾，再寻求发展。这些思想符合自然规律的哲学原理，因此我们的人工智能基础理论是天然先进的。

上述这些理论是高深的数学系统，我们难以成为提出这样系统的数学家，但是我们可以应用这些原理在不同的领域发挥作用。作者是系统安全及可靠性方面的研究者，所做的研究可以用于保障系统安全和可靠性。特别是面对复杂系统时，传统的数据处理、故障预测和可靠性保障方法难以适用，必须融入智能科学及数据技术。这为我们应用人工智能基础理论提供了途径。只要我们各个行业领域的研究者充分学习、理解和运用这些智能科学基础理论，那么各行业的智能化将迅速出现，智能化设备、智能化系统最终会把我们的社会演变为智能化社会。这最快将在5～10年内完成，因为我们有优秀的智慧、众多的研究者和优越的社会制度，这保证了我们可以领先全球完成这次科技革命且这次科技革命必将发生在中国。

我们人工智能基础理论研究者要团结,我们各行业的研究者要团结。我也将继续研究安全科学基础理论,将其与人工智能结合并使其有所发展。相信在若干年之后我们必将完成目标,建立起属于东方智慧的智能理论和技术。